发电生产"1000个为什么"系列书

# 锅炉运行与检修
# 1000问

托克托发电公司 编

U0246704

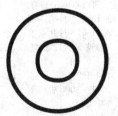

中国电力出版社
CHINA ELECTRIC POWER PRESS

# 内 容 提 要

本书为发电生产"1000个为什么"系列书《锅炉运行与检修 1000 问》分册，总结了 600MW 及以上火力发电机组运行和设备检修方面的经验，以问答的形式结合相关的案例，详细解答了锅炉运行和检修方面的问题。在运行篇中解答锅炉汽水系统、烟风系统、制粉系统、燃烧系统、其他附属系统（如脱硝、除尘、脱硫等）、燃料、锅炉启停和试验、热工控制等方面的问题，并单独使用一个章节详细解答了超超临界锅炉及相关系统的启停、运行调整、运行操作、故障处理等有关的问题；在设备篇中解答了锅炉辅助设备、锅炉本体设备检修方面的问题；在焊接篇中对焊接基础知识进行了详细的解答。

本书是大型火力发电机组运行、检修人员的专业读物和岗位培训教材，也可以作为电厂管理人员和高等院校等相关专业人员的参考用书。

## 图书在版编目（CIP）数据

锅炉运行与检修 1000 问/托克托发电公司编．—北京：中国电力出版社，2018.4（2021.6重印）

（发电生产"1000个为什么"系列书）

ISBN 978-7-5198-1507-3

Ⅰ.①锅…　Ⅱ.①托…　Ⅲ.①锅炉运行—问题解答　②锅炉—检修—问题解答　Ⅳ.①TK22-44

中国版本图书馆 CIP 数据核字（2017）第 304582 号

---

出版发行：中国电力出版社

地　　址：北京市东城区北京站西街 19 号（邮政编码 100005）

网　　址：http://www.cepp.sgcc.com.cn

责任编辑：宋红梅（010—63412383）

责任校对：李　楠

装帧设计：赵姗姗

责任印制：蔺义舟

---

印　　刷：三河市百盛印装有限公司

版　　次：2018 年 4 月第一版

印　　次：2021 年 6 月北京第二次印刷

开　　本：880 毫米×1230 毫米　32 开本

印　　张：15

字　　数：430 千字

印　　数：2001—3000 册

定　　价：60.00 元

---

# 编审委员会

# 前　言

　　超临界、超超临界发电技术是目前广泛应用的一种成熟、先进、高效的发电技术，可以大幅提高机组的热效率。自 20 世纪 90 年代起，我国陆续投建了大批的大容量 600MW 级及以上的超临界、超超临界机组。目前，600MW 级火力发电机组已成为我国电力系统的主力机组，对优化电网结构和节能减排起到了关键的作用。随着发电机组单机容量的不断增大，对机组运行可靠性的要求也越来越高，由此对电厂的运行、维护、检修、管理等技术人员提出了更高的要求。

　　内蒙古大唐国际托克托发电有限责任公司目前是世界上最大的火力发电厂，包括了多种机组类型，为适应运行工作需要，非常注重对专业人员进行多角度、多种途径的培训工作；并以立足岗位成才，争做大国工匠为目标，内外部竞赛体系有机衔接，使大量的高技能人才快速成长、脱颖而出，在近几年的集控运行技能大赛中取得了优异的成绩。

　　基于此，在总结多年来大型机组运行与检修维护经验的基础上，结合培训工作，编写了"发电生产 1000 个为什么系列书"的《集控运行 1000 问》《锅炉运行与检修 1000 问》《汽轮机运行与检修 1000 问》。

　　本丛书以亚临界、超临界、超超临界压力的火力发电机组为介绍对象，以搞好基层发电企业运行培训，提高运行人员技术水平为主要目的，采取简洁明了的问答形式，将大型机组设备的原理结构知识、机组的正常运行、运行中的监视与调整、异常运行分析、事故处理等关键知识点进行了总结归纳，便于读者有针对性地掌握知识要点，解决实际生产中的问题。

本书为《锅炉运行与检修 1000 问》分册，通过总结多年来大机组锅炉运行的实践经验，根据锅炉运行的理论知识，将锅炉运行中诸多实际生产知识贯穿其中，实现理论与实际的紧密结合。力求满足当前大型发电厂集控运行人员和检修人员学习和掌握锅炉运行技能的迫切需求。本书由内蒙古托克托电厂韩志成、董银怀主要编写，华北电力大学危日光博士参与编写，全书由托克托电厂总工程师李兴旺审阅并给出了完善意见。

　　限于编者的水平所限，对于书中的疏漏之处，恳请广大读者提出宝贵意见，以便后续改正。

编　者

2017 年 12 月

# 目　录

前言

5

7

21

25

第一篇

# 运 行 篇

## 第一章 基 础 知 识

### 第一节 锅炉基础知识

**1. 什么是锅炉？**

**答：**锅炉是利用燃料燃烧释放的热能或其他热能加热水或其他工质，以生产规定参数（温度、压力）和品质的蒸汽、热水或其他工质的设备。

**2. 什么是锅炉容量？**

**答：**锅炉容量就是锅炉的蒸发量，也就是锅炉每小时所产生的蒸汽量。分为额定蒸发量、最大连续蒸发量。

**3. 什么是锅炉额定蒸发量？**

**答：**锅炉额定蒸发量是指锅炉在使用设计燃料，并在额定蒸汽压力、额定蒸汽温度、额定给水温度、保证一定锅炉热效率下长期连续运行时的蒸发量。锅炉额定蒸发量常用符号 BRL 表示。

**4. 什么是锅炉最大连续蒸发量？**

**答：**锅炉最大连续蒸发量是锅炉在满足蒸汽参数、炉膛安全情况下的最大蒸发量。锅炉最大连续蒸发量常用符号 BMCR 表示。

**5. 锅炉有哪些分类？**

**答：**可以从不同角度出发对锅炉进行如下分类：

（1）按用途不同可分为电站锅炉、工业锅炉、生活锅炉等。

（2）按容量大小可分为大型锅炉、中型锅炉和小型锅炉。习

1

惯上，蒸发量大于 100t/h 的锅炉为大型锅炉，蒸发量为 20～100t/h 的锅炉为中型锅炉，蒸发量小于 20t/h 的锅炉为小型锅炉。

（3）按蒸汽压力大小可分为低压锅炉（$p \leqslant 2.5\mathrm{MPa}$）、中压锅炉（$2.5\mathrm{MP} < p \leqslant 5.9\mathrm{MPa}$）、高压锅炉（$p = 9.8\mathrm{MPa}$）、超高压锅炉（$p = 13.7\mathrm{MPa}$）、亚临界压力锅炉（$p = 17.3\mathrm{MPa}$）、超临界压力锅炉（$p = 22.12\mathrm{MPa}$）、超超临界压力锅炉（$p > 27\mathrm{MPa}$）。

（4）按燃料和能源种类不同可分为燃煤锅炉、燃油锅炉、燃气锅炉、废热（余热）锅炉等。

（5）按燃料在锅炉中的燃烧方式可分为层燃炉、沸腾炉、室燃炉、循环流化床炉等。

（6）按工质在蒸发系统的流动方式可分为自然循环锅炉、强制循环锅炉、直流锅炉等。

**6. 什么是临界、亚临界状态？**

答：工质液体的密度和它的饱和汽密度相等，且汽化潜热为零时的状态称为临界状态，常叫临界点（饱和水曲线与干饱和蒸汽曲线在某一压力下的相交点）。临界点的各状态参数称为临界参数。不同工质的临界参数也不同，对于水来说：临界压力 $p_{cr} = 22.12\mathrm{MPa}$，临界温度 $t_{cr} = 374.15℃$，临界比体积 $v_{cr} = 0.003\ 17\mathrm{m^3/kg}$。工质参数在临界点以下的状态称亚临界状态。

**7. 什么是自然循环锅炉？**

答：所谓自然循环锅炉，是指蒸发系统内仅依靠蒸汽和水的密度差的作用，自然形成工质循环流动的锅炉。

**8. 自然循环锅炉有何优、缺点？**

答：自然循环锅炉的优点：工质依靠密度差而产生的动力保持流动，不需消耗任何外力，由于汽包的存在，锅炉蓄热和蓄水能力大，对水质要求比直流锅炉低。

自然循环锅炉的缺点：自然循环锅炉的运动压头小，必须安装水容积较大的汽包和采用大直径且管壁较厚的下降管，钢材消耗大，锅炉启动时间较长。

**9. 什么是控制循环锅炉？**

**答：** 所谓控制循环锅炉，是指利用布置在锅水下降管上的炉水循环泵提供水循环动力的锅炉。

**10. 控制循环锅炉有何优、缺点？**

**答：** 控制循环锅炉的优点：炉水循环泵提高了循环回路的压头，因此汽包及上升管、下降管可采用较小直径，对上水速度要求较低。

控制循环锅炉的缺点：加装炉水循环泵需要消耗一定的功率，一般相当于锅炉功率的 $0.3\%\sim0.4\%$。

**11. 什么叫循环倍率？为何要保证一定的循环倍率？**

**答：** 单位时间内循环回路中所流过的锅水量（即循环流量 $G$）同单位时间内循环回路中所产生的蒸汽量（即锅炉蒸发量 $D$）之比，称为循环倍率，用 $K$ 表示，即

$$K=G/D$$

自然循环锅炉中的水不是循环一次就全部变成蒸汽的，只有一小部分变成蒸汽，其余部分需再次参加循环。因此，循环倍率的含义也可以这样理解：1kg 水在循环回路中要循环多少次才能完全变成蒸汽，或每蒸发 1kg 蒸汽需要多少千克的循环水量。

锅炉保证一定的循环倍率，目的是为了使管壁得到足够的冷却，避免管子超温。

**12. 汽包锅炉的工作原理是什么？**

**答：** 煤粉在炉膛燃烧产生的热量，先通过辐射传热被水冷壁吸收，水冷壁的水沸腾汽化，产生的蒸汽进入汽包进行汽水分离，分离出的饱和蒸汽进入过热器，再通过辐射、对流方式继续吸收炉膛顶部和水平烟道、尾部烟道的烟气热量，并使过热蒸汽达到所要求的压力和温度。

**13. 直流锅炉的工作原理是什么？**

**答：** 直流锅炉没有汽包，给水在给水泵压头的作用下，进入省煤器、水冷壁，在水冷壁中直接汽化为微过热蒸汽，再进入过

热器，吸收烟气中热量后达到所需的压力和温度。直流锅炉过热蒸汽的压力由给水泵提供。直流锅炉水冷壁入口水量等于出口蒸汽量，故循环倍率 $K=1$。

**14. 汽包锅炉和直流锅炉的主要区别是什么？**

答：汽包锅炉的主要优点：汽包内储有大量的水，有较大的储热能力，能缓冲负荷变化时引起的蒸汽压力变化；汽包锅炉由于具有固定的水、汽和过热汽分界限，所以负荷变化时引起过热蒸汽温度变化小；由于汽包内具有蒸汽清洗装置，所以对给水品质要求较低。主要缺点：金属耗量大，对调节反应滞后，只能用在临界压力以下的工作压力。

直流锅炉的主要优点是金属耗量小、启停时间短、调节灵敏、不受压力限制，既可用于亚临界压力锅炉，也可以用于超临界压力锅炉。主要缺点：对给水品质要求高，给水泵电耗量大，对自动控制系统要求高、必须配备专用的启动旁路。

**15. 锅炉中进行的3个主要工作过程是什么？**

答：为实现能量的转换和传递，在锅炉中同时进行着3个互相关联的主要过程。分别为燃料的燃烧过程，烟气向水、汽等工质的传热过程，蒸汽的产生过程。

**16. 热量的传递有几种基本方式？**

答：热量的传递有3种基本方式：热传导、热对流、热辐射。

物体内部相互接触的物体之间的热的交换称为热传导，又称为导热。它是依靠物体中微观粒子的热运动来传递能量的。

由于冷热流体的相对运动而进行的热量转移的方式称为热对流。热对流只能在液体与气体中或气体与气体中发生，在热对流的同时，对流各部分之间存在着导热。

通过电磁波传递热量的方式称为热辐射。

**17. 辐射换热与哪些因素有关？**

答：辐射换热的大小，与热原表面温度的高低及系统发射率的大小有关，系统发射率的大小与辐射换热的物体本身的发射率、尺寸、几何形状及表面粗糙程度有关。

**18. 热导率的大小与哪些因素有关？**

**答：**热导率（导热系数）的大小与物质的种类有关，对同一种材料，热导率还与物质的结构、密度、成分、温度和湿度有关。

**19. 什么是顺流传热？有何优、缺点？**

**答：**被加热的物质和加热介质流动的方向相同的传热方式称为顺流传热。

顺流传热的优点：由于顺流传热时，整个管壁温度不高，可以避免使用昂贵的合金钢，而用一般价廉的碳素钢就能满足要求，所以设备投资可减少。

顺流传热的缺点：顺流传热在传热面积一定的条件下，传热量较小，在传热量一定的情况下，所需要的传热面积较大。

**20. 什么是逆流传热？有何优、缺点？**

**答：**加热介质和被加热介质流动方向相反的传热方式为逆流传热。

逆流传热的优点：

（1）在加热介质和被加热介质进、出口温度相同的情况下，逆流传热所需要的传热面积较小，可以节省设备投资。

（2）可以更有效地提高被加热介质的温度和降低加热介质的温度。

逆流传热的缺点：在逆流传热中，被加热介质在出口处温度较高，在出口处的加热介质温度更高，所以传热面的壁温较高。如果壁温超过碳钢允许的使用温度，就要使用价格昂贵的合金钢。壁温越高，要求合金钢中的合金元素品质越高。

**21. 什么是传热面的错列布置？有什么优、缺点？**

**答：**传热面按图 1-1 所示布置的称为错列布置。

错列布置的优点是结构紧凑、体积较小，管外传热介质扰动大，放热系数较高，管外积灰较轻。

错列布置的缺点是流动阻力较大，风机耗电量较多。

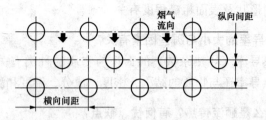

图 1-1 错列布置

**22. 什么是传热面的顺列布置？有什么优、缺点？**

**答**：传热面按图 1-2 所示布置的称为顺列布置。

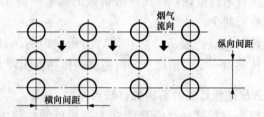

图 1-2 顺列布置

顺列布置的优点是流动阻力小、风机耗电较少。

顺列布置的缺点是结构不紧凑、体积较大、管外传热介质的扰动小、放热系数较小、管外积灰较严重。

**23. 什么是工质？火力发电厂常用的工质有哪些？**

**答**：工质是热机中热能转变为机械能的一种媒介物质（如燃气、蒸汽等），依靠它在热机中的状态变化（如膨胀）才能获得功。为了在工质膨胀中获得较多的功，工质应具有良好的膨胀性。在热机的不断工作中，为了方便工质流入与排出，还要求工质具有良好的流动性。因此，在物质的固、液、气三态中，气态物质是较为理想的工质。

**24. 什么是工质的状态参数？工质的状态参数是由什么来确定的？**

**答**：凡是能表示工质所处的状态的物理量称为工质的状态参数。

工质的状态参数是由工质的状态决定的，工质的每一状态参数都具有确定的数值，而与达到这一状态变化的途径无关。

**25. 工质的状态参数有哪些？其中哪些是最基本的状态参数？**

**答：**工质的状态参数有压力、温度、比体积、内能、焓、熵等。

压力、温度、比体积为基本的状态参数。

**26. 什么是饱和温度？为什么饱和温度随着压力的增加而提高？**

**答：**液体在一定压力下沸腾时的温度称为饱和温度。

饱和温度和压力是一一对应的。饱和温度随压力的增加而提高，因为温度越高分子的平均动能越大，能从水中飞出的分子越多，因而使汽侧分子密度增大；同时因为温度升高蒸汽分子的平均运动速度也随之增大，这样就使得蒸汽分子对容器壁面的碰撞增强，使压力增大。

**27. 什么是饱和水蒸气？**

**答：**在一定的压力下，水沸腾时产生的蒸汽称为饱和水蒸气或温度等于对应压力下的饱和温度的蒸汽称为饱和水蒸气。例如，水冷壁中产生的蒸汽就是饱和水蒸气。一般来说，在平衡状态下，汽水混合物中的水蒸气是饱和水蒸气。

**28. 什么是干饱和水蒸气？什么是湿饱和水蒸气？**

**答：**不含水分的饱和水蒸气称为干饱和水蒸气。例如，从水冷壁来的汽水混合物经汽包内的汽水装置分离后的蒸汽即可以认为是干饱和水蒸气。

含有水分的饱和水蒸气称为湿饱和水蒸气。例如，水冷壁中的汽水混合物就是湿饱和水蒸气。

**29. 什么是饱和水蒸气的干度？**

**答：**汽水混合物中蒸汽质量与汽水混合物质量之比称为饱和水蒸气的干度，以 $X$ 表示。显示 $X=0$ 则是饱和水；$X=1$ 则是干饱和蒸汽；$0<X<1$ 则是湿饱和蒸汽。在锅炉中，汽包中的水就

是 $X=0$，水冷壁中的汽水混合物就是 $0<X<1$。汽水混合物经汽包内的汽水装置分离后的蒸汽可以认为 $X=1$。

**30. 什么是过热蒸汽？什么是过热度？**

答：温度高于对应压力下的饱和温度的蒸汽称为过热蒸汽。

过热蒸汽的温度超出该蒸汽压力下饱和温度的数值称为过热度。过热度在数值上等于过热蒸汽的温度减去对应压力下的饱和温度。

**31. 什么叫汽化潜热？**

答：将 1kg 处于沸腾温度下的水全部变成饱和蒸汽所消耗的热量称为汽化潜热，用 $r$ 表示。

**32. 什么叫过热热？**

答：将 1kg 的饱和蒸汽过热到某一温度所消耗的热量叫做过热热，用符号 $\lambda$ 表示。

**33. 影响蒸汽品质的因素有哪些？**

答：影响蒸汽品质的因素如下：

（1）蒸汽携带锅水：

1）蒸汽压力。

2）汽包内部结构。

3）锅水含盐量。

4）锅炉负荷。

5）汽包水位。

（2）蒸汽溶解杂质：蒸汽溶解盐能力随压力的升高而增强。

**34. 蒸汽压力对蒸汽带水有何影响？**

答：蒸汽压力越高，蒸汽越容易带水。

**35. 汽包内部结构对蒸汽带水有何影响？**

答：汽包内径的大小，汽水的引入、引出管的布置情况会影响蒸汽带水的多少，汽包内汽水分离装置不同，其汽水分离效果也不同。

**36. 锅水含盐量对蒸汽带水有何影响?**

**答:** 锅水含盐量小于某一值时,蒸汽含盐量与锅水含盐量成正比。

**37. 锅炉负荷对蒸汽带水有何影响?**

**答:** 在蒸汽压力和锅水含盐量一定的条件下,锅炉负荷上升,蒸汽带水量也趋于少量增加。如果锅炉超负荷运行,其蒸汽品质将严重恶化。

**38. 汽包水位对蒸汽带水有何影响?**

**答:** 汽包水位过高,使汽包蒸汽空间的高度及容积减小,蒸汽带水量增加。

**39. 如何识别电站锅炉型号?**

**答:** 电站锅炉型号一般由以下三部分组成:

$$△△—×××/×××—×$$

(1) △△代表制造厂。

1) DG——东方锅炉厂。

2) HG——哈尔滨锅炉厂。

3) SG——上海锅炉厂等。

(2) ×××/×××表示锅炉的基本参数,分两部分:

1) 斜杠前表示锅炉的额定蒸发量(t/h)。

2) 斜杠后表示蒸汽出口压力(MPa)。

(3) 最后的"×"表示设计序号,即第几次设计。

例如,锅炉型号为 HG—2008/17.4—5 表示哈尔滨锅炉厂制造,额定蒸发量为 2008t/h,过热蒸汽压力为 17.4MPa,第 5 次设计。

**40. 钢材如何分类?**

**答:** 钢材主要分类方法有如下七种:

(1) 按品质分类。

(2) 按化学成分分类。

(3) 按成形方法分类。

（4）按金相组织分类。

（5）按用途分类。

（6）综合分类。

（7）按冶炼方法分类。

**41. 什么是奥氏体？**

**答**：奥氏体（austenite）是钢铁的一种层片状的显微组织，通常是 γ-Fe 中固溶少量碳的无磁性固溶体，也称为沃斯田铁或 γ-Fe。奥氏体塑性很好，强度较低，具有一定韧性，不具有铁磁性。奥氏体因为是面心立方，四面体间隙较大，可以容纳更多的碳。

**42. 什么是马氏体？**

**答**：马氏体（martensite）是黑色金属材料的一种组织名称，是碳在 α-Fe 中的过饱和固溶体。马氏体的三维组织形态通常有片状或者板条状，但是在金相观察中（二维）通常表现为针状。马氏体的晶体结构为体心四方结构（BCT）。中、高碳钢中加速冷却通常能够获得这种组织。高的强度和硬度是钢中马氏体的主要特征之一。

**43. 什么叫珠光体？什么叫珠光体球化？**

**答**：珠光体是铁碳合金中的一种基本的组织结构，它是由铁素体片层交替组成的，具有较高的强度和一定的塑性。

片状珠光体是一种不稳定的组织，在高温下长期运行时，其片层珠光体中的渗碳体逐渐成为球状，这种现象称为珠光体球化。此时刚的强度极限和屈服极限降低，蠕变极限和持久强度下降。

**44. 金属的疲劳强度是什么？**

**答**：金属材料在交变应力作用下，经一定次数的反复作用，而不破坏的最大应力值称为金属的疲劳强度。

**45. 什么是金属的疲劳损坏？**

**答**：金属在承受交变应力时，不但可能在最大应力远低于材料的强度极限下损坏，而且也可能在比屈服极限低的情况下损坏，即金属材料在交变应力作用下发生断裂的现象称为金属的疲劳损坏，也称为金属的疲劳失效。

**46. 钢材的允许温度是如何规定的？**

**答：**钢材的允许温度主要按强度条件决定。钢材不同其机械性能和高温性能也不同。即使同种钢材，随着工作温度的不同，其抗拉强度、屈服极限和持久强度都是在相应温度下通过试验测定的，差别也很大且随工作温度的升高而明显降低。为保证钢件工作安全，应使钢材在工作温度下的实际应力小于该温度下按钢材的抗拉强度、屈服极限和持久强度所确定的许用应力，即钢材的允许温度是按所受应力小于按抗拉强度、屈服强度和持久强度条件所确定的许用应力的原则确定的。

**47. 锅炉受热面用钢最常用的有哪些？分别用在哪些受热面上？**

**答：**锅炉受热面最常用的有 20 号优质碳素钢和合金钢。

20 号优质碳素钢主要用于高压锅炉蒸汽温度在 450℃ 以下的水冷壁管、省煤器管、低温过热器管和再热器管等。合金钢常用材料主要有 15CrMo、12CrMoV、10Cr9Mo1VNbN、12Cr3MoVSiTiB、12Cr2MoWVTiB、20CrMoV121（F12）等，主要用于高压以上、锅炉蒸汽温度超过 450℃ 的过热器和再热器管。

**48. 为什么超高压及以上压力锅炉的汽包用合金钢制造？**

**答：**以压力为 14MPa 的超高压锅炉为例，汽包内的锅水温度为对应压力下的饱和温度约为 342℃。虽然锅水的温度低于 20g 的允许使用温度 450℃，但是随着温度的升高，20g 的强度降低。温度为 342℃ 时，强度比常温下降低 30%，如果超高压炉的汽包用 20g 制造，则由于温度提高，金属许用应力下降，汽包的壁厚显著增加。这样会给汽包的制造、运输和吊装带来困难，为了降低汽包的热应力，不得不延长锅炉上水升火时间，增加了燃料、电力和水的消耗。

低合金钢比碳素钢的机械强度显著提高，而且随着温度的提高，强度下降较小，不但便于汽包的制造、运输和吊装，而且有利于降低锅炉上水、升火和停炉过程中汽包产生的热应力，从而提高了锅炉上水、生火的速度，节约了燃料和电力。

11

## 第二节 火力发电厂锅炉设备和流程

**49. 锅炉本体由哪些主要设备组成?**

**答:**锅炉本体的主要设备包括燃烧器、燃烧室(炉膛)、布置有受热面的烟道、汽包(汽包锅炉)、汽水分离器(直流锅炉)、下降管、水冷壁、过热器、再热器、省煤器、联箱、减温器、安全阀、水位计等。

**50. 锅炉的炉膛结构是怎样的?**

**答:**四角切圆锅炉炉膛结构:下降管自汽包引出布置在炉外,水冷壁布置在炉膛四个墙面,炉膛下部水冷壁下联箱、渣斗,炉膛内部上方布置有过热器和再热器,燃烧器为直流燃烧器,分层布置在四个角。

对冲燃烧锅炉炉膛结构:燃烧器为旋流燃烧器,前、后墙分层布置,其余部分与四角切圆锅炉类似。

**51. 影响锅炉整体布置的因素有哪些?**

**答:**影响锅炉整体布置的因素主要有蒸汽参数、锅炉容量、燃料性质及热风温度等。

**52. 锅炉容量对锅炉整体布置有什么要求?**

**答:**锅炉容量对锅炉整体布置的要求如下:

(1)随着锅炉容量的增大,炉膛的线性尺寸增加。大容量锅炉比小容量锅炉的炉膛壁表面积相对减小,因为在炉膛内单靠布置水冷壁已不能有效降低炉膛出口烟气温度,所以一些大容量锅炉采用了双面水冷壁或增设辐射式、半辐射过热器来降低炉膛出口烟气温度到允许值。

(2)随着锅炉容量的增大,锅炉单位宽度上的蒸发量迅速增大。为了保证规定的过热蒸汽流速和烟气流速,需采用多管圈的过热器和省煤器。管式空气预热器也应采用双面进风结构,防止风速过大。

**53. 锅炉的辅助设备由哪些设备组成？**

**答：** 锅炉的辅助设备主要包括送风机、引风机、一次风机、空气预热器、磨煤机、给煤机、除尘器、脱硝装置、脱硫装置等。

**54. 联箱的作用是什么？**

**答：** 联箱的作用有三个：

（1）将管径不等、用途不同的管子通过联管有机地连接在一起。例如，中压锅炉的水冷壁下联箱将降水管与上升管连接起来。

（2）混合工质，交换工质位置，减少热偏差。由于烟气侧和蒸汽侧存在不可避免的热偏差，造成过热蒸汽的温度偏差，特别是在升火过程中和低负荷时，其偏差可达到足以危及安全生产的程度。锅炉广泛采用交叉联箱，将在左边流动的蒸汽调换到右边、在右边流动的蒸汽调换到左边。混合联箱将各根过热器管来的蒸汽混合后送入下一级过热器。采用交叉联箱和混合联箱后，壁温和蒸汽温度的偏差显著减小。

（3）减少与汽包相连接的管子。例如，侧墙水冷壁使用上联箱，使与汽包相连的管子大大减少，不但减少了汽包的开孔，而且也便于布置。

**55. 锅炉膨胀指示器的作用是什么？**

**答：** 锅炉膨胀指示器（如图 1-3 所示）的作用是监视承压设备或部件受热、受压后几何尺寸发生的变化情况。承压设备或部件在承压状态下外部尺寸会发生改变，这种改变如果超出设计规定的

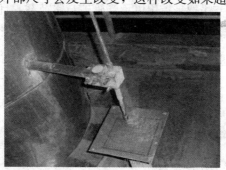

图 1-3　锅炉膨胀指示器

范围，就说明内部压力超出了设备承受能力，通过它可以及时发现因点火升压不当或安装、检修不良引起的蒸发设备变形，防止膨胀不均发生裂纹和泄漏等。

**56. 锅炉膨胀指示器安装在哪些位置?**

**答：**锅炉膨胀指示器一般安装在汽包、联箱（水冷壁下联箱、炉水循环泵入口联箱、省煤器入口联箱、包墙联箱等）上。

**57. 管道支吊架的作用是什么?**

**答：**管道支吊架的作用如下：

（1）承受管道的自重，并使管道的自重应力在允许的范围内。

（2）增加管子的刚度，避免过大的挠度和振动。

（3）控制管系热位移的大小和方向，保证管道和与之连接设备的安全运行。

**58. 管道为什么要加装膨胀补偿器?**

**答：**为了使管道能自由地进行热胀冷缩，避免管道受过大的热应力而损坏，需要对管道的膨胀进行补偿。一般管道的弯管段，可作为管道膨胀的自然补偿，因为弯曲管段有柔性，所以当管段受热膨胀时，不致产生过大的热应力。但当管道受制于敷设条件的限制，不能采用自然补偿或管道的自然补偿时，就需要在管道上加装热膨胀补偿器。

**59. 什么是恒力支吊架?**

**答：**恒力支吊架是指用以承受管道自重荷载，且其承载力不随支吊点处管道垂直位移的变化而变化，荷载保持基本恒定的支吊架。

**60. 什么是变力弹簧支吊架?**

**答：**变力弹簧支吊架是指用以承受管道自重荷载，但其承载力随支吊点处管道垂直位移的变化而变化的弹性支吊架。

**61. 什么是刚性支吊架?**

**答：**刚性支吊架是指用以承受管道自重荷载，并约束管系在支吊点处垂直位移的吊架。

**62. 什么是滑动支吊架?**

**答:** 滑动支吊架是指将管道支承在滑动底板上,用以承受管道自重荷载,并约束管系在支吊点处垂直位移的支架。

**63. 什么是滚动支吊架?**

**答:** 滚动支吊架是指将管道支承在滚动部件上,用以承受管道自重荷载,并约束管系在支吊点处垂直位移的支架。

**64. 简述汽包锅炉汽水系统的流程。**

**答:** 锅炉给水由给水泵送入省煤器,吸收尾部烟道中烟气的热量后送入汽包,汽包内的水经炉墙外的下降管、炉水循环泵到水冷壁,吸收炉内高温烟气的热量,使部分水蒸发,形成汽水混合物向上流回汽包。汽包内的汽水分离器将水和汽分离开,水回到汽包下部的水空间,而饱和蒸汽进入过热器,继续吸收烟气的热量成为合格的过热蒸汽,进入汽轮机高压缸。高压缸排汽进入锅炉再热器,吸收热量后进入汽轮机中压缸。汽包锅炉汽水流程如图1-4所示。

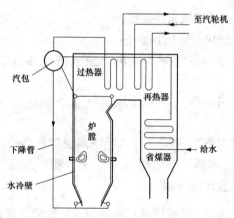

图1-4 汽包锅炉汽水流程

**65. 简述直流锅炉汽水系统的流程。**

**答:** 锅炉给水由给水泵送入省煤器,再进入水冷壁,吸收炉内高温烟气的热量,使全部水蒸发为微过热蒸汽,微过热蒸汽进入汽水分离器,再进入过热器,继续吸收烟气的热量成为合格的过热蒸汽，进入汽轮机高压缸。高压缸排汽进入锅炉再热器，吸收热量后进入汽轮机中压缸。直流锅炉汽水流程如图 1-5 所示。

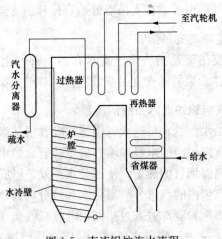

图 1-5　直流锅炉汽水流程

**66. 简述锅炉烟风系统流程。**

**答：** 锅炉烟风系统流程如下：

（1）助燃风：空气→送风机→空气预热器→二次风箱→燃烧器。

（2）送粉风：空气→一次风机→空气预热器→磨煤机→燃烧器。

（3）烟气：烟气→屏式过热器→高温过热器→高温再热器→低温过热/低温再热器→省煤器→脱硝装置→空气预热器→除尘器→引风机→脱硫塔→烟囱。

**67. 简述 SCR（选择性催化还原技术）脱硝工艺流程。**

**答：** 由液氨槽车运送液氨，利用卸料压缩机，液氨由槽车输入储氨罐内，并通过氨供应泵或系统压差将储氨罐中的液氨输送到液氨蒸发槽内蒸发为氨气，后经与稀释风机鼓入的稀释空气在氨/空气混合器中混合后，送达氨喷射系统。在 SCR 入口烟道处，喷射出的氨气和来自锅炉省煤器出口的烟气混合后进入 SCR 反应器，通过催化剂进行脱硝反应，最终通过出口烟道回至锅炉空气预热器，达到脱硝的目的，SCR 脱硝工艺流程如图 1-6 所示。

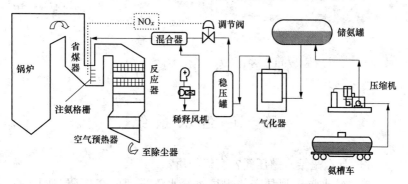

图 1-6　SCR 脱硝工艺流程

第二章

# 锅 炉 汽 水 系 统

## 第一节　给 水 系 统

**68. 什么是给水憋压阀？有何作用？**

**答**：给水憋压阀是安装锅炉主给水管道上的高压调节阀，也叫主给水调节阀。

给水憋压阀的作用是调节过热减温水（来自给水憋压阀前）与过热蒸汽差压，保证过热减温水能够正常投入，防止锅炉蒸汽温度、壁温超限。

**69. 给水憋压阀为什么要设置旁路？**

**答**：因为给水憋压阀阀芯带节流孔，即使阀门全关，也存在约1/4额定流量的漏流。在锅炉启停过程中及低负荷阶段，为调整汽包水位的同时保证给水差压，要设置旁路调节阀进行调节。

**70. 什么是省煤器，其作用是什么？**

**答**：省煤器是利用锅炉尾部烟气的热量来加热给水的一种热交换装置。

省煤器的作用是利用锅炉尾部低温烟气的热量来加热给水，以降低排烟温度，提高锅炉效率，节省燃料消耗量，并减少给水与汽包的温度差。

**71. 什么叫水冷壁？起什么作用？**

**答**：通常将并列布置于炉膛四周作为辐射换热面，并保护炉墙的管子称为水冷壁。水冷壁的上端与汽包（或上联箱）相连，下端与下联箱相连。

水冷壁的作用是吸收炉膛火墙的辐射换热，使水蒸发成饱和蒸汽，水冷壁是锅炉的主要蒸发受热面，降低炉膛四周的内壁温度，保护炉墙。

### 72. 什么是下降管？下降管分几种？

**答：** 下降管是安装在炉外由汽包向水冷壁下联箱供水的管路。下降管有小直径分散下降管和大直径集中下降管两种。

### 73. 省煤器再循环的作用是什么？

**答：** 省煤器在锅炉启动初期，常常是不连续进水的，但如果省煤器中水不流动，就可能使管壁超温而损坏。因此，在锅炉不上水时，打开省煤器与汽包下降管之间的再循环管，使汽包与省煤器形成水循环，保持省煤器内有水流动冷却，从而保护省煤器。

### 74. 省煤器出口给水汽化有何危害？

**答：** 锅炉点火初期，省煤器只是间断进水时，其内的水温将发生波动。在停止进水时，省煤器内不流动的水温度升高，特别是靠近出口端，则可能发生汽化。进水时，水温又降低，这样使其管壁金属产生突变热应力，影响金属及焊口的强度，日久产生裂纹损坏。

### 75. 省煤器泄漏有何现象？如何处理？

**答：** 省煤器泄漏现象：

（1）汽包水位下降。

（2）给水流量不正常地大于蒸发量。

（3）省煤器区域有异声。

（4）省煤器下部灰斗有湿灰或冒汽。

（5）省煤器后面两侧烟气温差增大，泄漏侧烟气温度明显偏低。

（6）烟气阻力增大，引风机电流增大。

省煤器泄漏处理方法如下：

（1）如果省煤器轻微泄漏，可适当降低锅炉蒸发量和蒸汽压力，维持汽包正常水位，并申请停炉。

（2）省煤器损坏严重，水位无法维持，故障情况加剧，尾部烟道下部大量冒汽喷水时，应立即停炉。

（3）停炉后应保留 1 台引风机运行一段时间，以排出烟气和蒸汽；维持汽包水位，可继续向锅炉上水，关闭所有放水门，禁止开启省煤器再循环。

**76. 省煤器泄漏的原因有哪些？如何防止省煤器磨损？**

**答：**引起省煤器泄漏的原因如下：

（1）给水品质不合格，水中含氧量增多，造成管子内壁氧损失损坏。

（2）给水温度和流量变化，使管子产生热应力，管子热应力过大会引起管子损坏。

（3）管子焊接质量不好，也会使管子损坏。

（4）飞灰磨损使管壁因减薄、强度下降而损坏。其中，省煤器管磨损是损坏的主要原因。

防止省煤器磨损的措施如下：

（1）保持合理的烟气流速。

（2）减少烟气中飞灰浓度。

（3）运行中保持较细煤粉细度。

（4）运行中发现磨损严重，可在燃烧合理的情况下，保持较低的过量空气系数。

（5）加装防磨装置。

（6）采用防磨涂料。

**77. 省煤器是否布置得越多越好？**

**答：**省煤器布置的多少，既要考虑经济，又要考虑安全。

（1）从经济上讲，省煤器布置越多，能提高炉效，但钢材消耗量和烟道尺寸就要相应变化，是不合算的。

（2）从安全上讲，省煤器布置过多，使排烟温度降低，容易形成低温腐蚀，缩短使用寿命。

（3）省煤器布置过多将使管内水流速度变得很低，给水中的溶解氧会在水平管内停留，造成氧腐蚀而使管子穿孔。

**78. 省煤器按材质分为哪几种？各有什么优、缺点？**

**答：**省煤器按材质分为两种：铸铁式和钢管式。

铸铁式省煤器的优点：由于铸铁式省煤器壁厚、硬度高，表面有一层铸皮，所以耐磨损、腐蚀，使用寿命长。缺点是加工复杂，造价高，维修工作量大，不耐水击，不能用来作沸腾式省煤器。因此，多用在没有除氧器或除氧不完善的小型锅炉上。

钢管式省煤器的优点：制造工艺简单，造价低，维修工作量小，可承受水击，因此，沸腾式省煤器必须用钢管制作，大、中型锅炉广泛采用。缺点是耐磨、耐腐蚀性较差，寿命较铸铁式短，多用在除氧完善的大、中型锅炉上。

**79. 为什么省煤器与汽包连接处要设保护套管？**

**答：** 汽包壁温一般都为汽包压力下的饱和温度，比较稳定。而省煤器的出水温度对于非沸腾式省煤器来说，是低于汽包压力下饱和温度的。如果省煤器的出水管直接与汽包连接。则汽包壁会因温度不均产生热应力。当锅炉运行工况变化时，省煤器出水温度随之波动，时间长了会产生疲劳热应力，使省煤器与汽包连接处因产生环形裂纹而泄漏。即使是沸腾式省煤器，也会因工况变动，如高压加热器解列，特别是低负荷时，省煤器出口水温低于汽包压力下的饱和温度而使汽包产生热应力。解决这个问题的最好办法是在省煤器出水管与汽包连接处设保护套管。这样在省煤器出水管与汽包之间形成了一个蒸汽夹套，夹套内充满了饱和蒸汽，当锅炉工况变动、省煤器出口水温波动时，就不会使汽包壁产生疲劳热应力。同样道理，其他与汽包相连的管子，如果管内（如加药管）介质温度低于汽包压力下的饱和温度，也要设保护套。

**80. 省煤器为何一般均为错列、逆流布置？**

**答：** 省煤器采用错列布置，一是传热效果好，二是减少积灰，三是布置紧凑。采用逆流布置不仅可以加强传热，而且使水从下而上地流动，有利于排走空气和受热产生的气泡，避免产生水冲击和气泡停滞而腐蚀或烧坏管壁。

**81. 为什么省煤器管都制成蛇形管？**

**答：** 省煤器的受热面积较大，如果采用直管，因管数很多，联箱直径必然很大，不但造价较高而且布置困难，热膨胀补偿比较复杂。如果省煤器采用蛇形管，不但体积较小，而且管子的根数大大减少，因此，可以采用直径较小的联箱，而且蛇形管本身具有很好的热膨胀补偿能力，使得省煤器管的热补偿问题大大简化。

为了防止除氧不合格的给水在省煤器管内因水温提高后，溶解在水中的氧气逸出吸附在管壁上，造成省煤器管局部腐蚀，通常要求给水在省煤器管内的水流速度大于 0.5～1.0m/s。采用蛇形管后，省煤器管数大大减少，给水系统通流截面随之下降，可以满足对省煤器管内水流速度的要求。

用 20 钢管制作省煤器，不但工艺简单、成本较低，而且耐水击和安装方便。因此，大、中型锅炉的省煤器广泛采用蛇形管。

**82. 省煤器的哪些部位容易磨损？**

**答：**省煤器容易磨损部位如下：

（1）当烟气从水平烟道进入布置省煤器的垂直烟道时，受烟气转弯流动所产生的离心力的作用，使大部分灰粒抛向尾部烟道的后墙，使该部位飞灰浓度大大增加，造成锅炉后墙附近的省煤器管段磨损严重。

（2）省煤器靠近墙壁的管子与墙壁之间存在较大的间隙或管排之间存在有烟气走廊时，由于烟气走廊处烟气的流动阻力要比其他处的阻力小得多，该处的流速就高。故处在烟气走廊旁边的管子或弯头就容易受到严重磨损。实践证明，管束中烟气流速为 4～5m/s，而烟气走廊里的流速就要高达 12～15m/s，为前者的 3～4 倍，其磨损速度就要高几十倍，这是因为管子被磨损的程度大约与烟速的三次方成正比。

**83. 省煤器下部放灰管的作用是什么？**

**答：**布置在尾部竖井烟道下部的灰斗，汇集从烟气中靠自身重力分离下来的一部分飞灰，通过灰管排入灰沟，减小了烟气中灰尘含量和对空气预热器堵灰的影响。当省煤器发生泄漏事故时，可排出部分漏水，减轻空气预热器受热面的堵灰。

**84. 尾部受热面的磨损是如何形成的？与哪些因素有关？**

**答：**因为随烟气流动的灰粒具有一定动能，所以每次撞击管壁时，便会削掉微小的金属屑，形成尾部受热面的磨损。

尾部受热面的磨损与下列因素有关：

（1）飞灰速度。金属管子被灰粒磨去的量正比于冲击管壁灰粒的动能和冲击的次数。灰粒的动能与烟气流速的二次方成正比，因此，管壁的磨损量与烟气流速的三次方成正比。

（2）飞灰浓度。飞灰的浓度越大，则灰粒冲击次数越多，磨损加剧，因此，烧含灰分大的煤磨损加重。

（3）灰粒特性。灰粒越粗、越硬、棱角越多，磨损越重。

（4）管束的结构特性。烟气纵向冲刷管束时的磨损比横向冲刷轻得多。这是因为灰粒沿管轴方向运行，撞击管壁的可能性大大减小。当烟气横向冲刷时，错列管束的磨损大于顺列管束。

（5）飞灰撞击率。飞灰撞击管壁的机会由各种因素决定，飞灰颗粒大、飞灰密度大、烟气流速快，则飞灰撞击率大。

**85. 什么叫下降管汽穴或汽化？有何危害？**

**答：**下降管汽穴分为内汽穴和外汽穴两种。

内汽穴：如果水进入某个下降管中的流速增加，势必使入口处的静压力降低，其相应的饱和温度降低，在下降管内就形成了大气泡，这种现象称为内汽穴。

外汽穴：如果汽包水位过低，同时水进入下降管的速度又较快，就可能在下降管入口处水面产生旋涡斗，将汽吸入下降管，使下降管带汽，这种现象称为外汽穴。

下降管汽化：若下降管受热产生蒸汽，就称为下降管汽化。

危害：下降管汽化或汽穴，在结果上是相同的，即下降管中带有蒸汽。这使下降管内的流动阻力增加，同时循环动力也减小，阻碍了上水管进水，使整个循环流速降低，严重时，可能造成水冷壁普遍缺水，受热强的管子过热，甚至爆管。

**86. 下降管为何不宜受热？但又必须保温？**

**答：**下降管受热会产生蒸汽，可能导致循环的破坏，因此，

23

不宜受热，一般布置在炉外。

下降管散热同样也可能破坏水循环。因为散热以后，使水冷壁下联箱欠热增加（即达到水沸腾需要更多的热量），这时，上升管中的热水段将增加，使循环动力减小，影响正常的水循环；同时，下降管散热过多，也影响运行的经济性，即欠热增加以后，要产生同样的蒸汽，必须增加燃料量，因此，下降管的散热应尽量减少，必须保温。

### 87. 为什么下降管与汽包连接的部分直径加大？

**答：**对装有沸腾式省煤器的锅炉来说，汽包中的水呈饱和状态。汽包里的水进入下降管时，由于存在局部阻力损失和部分静压头转变成动压头，所以水进入下降管时，压力要降低。如果压力的降低超过汽包液面至下降管入口之间的高度所产生的静压，则进入下降管的水要汽化，有破坏水循环的危险。汽包里的水进入下降管压力降的大小与锅水进入下降管的速度平方成正比。因此，加大下降管与汽包连接处的直径，可降低流速，从而有效地防止进入下降管内的锅水汽化。

当下降管内水的流速较高时，在下降管入口还会因水流旋转形成漏斗。汽包里的蒸汽窜入下降管中，影响水循环的安全，当采用集中下降管时，管径增大，旋转的切圆加大，更易形成漏斗。因此，除加大下降管入口管径外，还在下降管入口装消旋格栅，防止漏斗产生。

### 88. 水冷壁有几种？

**答：**锅炉采用的水冷壁常有光管式、膜式和刺管式（又称销钉式水冷壁）三种。光管式水冷壁多用普通的光滑的无缝管构成；膜式水冷壁是在光管上焊接或直接扎制鳍片，将各管的鳍片顶部焊接起来，整个水冷壁连成一体；刺管式水冷壁是在水冷壁上焊上许多长 20～30mm、直径 6～12mm 的小圆钢作稍钉（抓钉），多用来敷设燃烧带，使耐火材料能在管子上挂住。光管式、膜式、刺管式水冷壁如图 2-1 所示。

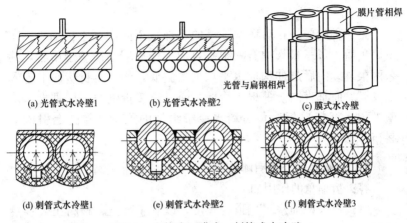

图 2-1  光管式、膜式、刺管式水冷壁

## 89. 膜式水冷壁有什么优点？

**答：**膜式水冷壁有如下优点：

（1）有良好的炉膛气密性。

（2）可采用微正压燃烧方式，可降低排烟热损失。

（3）提高锅炉效率。

（4）炉墙不需要耐火材料，只需要轻型的绝热材料（因为膜式水冷壁炉墙的内侧温度基本上等于管子内工质温度，使炉墙质量减轻 50%～60%，从而也减少了钢架和地基的材料和成本）。

（5）由于漏风量少，使烟气中 $SO_3$ 的含量减少，从而减轻了尾部受热面的低温腐蚀。

## 90. 什么是折焰角？其结构如何？

**答：**后墙水冷壁在炉膛上部向前墙突出的部分称为折焰角。

折焰角是由后墙水冷壁在一定的标高处，并按照一定的外形向炉膛内弯曲而成（俗称折焰鼻子），结构形式有两种。

一种是借助分叉管，将每根水冷壁管分成两路，一路向内弯曲成一定形状，另一路为垂直短管，起悬吊、传递水冷壁组件质量的作用。两路管内的汽水混合物均进入后水冷壁上联箱，再通过导管引入汽包。为了使大部分工质从受热强烈的折焰管通过，在垂直短管至联箱的连接处装有节流孔板，以限制垂直管的流通量。

另一种结构是在后墙水冷壁的上部直接向内弯成折焰角，在折焰角后，每三根管中有一根垂直向上作后墙水冷壁悬吊管，其余两根继续向后延伸构成水平烟道的斜底，然后再折转向上进入上联箱。而垂直向上那根水冷壁，通过连接折焰角前后垂直水冷壁管的吊杆传递折焰角后墙水冷壁组件的重量，并向上引入上联箱。

**91. 折焰角的作用有哪些?**

答：折焰角的作用如下：

（1）可以增加水平烟道的长度，以利于高压、超高压大容量锅炉受热面的布置（如屏式过热器等）。

（2）增加了烟气流程，加强了烟气混合，使烟气沿烟道的高度分布趋于均匀。

（3）可以改善烟气对屏式过热器的冲刷特性，提高传热效果。

**92. 为什么一般锅炉每侧水冷壁要分成几个独立的循环回路?**

答：炉膛里温度是不均匀的，其温度的分布与燃料种类、燃烧器的布置方式有关。一般总是靠近炉膛中心处温度高，水冷壁热负荷也高；离炉膛中心较远处温度低，水冷壁的热负荷也低。热负荷高的水冷壁管产生的蒸汽较多，流动压头高，循环流速高。热负荷低的水冷壁产生的蒸汽少，流动压头和循环流速低。

如果把热负荷不同的水冷壁管组成一个循环回路，由于同一组各根管子的热负荷不均匀，热负荷小的水冷壁管，循环流速低，甚至出现循环停滞，水冷壁管因冷却不足而过热损坏现象。

为了使受热较少的水冷壁管也保持一定的循环流速，可以将热负荷较大的一些水冷壁管组成一个回路，而热负荷较小的一些水冷壁管组成另一个回路。中压炉和高压炉经常将每一面水冷壁分成三个回路。由于超高压炉的汽水比重较小，循环压头也小，水循环的可靠性相对降低。所以超高压锅炉常将每面水冷壁按热负荷的大小分成五个回路。

**93. 在锅炉点火初期，水冷壁是怎样得到冷却的？**

**答**：当锅水温度降至与室温相同时，在点火初期相当长时间内（一般 1h 以上），锅水温度低于 100℃。在这段时间内，虽然水冷壁内没有产生蒸汽，但是在水冷壁管内存在一种温水循环。温水循环分两种情况。

一种情况是上升管进入汽包的位置高于汽包水位，这种情况属于内部温水循环。水冷壁管的向火面热负荷高，水温上升得快，而背火面热负荷小，水温上升得慢。温度高的水比重小，上升；温度低的水比重大，下降；因此，在水冷壁管内部沿高度方向形成了温度循环。

另一种情况是上升管进入汽包的位置在汽包水位以下。当水冷壁吸收炉膛火焰的辐射热量后，水温升高，比重小而上升，下降管中的水没有吸热，比重大而下降，这样在水冷壁和下降管间形成了外部温水循环。锅炉在点火初期，没有产生蒸汽前，水冷壁管就是靠内部或外部温水循环来冷却的。

**94. 锅炉水冷壁泄漏有哪些现象？**

**答**：锅炉水冷壁泄漏现象如下：

（1）炉膛内有响声，炉膛压力由负压变为正压（引风机投自动时电流增大），严重时从看火孔内喷出烟气和蒸汽。

（2）汽包水位下降，给水流量不正常地大于蒸汽流量。

（3）燃烧不稳，主蒸汽压力、蒸汽流量下降，泄漏侧烟气温度下降。

（4）锅炉炉管泄漏报警仪报警。

**95. 锅炉水冷壁泄漏主要原因有哪些？**

**答**：锅炉水冷壁泄漏主要原因如下：

（1）锅水品质长期不合格，使管内壁结垢，造成传热恶化。

（2）管材质量不良、制造有缺陷或焊接质量不良。

（3）安装、检修质量不良，管内有遗留杂物堵塞。

（4）燃烧器和吹灰器安装角度不对，炉管受到冲刷。

（5）锅炉长期低负荷运行，燃烧调整不当使水冷壁受热不均，

27

定期排污量过大，水循环不良。

（6）锅炉严重缺水运行。

（7）炉膛结焦严重，掉大焦砸坏水冷壁。

**96. 锅炉水冷壁泄漏如何处理？**

**答：**锅炉水冷壁泄漏应进行如下处理：

（1）发现炉内有异声时应小心打开看火孔听诊，并进行仪表分析和参数的趋势分析。

（2）确认水冷壁损坏，但泄漏不严重，能维持正常水位和炉膛负压时，应降低机组负荷和主蒸汽压力，防止损坏面积扩大，汇报值长申请停炉。

（3）加强对给水和过热蒸汽温度自动调整的监视和控制，维持汽包水位和蒸汽温度正常。

（4）若泄漏严重不能维持正常运行或造成锅炉灭火，应紧急停炉。

（5）停炉后应继续向锅炉进水，关闭排污门和省煤器再循环门，若汽包上、下壁温差明显增加或补水后水位不能回升时，停止向锅炉进水。

（6）待炉膛吹扫结束后，停止送风机、引风机，保持自然通风 2h；然后重新启动送风机、引风机，保持 25%～30%风量强制通风冷却。当汽包壁温差大于或等于 50℃时，应停运送风机、引风机并关闭风烟挡板。

**97. 水循环停滞在什么情况下发生？有何危害？**

**答：**水循环停滞易发生在部分受热较弱的水冷壁管中，当其重位压头等于或接近于回路中共同压差时，水在管中几乎不流动，只有所产生的少量汽泡在水中缓慢地向上浮动，进入汽包，而上升管的进水量仅与出汽量相等，就发生了循环停滞。

水循环停滞时，由于下水冷壁管中循环水流速接近或等于零，所以，热量传递主要靠导热。即使热负荷较低，由于热量不能及时带走，管壁仍可能超温烧坏。另外，还由于水的不断"蒸干"，水中含盐浓度增加，会引起管壁的结盐和腐蚀。当在引入汽包蒸汽空间的上升管中发生循环停滞时，上升管内将产生"自由水位"，水面以上管内为蒸汽，冷却条件恶化易超温爆管；而汽水分界处由于水位的波动，管壁在交变热应力作用下，易产生疲劳损坏。

**98. 水循环倒流有何危害？**

答：水循环倒流管受热很弱以至其重位压差大于回路的共同压差时，当倒流管中蒸汽泡向上的流速与倒流水流速接近时，汽泡将不能被带走，处于停滞或缓动状态的汽泡逐渐聚集增大，形成汽塞，这段管壁温度将交替变化，导致疲劳损坏。

**99. 汽水分层在什么情况下发生？为什么？**

答：汽水分层易发生在水平或倾斜度小而且管中汽水混合物流速过低的管子。

由于汽、水的密度不同，汽倾向在管子上部流动，水的密度大，在下部流动。若汽水混合物流速过低，扰动混合作用小于分离作用，便产生汽水分层。所以自然循环锅炉的水冷壁应避免水平和倾斜度小的布置方式。

**100. 提高自然循环锅炉水循环安全性的措施有哪些？**

答：提高自然循环锅炉水循环安全性的措施如下：

（1）减小并联管子的吸热不均。循环回路中并联上升管的吸热不均是造成水冷壁事故的主要原因，如果把并联的上升管分为几个独立的循环回路，每一回路有单独的下降管和上、下联箱，可减小每个回路的吸热不均。在截面为矩形的炉膛中可把炉角上的1～2根管子去掉或设计成八角形炉膛。

（2）降低汽水导管和下降管中的流动阻力。通过增加管子的流通面积、采用大直径管、减少管子的长度和弯头数量等均能降低流动阻力。减小下降管带汽也可降低下降管流动阻力。另外，下降管带汽还会减小回路的运动压头，降低水循环安全性。

（3）对于大容量锅炉，不应采用过小直径的上升管，以防止上升管出口含汽率过高造成第二类传热危机。

**101. 进入锅炉的给水为什么必须经过除氧？**

**答：** 如果锅炉给水中含有氧气，将会使给水管道、锅炉设备及汽轮机通流部分遭受腐蚀，缩短设备使用寿命。防止腐蚀最有效的办法是除去水中的溶解氧和其他气体，这一过程称为给水的除氧。

**102. 炉水循环泵的作用是什么？**

**答：** 炉水循环泵安装在下降管上，其作用是提供锅炉水循环动力，保证水冷壁运行安全。

**103. 炉水循环泵结构如何？**

**答：** 炉水循环泵由水泵、隔热体、电动机、高压冷却器等几部分组成。炉水循环泵结构如图 2-2 所示。

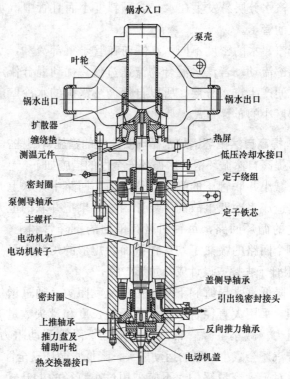

图 2-2 炉水循环泵结构

**104. 炉水循环泵如何注水?**

**答:** 炉水循环泵注水方法如下:

(1) 关泵出口联络管路放水门。

(2) 开泵进水管排汽一、二次门,泵壳放水门,隔热体放水手动门。

(3) 炉水循环泵注水冷却器投入,开启冷却水供、回水门。

(4) 关电动机高压冷却水放水一次门,开凝结水或给水至高压清洗水来水门,高压清洗水总过滤器出、入口门,高压清洗水进水门,电动机高压冷却水放水二次门。

(5) 通过调整高压清洗水进水门维持注水流量,对高压充水管路进行冲洗,直到清洁无杂质。

(6) 关电动机高压冷却水放水二次门。

(7) 开启炉水循环泵注水精密滤网入口门和滤网后放水门,冲洗合格后关闭放水门,检查清扫滤网。

(8) 开炉水循环泵注水精密滤网出口手动门、高压清洗水注水门,缓慢注水。

(9) 当隔热体放水门,泵壳放水门,泵进水管排汽一、二次门出现连续水流后,依次关闭隔热体放水门,泵壳放水门,泵进水管排汽一、二次门,炉水循环泵清洗和注水完毕。注满水后检查注水滤网前、后压差值,应在允许范围内。

(10) 炉水循环泵注水和清洗完毕后,可以向锅炉上水,上水期间维持炉水循环泵连续注水。

**105. 炉水循环泵电动机腔室温度高的原因有哪些?**

**答:** 炉水循环泵电动机腔室温度高的原因如下:

(1) 低压冷却水量不足或中断。

(2) 低压冷却水温度高。

(3) 电动机腔体高压冷却水系统泄漏。

(4) 电动机腔体注水压力不足。

(5) 高压冷却水滤网堵。

(6) 闭式冷却水系统故障。

**106. 炉水循环泵电动机腔室温度高如何处理?**

**答:**炉水循环泵电动机腔室温度高处理方法如下:

(1) 检查低压冷却水系统有无泄漏,调整低压冷却水量。必要时,倒备用水源。

(2) 检查高压冷却水系统各阀门位置是否正确、关闭的阀门是否有漏流。

(3) 如备用泵电动机温度高,可开启该炉水循环泵高压给水连续注水清洗门注水或启动该泵运行,如温度下降可维持运行,待停机后检修处理。

(4) 如电动机温度上升至保护值未自动跳闸,手动停止。

(5) 厂用电全停事故保安电源切换正常后,必须立即启动停机冷却水泵,保证每台炉水循环泵隔热栅冷却水流量满足冷却要求。

**107. 炉水循环泵电动机高压冷却水系统泄漏有何现象?如何处理?**

**答:**炉水循环泵电动机高压冷却水系统泄漏现象如下:

(1) 有明显漏点。

(2) 电动机内水温度高报警。

炉水循环泵电动机高压冷却水系统泄漏处理方法如下:

(1) 尽可能保持泵运行,增大隔热体和高压冷却器的冷却水量,泄漏严重时立即停止泵运行。注意停止泵运行前要先投入备用泵运行。

(2) 确认注水冷却器的冷却水完全投入,立即打开注水门,控制好流量,使注水冷却器后的水温小于规定值。

(3) 当电动机腔体温度到保护值时,保护动作跳闸;如保护拒动,则手动停止。

**108. 炉水循环泵出力降低的原因是什么?如何处理?**

**答:**炉水循环泵出力降低的原因如下:

(1) 炉水循环泵内有空气。

(2) 炉水循环泵汽化。

（3）汽包水位过低。

炉水循环泵出力降低的处理方法如下：

（1）启动时，排尽泵内及管内入口气体。

（2）锅炉运行中，控制汽包水位正常。

### 109. 在遇有哪些情况下应特别监视汽包水位？

**答：** 在遇下列情况下应特别监视汽包水位：

（1）锅炉负荷大幅度地变化时。

（2）锅炉安全门动作或开启向空排汽门时。

（3）切换给水泵或给水泵故障时。

（4）锅炉燃烧不稳或发生故障时。

（5）高压加热器投入或解列时。

（6）锅炉排污或放水时。

### 110. 锅炉安全门动作后汽包水位如何调整？

**答：** 锅炉安全门动作主要是汽包安全门和过热器安全门的动作，安全门动作后汽包水位是先升高后降低的。升高原因是虚假水位所致，但降低是真实的水位。当水位上升较快时，立即开启给水泵再循环门，减小给水调节门，尽量控制在锅炉灭火值以下。同时，安全门动作后主蒸汽压力会下降，饱和温度降低，蒸发量增大，最终会因为给水量与蒸发量不匹配使水位下降，此时应及时关闭再循环门，开大主给水调节门，适当降低机组负荷来维持水位。

### 111. 进行汽包锅炉灭火不停机处理时如何调整汽包水位？

**答：** 灭火后要保证不停机，最关键就是汽包水位不要太高。当发现锅炉灭火后，由于虚假水位会降低很多，这时不要立即启动电动给水泵补水，而是首先打掉给水泵汽轮机启动电动给水泵，电动给水泵的勺管开度不能太大，水位必须专人监视和调整，要保持汽包水位在−200～−100mm，等水位稳定后再缓慢调整到正常范围。如果水位升高速度太快，可以开启电动给水泵或汽动给水泵再循环来控制。

### 112. 高压加热器解列汽包水位如何调整？

**答：** 高压加热器解列后汽包水位会先下降后上升。高压加热器解列瞬间，高压加热器抽汽止回门及电动门联关，机前压力升高，负荷上升，而机组要维持负荷不变，此时汽轮机调节门会自动关小，主蒸汽压力升高，汽包水位下降，这实际上是个虚假水位现象。同时，高压加热器解列后，使锅炉给水温度明显降低，冷水进入汽包后，导致汽包内水温快速降低，气泡减少，体积缩小，因此，汽包水位瞬间快速降低。升高的原因是水位降低后，给水自动控制系统发出加大给水的指令，汽动给水泵转速上升，使得给水流量大于蒸汽流量，水位快速上升。高压加热器解列后必须派专人调整水位，水位开始虚假下降时及时进行手动干预，避免因水位低灭火，水位回升则及时减少给水量，并根据给水量与蒸汽量的匹配关系进行调整。如水位过高，及时开启汽动给水泵再循环门或果断打跳 1 台汽动给水泵，防止因汽包水位高跳机。

### 113. 举例说明机组给水流量表管冻结事故及处理要点。

**答：** 事故案例：某厂 600MW 机组，2008 年 1 月 23 日 07：56，负荷为 570MW，锅炉双侧风烟系统运行，AB 汽动给水泵运行，机组各参数均正常，给水调节为三冲量自动调节状态，环境温度为 −16℃。运行中给水流量第三点变坏点，同时发"给水系统异常"声光报警；40min 后给水流量第二点变坏点；运行人员将给水流量取中值切为第一点；5min 后第一点也变为坏点，运行人员将给水自动切为手动调节，1min 后汽包水位高高，MFT 动作，5s 后汽轮机跳闸。热控人员检查发现给水流量表管伴热电源跳闸导致表管冻结。

处理要点：

（1）"给水系统异常"报警，及时查看给水流量是否异常，同时注意汽包水位的调整。

（2）发现给水流量变坏点时及时稳定负荷，将汽包水位切手动调节，并通知热控人员检查测点，派巡检至就地检查汽包水位是否正常。

（3）如热控人员发现给水流量表管冻结，则要求热控人员尽快处理，同时将汽包水位改为单冲量调节，汽包水位投入自动调节。给水流量测量柜附件的门窗必须关闭严密。

（4）如机组升降负荷汽包水位扰动较大，水位自动调节较差时切手动调节，汇报值长稳定负荷。

（5）给水流量测点处理好后，及时将汽包水位切为三冲量调节。

**114. 举例说明机组给水憋压阀阀芯脱落事故及处理要点。**

**答：** 事故案例：某厂 600MW 机组，2006 年 6 月 13 日 12：50，机组负荷从 450MW 开始涨负荷，机组长发现给水憋压阀相同工况下开度较平时增大 18％以上；13：30，远方将憋压阀由 42％逐渐开至 48％，给水差压不变；13：57，就地听到给水管道巨大的截流声和给水管道强烈的振动，主给水差压由 3.1MPa 突增至 7.97MPa，给水流量由 1142t/h 降至 842t/h，骤减 300t/h，汽包水位快速下降，全开给水旁路调节门后汽包水位又快速上升，造成汽包水位高高，MFT 动作，汽轮机跳闸。

处理要点：

（1）发现憋压阀有异常时，如机组正在涨负荷，则应立即停止涨负荷，查看给水差压的变化。

（2）通过比较同工况下憋压阀的开度，以及通过调整憋压阀开度，就地查看憋压阀门杆的动作等情况，综合判断憋压阀异常原因。

（3）如判断为憋压阀门芯脱落，应果断下令降负荷，通过调整给水憋压阀旁路门开度使蒸汽流量与给水流量匹配，保证汽包水位的稳定。

（4）由于憋压阀门芯脱落后会造成差压迅速升高，在保证汽包水位正常的情况下，通过憋压阀旁路门开度与汽动给水泵转速的协调调整，使给水差压维持在正常范围。

（5）由于给水差压的变化会使主蒸汽温度大幅波动，派专人进行蒸汽温度的调整，调整给水差压时必须同调节蒸汽温度人员进行沟通。

（6）根据憋压阀全关的流量与憋压阀旁路门的调整量，将负荷调整至 50％以上，申请停机处理。

**115. 举例说明机组给水憋压阀无法操作导致锅炉灭火事故及处理要点。**

**答：**事故案例：某厂 600MW 机组，2006 年 8 月 29 日，机组负荷为 480MW，因给水憋压阀远方无法操作，造成给水差压较高无法及时调整。9min 内 AGC 负荷指令在 480～520MW 之间波动 3 次，过程中汽包水位波动很大，最终导致汽包水位达到高高值，锅炉 MFT 动作灭火。

处理要点：

（1）如果给水憋压阀无法远方操作，升降负荷速率必须要小，而且给水差压不能大于 3.0MPa，不小于 1.0MPa。否则，如差压大幅波动时会严重影响给水自动调节特性，从而使汽包水位大幅波动。同时，如差压过小或过大在升降负荷时会影响主蒸汽温度的调节。

（2）升降负荷时给水差压超出要求值时，必须限制机组负荷并保持负荷稳定，通过就地调节憋压阀使其差压达到正常范围，再进行负荷的升降。

（3）升负荷时，磨煤机启动后煤量不要增加过快，防止磨煤机启动对锅炉压力扰动过大，造成汽包水位波动。

（4）处理锅炉给水，以实现远方调整操作，改善锅炉给水自动调节特性。

**116. 锅炉汽包有何作用？**

**答：**汽包是锅炉的主要部件之一，它的主要作用如下：

（1）汽包与下降管、水冷壁连接，组成自然循环回路。同时，汽包又接受省煤器来的给水，还向过热器输送饱和蒸汽。因此，汽包是锅炉内加热、蒸发、过热三个过程的连接枢纽。

（2）汽包中存有一定水量，因而有一定的储能能力。在工况变化时，可以减缓蒸汽压力变化的速度，对运行调节有利，从而提高锅炉运行的安全性。

（3）汽包中装有各种设备，可以保证蒸汽品质。如汽包中的汽水分离装置，可以分离掉蒸汽中含盐的水滴；汽包中的清洗装置，可以去掉蒸汽中的溶盐；汽包中的连续排污装置，可以降低锅水含盐量；汽包中的加药装置，可以进行锅内水处理，从而改善蒸汽品质。

**117. 汽包中的结构如何？**

**答：**汽包通常由筒体及封头、内部装置和附属设备组成。汽包筒体用厚壁钢卷板焊接成圆筒形。两端封头一般用钢板压制而成与筒体焊接。汽包内部装置有汽水分离器、给水分配管、加药管和连续排污管。汽包外壁上有一些指示仪表和保护装置，如水位计、压力表和安全门等。汽包内部结构如图 2-3 所示。

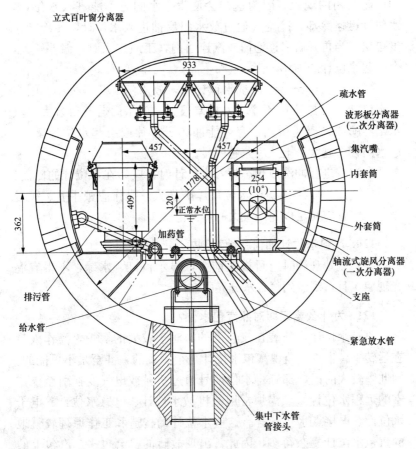

图 2-3 汽包内部结构

37

**118. 为什么水位计的汽水联通管在汽包内有保护装置？**

**答：**为了减少各种因素引起的干扰，如从省煤器来的给水、旋风分离器的排水、从汽包水面以下进入的水冷壁来的汽水混合物等对水位计水位的影响，水位计在汽包内的汽水联通管一般都装有保护装置。

**119. 锅炉云母水位计冲洗操作注意事项有哪些？**

**答：**锅炉云母水位计冲洗操作注意事项如下：

（1）水位计在冲洗过程中，必须注意防止汽连通门、水连通门同时关闭的现象。因为这样会使汽、水同时不能进入水位计，水位计迅速冷却，冷空气通过放水门反抽进入水位计，使冷却速度更快；当再开启水连通门或汽连通门，工质进入时，温差较大，会引起水位计的损坏。

（2）在工作压力下冲洗水位计时，放水门应开得很小。因为是水位计压力与外界环境压力相差很大，放水门若开得过大，汽水剧烈膨胀，流速很高，有可能冲坏云母片或引起水位计爆破。放水门开得越大，上述现象越明显。

（3）在进行冲洗或热态投入水位计时，应站在水位计的侧面，并看好退路，以防烫伤或水位计爆破伤人。操作应戴手套、缓慢小心，暖管应充足以免产生大的热冲击。

**120. 汽包水位计如何就地观测？**

**答：**就地观测时应目视正前方，显示汽红、水绿，不得有混光现象，且可观测到汽、水分界面在波动。

**121. 为什么要定期对照汽包水位？**

**答：**水位计是安装在汽包上的，对于较大的锅炉，操作人员在运转平台上直接监视汽包水位计是很困难的，甚至是不可能的。因此，较大的锅炉都有将水位信号通过机械或电气变换引至操作室的远程水位计。如锅炉常用的机械水位计、电感水位计、电子水位计和电接点水位计等。这些水位计的构造和工作原理较就地的汽包水位计复杂得多，因此，出现故障的机会也多。汽包上的水位计因其构造和工作原理简单，工作非常可靠。就是偶尔发生故障也易于发现和排除。对汽包锅炉来说，水位是最重要的调节指标，操作人员应随时监视和调整水位。为了使操作室的水位计指示保持准确，定期以汽包水位计为标准，核对操作室的水位计指示的准确性，发现水位计指示水位与汽包水位计水位不符，要立即通知仪表工处理。定期对照水位是保证锅炉安全运行的有效措施。

### 122. 汽包水位计如何冲洗？

**答：**汽包水位计冲洗方法如下：

(1) 缓慢关小水位计汽侧二道手动门至 1/5 圈。

(2) 缓慢关小水位计水侧二道手动门至 1/5 圈。

(3) 全开水位计放水一道手动门。

(4) 微开水位计放水二道手动门，汽水侧同时冲洗 3～5min。

(5) 关闭水位计水侧二道手动门，汽侧冲洗 3～5min。

(6) 微开水位计水侧二道手动门。

(7) 关闭水位计汽侧二道手动门，水侧冲洗 3～5min。

(8) 确认水位计冲洗清晰、干净。

(9) 微开水位计汽侧二道手动门。

(10) 关闭水位计放水二道手动门。

(11) 关闭水位计放水一道手动门。

(12) 缓慢交替微开水位计汽、水侧二道手动门，直至全开。

(13) 检查确认水位计水位清晰可见，微微波动，水位计投入正常。

### 123. 直流锅炉汽水分离器有何作用？

**答：**直流锅炉启停过程中，由于低负荷下水冷壁内工质无法变为蒸汽，此时汽水分离器起到类似汽包的作用，进行汽水分离，蒸汽进入过热器，疏水回收再利用。锅炉转直流运行后，内置式汽水分离器可作为联箱使用，外置式汽水分离器可与系统断开。

### 124. 为什么要对汽包中的锅水进行加药处理？

**答：**无论采用何种水处理方法，都不可能将水中的硬度完全去除，同时由于锅水蒸发浓缩或其他原因也可造成锅水硬度升高。

向汽包内加入某种药剂（一般为三聚磷酸钠）与锅水中的钙、镁离子生成不黏结的水渣沉淀下来，然后通过定期排污将其排出，以维持水质合格。

**125. 内置旋风分离器的工作原理是怎样的？**

**答：** 内置旋风分离器一般为 2～3mm 的钢板制成的圆筒形。上升管联箱来的汽水混合物从进口蜗壳切向进入，依靠离心力的作用，将水滴抛向筒壁内侧，流到汽包的水空间；而蒸汽则在分离器中心旋转向上，进入到汽包的汽空间。为了使这些蒸汽平稳地进入汽空间，在圆筒顶部装有波形板（百叶窗）分离箱。为了使分离出来的水流平稳地进入汽包水空间，防止蒸汽从筒底穿出，还将筒底封死，而在边上的环形缝中装有导叶。

**126. 蒸汽在汽包内进行清洗的目的是什么？**

**答：** 蒸汽在汽包内进行清洗的目的是为了过滤和清洗蒸汽中的盐分，从而避免过热器内管壁结垢，使过热器因超温而烧坏、汽轮机的出力降低。

**127. 汽包巡检项目有哪些？**

**答：** 汽包巡检项目如下：

（1）检查与汽包连接的管道、阀门、水位计无泄漏现象。

（2）检查汽包水位计水位显示在正常水位线范围内，与 DCS 水位偏差不大于 30mm，云母片颜色指示正常，水位计照明正常。

**128. 什么叫汽包的临界水位？**

**答：** 为了保证锅炉和汽轮机的安全运行，汽包的水位变动是受到一定的限制的，它的最高允许水位是根据锅炉的热化学试验来确定的，在锅水在一定含盐浓度和额定蒸发量时，逐步提高汽包水位，则蒸汽含盐量逐步增加，当水位达到某一高度时，蒸汽的含盐量将急剧增加，这一水位称汽包的临界水位。汽包的临界水位与汽包容积、锅水品质、蒸发量有关。

**129. 云母水位计的测量原理是什么？其主要用途有哪些？**

**答：** 云母水位计是采用连通器原理测量水位的。

云母水位计是就地水位计，主要用于锅炉启、停时监视汽包水位和正常运行时定期校对其他形式的水位计。

**130. 利用差压式水位计测量汽包水位时产生误差的主要原因有哪些？**

**答：**利用差压式水位计测量汽包水位时产生误差的主要原因如下：

（1）在测量过程中，汽包压力的变化将引起饱和水、饱和蒸汽的重度变化，从而造成差压输出的误差。

（2）一般设计计算的平衡容器补偿管是按水位处于零水位情况下计算的，运行时锅炉汽包水位偏离零水位，将会引起测量误差。

（3）当汽包压力突然下降时，由于正压室内凝结水可能被蒸发掉而导致仪表指示失常。

**131. 双色水位计的工作原理怎样？**

**答：**双色水位计是根据连通器原理和汽、水对光有不同的折射率原理来测量水位的。

**132. 电接点水位计的工作原理怎样？**

**答：**由于水和蒸汽的电阻率存在着极大的差异，所以可以把饱和蒸汽看作非导体（或高阻导体），而把水看成导体（或低阻导体）。电接点水位计就是利用这一原理，通过测定与容器相连的测量筒内处于汽水介质中的各电极间的电阻来判别汽水界面位置的。

**133. 汽包的零水位是如何规定的？**

**答：**一般规定锅炉的汽包中心线以下 150mm 或 200mm 作为水位计的零水位。

从安全角度看，汽包水位高些，多储存些水，对安全生产及防止锅水进入下降管时汽化是有利的。但是为了获得品质合格的蒸汽，进入汽包的汽水混合物必须得到良好的汽水分离。只有当汽包内有足够的蒸汽空间时，才能使汽包内的汽水分离装置工作正常，分离效果才能比较理想。

由于水位计的散热，所以水位计内水的温度较低，密度较大，而汽包内的锅水温度较高，密度较小。有些锅炉的汽水混合物从水位以下进入汽包，使得汽包内的锅水密度更小，这使得汽包的实际水位更加明显高于水位计指示的水位。因此，为了确保足够的蒸汽空间，大多数中压炉和高压炉规定汽包中心线以下150mm作为水位计的零水位。

由于超高压和亚临界压力锅炉的汽水密度更加接近，汽水分离比较困难，而且超高压和亚临界压力锅炉汽包内的锅水温度与水位计内的水温之差更大，为了确保良好的汽水分离效果，需要更大的蒸汽空间。所以，超高压和亚临界压力锅炉规定汽包中心线以下200mm为水位计零水位。

**134. 为什么汽包内的实际水位比水位计指示的水位高？**

**答：**由于水位计本身散热，水位计内的水温较汽包里的锅水温度低，水位计内水的密度较大，使汽包内的实际水位比水位计指示的水位要高10％～50％。随着锅炉压力的升高，汽包内的锅水温度升高，水位计散热增加，水温的差值增加，水位差值增大。

对于汽水混合物从汽包水位以下进入的锅炉，由于汽包水容积内含有汽泡，锅水的密度减小。当锅水含盐量增加时，汽包水容积内的汽泡上升缓慢，也使汽包内水的密度减小，汽包的实际水位比水位计水位更高。汽水混合物从汽包蒸汽空间进入，有利于减小汽包实际水位与水位计水位的差值。对于压力较高的锅炉，为了减小水位差值，可采取将水位计保温或加蒸汽夹套以减少水位计散热的措施。

**135. 什么是汽包的虚假水位？虚假水位出现的原因有哪些？**

**答：**汽包水位的变化不是由于给水量与蒸发量之间的物料平衡关系破坏所引起，而是由于工质压力忽然变化，或燃烧工况忽然变化，使水容积中汽泡含量增多或减少，引起工质体积膨胀或收缩，造成的汽包水位升高或下降的现象，称为虚假水位。由于出现虚假水位的现象是暂时的，故也称暂时水位。

引起虚假高水位的因素主要有：

（1）锅炉燃烧率增加、主蒸汽流量增加（汽轮机调节门开大、汽轮机高低压旁路开大、锅炉安全门动作），汽包压力下降等。

（2）引起虚假低水位的因素主要有锅炉燃烧率减少、主蒸汽流量减少（汽轮机调节门关小，锅炉安全门回座，汽轮机高、低压旁路关小）、汽包压力上升、给水温度下降等。

运行中多种因素会同时出现，发生叠加或相抵，发生叠加时会使虚假现象加剧，严重时威胁机组安全运行。

### 136. 给水调节系统投入自动有何要求？

**答：** 给水调节系统投入自动有下列要求：

（1）锅炉正常运行，达到向汽轮机送汽条件。

（2）给水系统为正常运行状态。

（3）汽包炉汽包水位表、蒸汽流量表及给水流量表运行正常，指示准确，记录清晰。

（4）直流炉中间点压力、中间点温度给水流量、蒸汽流量指示准确，记录清晰。

（5）汽包水位信号（或省煤器前流量）及保护装置投入运行。

### 137. 汽包水位如何调整？

**答：** 分析汽包水位变化是虚假水位还是流量不匹配引起的，根据不同情况进行调整。

虚假水位调整原则：一般来说当给水流量和蒸汽流量基本匹配，汽包水位还有较大波动判断为虚假水位引起的水位波动。此种情况一般波动剧烈，但调节方法比较简单，只要坚持在给水流量和蒸汽流量相匹配的基础上视水位上升或下降趋势适当减小或加大给水流量即可（一般来说此时给水流量比蒸汽流量增大或减小20%～30%即可）。但当水位上升趋势或下降趋势减缓或趋于平稳时及时缩小给水流量和蒸汽流量差值，直至水位平稳。

给水流量、蒸汽流量不匹配时的调整原则：快速查找给水流量和蒸汽流量不匹配原因，及时调节，使给水流量和蒸汽流量相匹配。当给水无法满足蒸汽流量要求，且给水泵无法进一步增加出力时，应迅速降低机组负荷；当给水流量大于蒸汽流量，汽包水位上升迅速时，应尽快降低给水流量，并开启给水泵再循环，必要时可停止一台给水泵运行。

**138. 锅炉启动过程中如何控制汽包水位?**

**答:**锅炉启动过程中,应根据锅炉工况的变化控制调整汽包水位。

(1)点火初期,锅水逐渐受热、汽化、膨胀,使水位升高,此时不宜用事故放水门降低水位,而应从定期排污门排出,既可提高锅水品质,又能促进水循环。

(2)随着蒸汽压力、蒸汽温度的升高、排汽量的增大,应根据汽包水位的变化趋势,及时补充给水。

(3)在进行锅炉冲管或安全门校验时,常因蒸汽流量突然增大、蒸汽压力速降而造成严重的"虚假水位"现象,因此,在进行上述操作前应先保持较低水位,而后根据变化了的蒸汽流量加大给水,防止安全门回座等原因造成水位过低。

(4)根据锅炉负荷情况,及时切换给水管路运行,并根据规定的条件,投入给水自动装置工作。

**139. 试述锅炉启动过程中汽包壁温差过大的原因。**

**答:**机组启动升压初期,为控制升温升压速度,锅炉点火后投入炉内的燃料量很少,火焰在炉膛内的充满程度差,水冷壁受热不均,工质吸热量少,且在压力低时,工质的汽化潜热大,这时产生的蒸汽量很少,蒸发区内的自然循环不正常,汽包内的水流动很慢甚至局部停滞,对汽包壁的放热系数很小,因此,汽包下壁温升小。汽包上壁与饱和蒸汽接触,当压力逐渐升高时,饱和蒸汽遇到较冷的汽包壁便发生凝结放热,由于蒸汽凝结时的放热系数要比汽包下半部水的放热系数大几倍,上壁温度很快达到对应压力下的饱和温度,使汽包上壁温度大于下壁温度。另外,汽包升压速度越快,饱和温度升高也越快,产生的温差就越大。这样由最初上水时上部壁温低于下部很快变为高于下部壁温,因而形成了汽包壁温上部高、下部低的壁温差。

**140. 防止锅炉启动过程中汽包壁温差过大的措施有哪些?**

**答:**防止锅炉启动过程中汽包壁温差过大的控制措施如下:

（1）严格控制升压速度，尤其是低压阶段的升压速度要尽量缓慢。主要手段是控制好燃料量，还可通过旁路控制蒸汽压力。

（2）升压初期，蒸汽压力应按启动曲线稳定上升，尽可能不使蒸汽压力波动过大。

（3）设法迅速建立正常的水循环，为此应进行水冷壁下部定期放水或连续放水，并应维持燃烧的稳定和均匀。

（4）启动前锅炉进水温度不得过高，进水速度不得过快。

### 141. 锅炉满水现象有哪些？

**答：** 锅炉满水现象如下：

（1）工业水位电视显示、就地水位计指示超过可见部分。

（2）各 DCS 水位指示均高水位报警，MFT 动作。

（3）给水流量不正常地大于蒸汽流量。

（4）满水严重时，主蒸汽温度急剧下降，蒸汽导电度增加，甚至蒸汽管道内发生水冲击，法兰处、轴封处向外冒汽。

### 142. 锅炉满水原因有哪些？

**答：** 锅炉满水原因如下：

（1）给水自动失灵或调整门故障及给水泵调节故障。

（2）操作不当或误操作。

（3）水位表失灵或指示不正确，使运行人员误判断。

（4）负荷突变，调整不及时。

### 143. 锅炉满水如何处理？

**答：** 锅炉满水处理方法如下：

（1）确认 MFT 保护可靠动作，否则手动 MFT。

（2）停止上水，开启事故放水门，开启定期排污门、连续排污门，开启过热器、再热器疏水和主汽管疏水。

（3）加强放水，注意汽包水位出现。

（4）水位恢复正常后，汇报值长重新点火启动。

### 144. 锅炉缺水现象有哪些？

**答：** 锅炉缺水现象如下：

（1）工业水位计电视显示就地水位计指示低于可见部分。

（2）各 DCS 水位计指示均低水位报警，MFT 动作。

（3）给水流量不正常地小于蒸汽流量（水管道爆破除外）。

（4）主蒸汽温度升高。

**145. 锅炉缺水原因有哪些？**

**答：**锅炉缺水原因如下：

（1）给水自动失灵或调整门故障及给水泵调节失灵。

（2）运行人员监视不够，或调整不当和误操作。

（3）水位计失灵使运行人员误判断。

（4）负荷变化大，调整不及时。

（5）水冷壁、省煤器泄漏严重或爆破。

（6）放水门误开。

**146. 锅炉缺水如何处理？**

**答：**锅炉缺水处理方法如下：

（1）确认 MFT 保护可靠动作，否则手动 MFT。

（2）停止一切放水、排污工作。

（3）加强上水，待汽包水位出现后重新点火启动（锅炉严重缺水时，禁止上水）。

（4）若水冷壁、省煤器和给水管道爆破，则停止上水，关闭省煤器再循环门，按紧急停炉处理。

## 第二节　锅炉蒸汽系统

**147. 锅炉过热器系统的组成有哪几部分？**

**答：**锅炉过热器系统包括顶棚过热器、包墙过热器、低温过热器、屏式过热器、高温过热器。

**148. 过热器的作用是什么？**

**答：**过热器的主要作用如下：

（1）将汽包来的干饱和蒸汽进一步加热使之成为过热蒸汽。当汽水共存时，对汽水混合物进行加热，加入的热量只能用来使汽水混合物中的水蒸发成为蒸汽，而不能使蒸汽温度升高成为过热蒸汽。要想获得过热蒸汽，常采用的方法是将蒸汽从汽水混合物中分离出来，对其进一步加热。

（2）降低烟气温度，回收烟气中的热量，提高锅炉效率。烟气经过过热器后，温度进一步降低，过热器回收了一部分烟气热量。

**149. 过热器按换热方式分有几种形式？**

**答**：过热器按换热方式分有三种形式：对流过热器、辐射过热器、半辐射过热器。

**150. 对流过热器有什么特点？**

**答**：对流过热器的特点是将过热器布置在炉子出口以后的对流烟道内。烟气同管子外表面的换热方式主要是对流，对流换热量占过热器总换热量的 60%～80%。

**151. 辐射过热器有什么特点？**

**答**：辐射过热器的特点是将过热器布置在炉顶或炉膛墙壁上，直接吸收炉膛辐射热量。常在高压或超高压锅炉上采用。

**152. 半辐射过热器有什么特点？**

**答**：半辐射过热器的特点是将过热器管子紧密排列，像"屏"一样吊在炉膛出口或炉膛上部，既能吸收炉内床料的辐射热，又能吸收屏间烟气的辐射热和烟气流过时的对流热。也就是说，这种过热器总的换热方式是辐射和对流。辐射换热量比例较大，约占总吸热量的 50%。

**153. 对流式过热器的出口蒸汽温度为什么随负荷增加而升高？**

**答**：在对流过热器中，烟气与管外壁的换热方式主要是对流换热，不仅决定于烟气温度，而且还与烟气的流速有关。当锅炉负荷增加时，燃料量增加，烟气量增多，通过过热器的烟气流速相应增加，因而提高了烟气侧对流放热系数；同时，当锅炉负荷增加时，炉膛出口烟气温度升高，从而提高了平均温差。虽然流经过热器的蒸汽量随锅炉负荷增加而增大，其吸收热量也增多，但由于传热系数和平均温差同时增加，使过热器传热的增加大于因蒸汽流量增大而需要增加的吸热量。因此，每千克蒸汽所获得的热量相对增加，出口蒸汽温度升高。

**154. 辐射过热器的出口蒸汽温度为什么随负荷增加而降低？**

**答：**辐射过热器是放在炉膛里的，主要吸收辐射热，其传热量决定于炉膛燃烧的平均温度。当负荷增加后，流经过热器的蒸汽量增加幅度较大。这就使辐射传热量的增加赶不上蒸汽吸热量的增加，因此，每千克蒸汽所获得的热量相对减少，出口蒸汽温度降低。

**155. 什么是半辐射过热器？其蒸汽温度特性如何？**

**答：**辐射传热与对流传热所占的比例大体相等的过热器称为半辐射过热器。半辐射过热器一般布置在炉膛出口处，故又称屏式过热器。

半辐射处的烟气温度虽然较炉膛低，但比水平烟道内高，而且可以接受炉膛床料的辐射，辐射传热占有相当比例。在炉膛出口处烟气流速较炉膛内高，对流传热也占一定的比例。半辐射过热器的蒸汽温度特性介于对流式和辐射过热器之间。

半辐射过热器具有对流式过热器的蒸汽温度特性，即蒸汽温度随着负荷的增加而升高。但是由于辐射传热占有相当比例，蒸汽温度随着负荷增加提高不多，相对来说，蒸汽温度随负荷变化平稳。

**156. 锅炉汽水系统空气阀有何作用？**

**答：**锅炉汽水系统空气阀作用如下：

(1) 上水时将锅炉内的空气排除。锅炉停炉后，当压力接近大气压时将空气阀打开，锅炉进一步冷却后，压力低于大气压力，空气进入炉内。如果锅炉上水时，不把锅炉内的空气排出，水就不容易进入锅炉内，锅炉水压也不能正常进行。

(2) 为了把锅炉内的水排尽。停炉后，随着炉子的冷却，炉内出现真空状态，如果不把空气阀打开，锅水放不出来。即使炉内原来不是真空而与外界压力相等，放水阀开启后，如果空气阀不开，不向炉内进空气，锅水仍然难以放尽。

### 157. 锅炉过热器泄漏有哪些现象？

**答**：锅炉过热器泄漏的现象如下：

（1）过热器附近有泄漏声，炉膛压力变正，锅炉炉管泄漏报警仪报警。

（2）泄漏的过热器后烟气温度降低，两侧烟气温度偏差增大，泄漏点后过热蒸汽温度升高，金属壁温升高。

（3）泄漏严重时蒸汽流量不正常地小于给水流量，主蒸汽压力、负荷、汽包水位下降，炉膛压力无法维持，引风机电流增大。

### 158. 锅炉过热器泄漏主要原因有哪些？

**答**：锅炉过热器泄漏主要原因如下：

（1）蒸汽品质不合格，过热器管内壁结垢造成传热恶化。

（2）管材质量不良，不符合要求，制造有缺陷，焊接质量不良，安装、检修质量不良，管内有遗留杂物堵塞。

（3）燃烧调整不当，火焰中心上移或火焰偏斜，造成过热器区域烟气温度升高或烟气侧热偏差过大。

（4）水冷壁结焦使炉膛出口烟气温度升高。

（5）过热器结焦堵灰严重，形成烟气走廊，使流通部分烟气流速增大，加速冲刷磨损。

（6）减温水使用不当，造成蒸汽侧热偏差过大；减温器内喷嘴脱落，堵塞管口或造成流量分配不均。

（7）吹灰器安装不正确，对过热器管造成冲刷磨损。

### 159. 锅炉过热器泄漏如何处理？

**答**：锅炉过热器泄漏处理方法如下：

（1）发现过热器附近有异声时，应小心打开检查门听诊，并进行仪表分析和参数的趋势分析。

（2）确认过热器损坏，但泄漏不严重能维持正常水位和炉膛负压时，应降低机组负荷和主蒸汽压力，防止损坏面积扩大，汇报值长，申请停炉。

（3）加强对给水和蒸汽温度自动调整的监视和控制，必要时切为手动进行调整,维持汽包水位和主、再热蒸汽温度在正常范围内。

(4) 若过热器管爆破,应按规定紧急停炉。

(5) 停炉后继续向锅炉进水,待炉膛吹扫结束后停止送风机、引风机运行,保持自然通风 2h,然后重新启动送风机、引风机,保持 25%~30%风量,强制通风冷却。当汽包壁温差大于或等于 50℃时,应停运送风机、引风机并关闭风烟通道。

**160. 锅炉再热器系统的组成有哪几部分?**

**答:**锅炉再热器系统由墙式再热器、屏式再热器、高温再热器组成。

**161. 再热器的作用是什么?**

**答:**再热器的作用是将再热式汽轮机高压缸排出的蒸汽加热成具有一定温度的再热蒸汽,以提高其做功能力,然后再送往汽轮机中低压缸做功。

**162. 锅炉再热器泄漏有哪些现象?**

**答:**锅炉再热器泄漏有如下现象:

(1) 再热器附近有漏泄声,炉膛压力变正,锅炉炉管泄漏报警仪报警。

(2) 泄漏的再热器后烟气温度降低,两侧烟气温度偏差增大,泄漏点后再热蒸汽温度升高。

(3) 泄漏严重时再热蒸汽压力、负荷、汽包水位下降,引风机电流增大。

**163. 锅炉再热器泄漏主要原因有哪些?**

**答:**锅炉再热器泄漏主要原因如下:

(1) 蒸汽品质不合格,再热器管内壁结垢造成传热恶化。

(2) 管材质量不良,不符合要求,制造有缺陷,焊接质量不良,安装、检修质量不良,管内有遗留杂物堵塞。

(3) 燃烧调整不当,火焰中心上移或火焰偏斜造成烟气温度升高或烟气侧热偏差过大。

（4）旁路系统投入不正常，再热器管壁超温。

（5）水冷壁结焦使炉膛出口烟气温度升高。

（6）再热器结焦堵灰严重，形成烟气走廊，使流通部分烟气流速增大，加速冲刷磨损。

（7）吹灰器安装不正确或再热器冷段防磨板损坏，造成管壁冲刷磨损。

### 164. 锅炉再热器泄漏如何处理？

**答**：锅炉再热器泄漏处理方法如下：

（1）发现再热器附近有异声时应小心打开检查门听诊，并进行仪表分析和参数的趋势分析。

（2）确认再热器损坏，但泄漏不严重能维持正常水位和炉膛负压时，应降低机组负荷，防止损坏面积扩大，汇报值长，申请停炉。

（3）加强对给水和蒸汽温度自动调整的监视和控制，必要时切为手动进行调整，维持汽包水位和主、再热蒸汽温度在正常范围内。

（4）若再热器管爆破按规定紧急停炉。

（5）停炉后继续向锅炉进水，待炉膛吹扫结束后停止送风机、引风机运行，保持自然通风 2h，然后重新启动送风机、引风机，保持 25%～30%风量，强制通风冷却。当汽包壁温差大于或等于50℃时，应停运送风机、引风机并关闭风烟通道。

### 165. 减温器的作用是什么？

**答**：减温器的作用有两个：

（1）调整蒸汽温度，使锅炉送出的蒸汽温度在规定的范围内。汽轮机对蒸汽温度要求很严格，一般要求比额定蒸汽温度正、负不超过 5℃，即蒸汽温度只能允许在10℃范围内波动。蒸汽温度超过规定值，会使过热器、蒸汽管道、汽轮机及阀门等设备寿命降低，严重时可使上述设备损坏。蒸汽温度低于规定值，将会降低机组的经济性。蒸汽温度降低 10℃，机组的经济性降低 0.6%～0.8%。由于影响蒸汽温度的因素很多，为了保持蒸汽温度在规定范围内，必须对蒸汽温度进行调整。调整蒸汽温度的方法很多，减温器调整蒸汽温度是广泛采用的方法。

（2）保护过热器、汽轮机相应的蒸汽管道和阀门。当蒸汽温度在460℃以上时，高温过热器、汽轮机的高压部分和管道阀门都采用合金钢材料。合金元素的含量多，许用温度高但价格贵，为了降低造价，一般都使合金钢工作在材料允许使用温度的上限，当然要留有一定余地。只要蒸汽温度在规定范围内，设备就一定是安全的。

**166. 喷水式减温器的工作原理是怎样的？常用什么减温水？**

**答**：喷水式减温器的工作原理是高温蒸汽从减温器进口端被引入文丘里管，而水经文丘里管喉部喷嘴喷入，形成雾状水珠与高速蒸汽流充分混合，并经一定长度的套管，由另一端引出减温器。这样喷入的水吸收了过热蒸汽的热量变为蒸汽，使蒸汽温度降低。

由于对减温水的品质要求很高，有些锅炉利用自制冷凝水作为减温水水源。但现代高参数锅炉的给水品质很高，所以广泛采用锅炉给水作为减温水水源，这样就大大简化了设备系统。

**167. 减温器分几种？各有什么优、缺点？**

**答**：减温器分两种，一种是表面式，另一种是混合式，如图2-4所示。

表面式减温器的蒸汽不与冷却介质接触，比较复杂，造价较高，容易泄漏，调整蒸汽温度不太灵敏。

混合式减温器的优点是构造简单、蒸汽温度调节灵敏。

**168. 锅炉蒸汽压力如何调整？**

**答**：引起锅炉蒸汽压力变化的原因总体有两种：内扰和外扰。内扰是指在外界负荷不变的情况下，由于锅炉燃烧工况变动所引起的蒸汽压力变化。如煤种改变、燃料量的变化、煤粉细度的变化和风粉配比不当、风量风速配比不当等；给粉、燃油、制粉系统故障也会引起蒸汽压力变化。

外扰是指外界负荷的增减及事故情况下甩负荷，它反映在汽

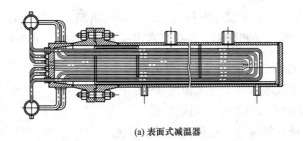

(a) 表面式减温器

(b) 混合式减温器

图 2-4 减温器

轮机所需要的蒸汽量的变化上。

蒸汽压力变化无论是外部因素还是内部因素，都直接反映在汽轮机所需要的蒸汽量上。因此，可根据运行中锅炉蒸汽压力与负荷的变化情况来判定是外部因素还是内部因素。当锅炉蒸汽压力与负荷同方向变化时，属于内扰；当锅炉蒸汽压力与负荷反方向变化时，属于外扰。

（1）当内扰引起蒸汽压力高于正常值时，应降总煤量，或根据燃烧情况停用部分磨煤机，并检查制粉系统运行是否正常。但必须注意防止燃料量减少过多或者操作不当造成锅炉灭火。

（2）当内扰引起蒸汽压力低于正常值时，应增加总煤量或投入备用磨煤机以加强燃烧，并检查各火嘴来粉和制粉系统工况。

（3）当外扰引起蒸汽压力高于正常值时，应及时减小降负荷速度或暂停降负荷，并适当降低总煤量，尽快恢复至正常蒸汽压力。外扰引起锅炉超压严重时，可停用部分磨煤机或手动 MFT。

（4）当外扰引起蒸汽压力低于正常值时，应注意防止蒸汽流量超额定值运行，并减小升负荷速度或暂停升负荷，必要时将协调控制方式切至汽轮机跟随，待提高蒸汽压力至正常后，再继续操作。

### 169. 蒸汽压力波动过大的原因有哪些？

答：蒸汽压力波动过大原因如下：

（1）给粉机故障或一次风管堵。

（2）粉仓粉位低，给粉机内煤粉自流。

（3）粉湿结快，影响出力。

（4）细粉分离器堵。

（5）燃烧不稳。

（6）煤质变化。

（7）给水温度降低。

（8）汽轮机负荷变化。

### 170. 如何避免蒸汽压力波动过大？

答：避免蒸汽压力波动过大的方法如下：

（1）掌握锅炉的带负荷能力。

（2）控制好负荷增减速度和幅度。

（3）增减负荷前应提前提示，提前调整燃料量。

（4）运行中要做到勤调、微调，防止出现反复波动。

（5）投运和完善自动调节系统。

（6）对于母管制机组，应编制各机组的负荷分配规定，以适应外界负荷的变化。

### 171. 锅炉滑压运行有何优点？

答：锅炉滑压运行的优点如下：

（1）负荷变化时蒸汽温度变化小。汽轮机各级温度基本不变，减小了热应力与热变形，提高了机组的使用寿命。

（2）低负荷时汽轮机的效率比定压运行高，热耗低。

（3）电动给水泵电耗小。

（4）延长了锅炉承压部件及汽轮机调节汽门的寿命。

（5）减轻汽轮机通流部分结垢。

**172. 喷燃器的运行方式对锅炉蒸汽温度有何影响?**

**答:** 燃烧器运行方式改变,如摆动式喷燃器倾角改变、多排喷燃器投退切换以及喷燃器出现故障时,必然会改变炉内燃烧工况,使火焰中心发生变化,影响炉膛出口烟气温度。若炉膛出口温度升高,则蒸汽温度上升;反之,蒸汽温度则下降。

**173. 烟道挡板布置在何处?其结构如何?**

**答:** 作为调节蒸汽温度使用的烟道挡板,布置在尾部竖井以中隔墙为界的前后烟道出口处,400℃以下的烟温区。

烟道挡板的结构为多轴联杆传动的挡板。挡板分两侧布置在前后烟道出口,即再热器侧和过热器侧,每侧挡板分为两组,每组中由一根主动轴通过联杆带动沿炉宽 1/2 布置的 12 块蝶形挡板转动。

**174. 烟道挡板的调温幅度是多少?烟道挡板的调温原理是怎样的?**

**答:** 烟道挡板的调温幅度一般在 30℃左右。

调温原理:前后烟道截面和烟气流量是在额定负荷下按一定比例设计的,此时过热蒸汽仍需一定的喷水量减温。当负荷降低时,对流特性很强的再热器吸热减弱,为保持再热蒸汽温度仍达到额定,则关小过热器侧挡板,同时开大再热器侧挡板,使再热器侧烟气流量比例增加,从而提高再热蒸汽温度。而由此影响过热器蒸汽温度的降低,则由减少减温水量来控制,一般情况下,能保持 70%~100%额定负荷的过热蒸汽和再热蒸汽温度在规定范围内。挡板调节性能一般在 0~40%范围内显著,对蒸汽温度的反应有一定的滞后性。

**175. 锅炉过热蒸汽温度如何调整?**

**答:** 汽包锅炉过热蒸汽温度调整一般以喷水减温为主,大容量锅炉通常设置两级以上的减温器。汽包锅炉蒸汽温度调节以一级喷水减温作为粗调,其喷水量取决于减温器前蒸汽温度的高低,应保证屏式过热器壁温不超过允许值;二级喷水减温作为细调,以保证过热蒸汽温度的稳定。

直流锅炉主要是通过燃料量与给水量比例进行调节，维持中间点温度，喷水减温作修正。

**176. 锅炉再热蒸汽温度如何调整？**

答：再热蒸汽温度常用的调节方法有烟气挡板、烟气再循环、摆动式燃烧器以及事故喷水减温等。尽量使用烟气侧调节，作为调节再热蒸汽温度调节的主要手段。减少事故喷水，事故喷水会影响机组热效率。

**177. 大型锅炉过热蒸汽温度调节为什么要采用分段式控制方案？**

答：由于大型锅炉过热器管道很长，结构复杂，形式多样，所以，主蒸汽温度的延迟和惯性很大。若采用一种调节方案，无法保持主蒸汽温度不变（额定工况），加上大型锅炉多布置多级喷水减温装置，这样就为蒸汽温度分段控制提供了基础条件，只要控制好各段的辅助蒸汽温度，主蒸汽温度的调节就变得比较容易了。

**178. 汽包锅炉给水温度对锅炉蒸汽温度的影响有哪些？**

答：汽包锅炉给水温度对锅炉蒸汽温度的影响如下：

（1）随着给水温度的升高，产出相同蒸气量所需燃料用量减少，烟气量相应减少且流速下降，炉膛出口烟气温度降低。

（2）辐射过热器吸热比例增大，对流过热器吸热比例减少，总体出口蒸汽温度下降，减温水量减少，机组整体效率提高。反之，当给水温度降低时，将导致锅炉出口蒸汽温度升高。

（3）高压加热器的投入与解列对锅炉蒸汽温度的影响比较明显。

**179. 调整锅炉减温水有哪些注意事项？**

答：调整锅炉减温水有下列注意事项：

（1）启停炉过程中不宜过早投入减温水，在负荷很低的情况下也不宜投入减温水。因为此时蒸汽流量很小，可能由于减温水不能汽化而引起水塞，使过热器超温爆管；如果汽轮机冲转或升负荷，带水的蒸汽还可能造成汽轮机水冲击。

（2）投入减温水后，应注意减温器后温度高于该压力下的饱和温度，防止减温水不能完全汽化。

（3）减温水量的调整要平稳，避免大幅度操作。

**180. 影响蒸汽温度变化的因素有哪些？**

**答：** 影响蒸汽温度变化的因素如下：

（1）烟气侧的影响因素。主要有炉内火焰中心的位置，燃料的性质，受热面的清洁程度，过剩空气量的大小，一二次风的配比，烟道和炉膛的漏风，制粉系统的启停、吹灰和打焦操作。

（2）蒸汽侧的影响因素。主要有饱和蒸汽的湿度、给水温度、锅炉蒸发量、减温水量、受热面的布置和特性等。

**181. 燃料性质对锅炉蒸汽温度有何影响？**

**答：** 燃料性质对锅炉蒸汽温度有如下影响：

（1）燃用发热量较低且灰分、水分含量高的煤种时，相同的蒸发量所需燃料量增加，同时煤中水分和灰分吸收了炉内热量，使炉温降低，辐射传热减少。

（2）水分和灰分的增加增大了烟气容积，抬高了火焰中心，使对流传热量增大，出口蒸汽温度升高，减温水量增大。

（3）煤粉变粗时，煤粉在炉内燃尽的时间增加，火焰中心上移，炉膛出口烟气温度升高，对流过热器吸热量增加，蒸汽温度升高。

**182. 锅炉蒸汽温度调节系统中为何选取减温器后的蒸汽温度信号作为导前信号？**

**答：** 锅炉蒸汽温度调节系统中选取减温器后的蒸汽温度信号作为局部反馈信号，可以通过各种动态关系反应干扰作用，是它们的间接测量信号，它比主蒸汽温度能够提前反应减温水的波动。

**183. 减温调节系统投入自动的条件有哪些？**

**答：** 减温调节系统投入自动的条件如下：

（1）锅炉正常运行，过热蒸汽有足够过热度。

（2）减温水调节门有足够的调节余量。

（3）主蒸汽温度表、再热蒸汽温度表指示准确，记录清晰。

**184. 减温水自动调节系统切除的条件有哪些？**

**答：**减温水自动调节系统切除的条件如下：

（1）锅炉稳定运行时，过热蒸汽温度和再热蒸汽温度超出报警值。

（2）减温水调节门已全开而蒸汽温度仍继续升高，或减温水调节门已全关蒸汽温度仍继续下降。

（3）调节系统工作不稳定，减温水流量大幅度摆动，蒸汽温度出现周期性不衰减波动。

（4）锅炉运行不正常，过热蒸汽温度和再热蒸汽温度低于额定值。

（5）温度变送器故障。

（6）减温调节系统发生故障。

**185. 蒸汽压力、蒸发量与炉膛热负荷之间有何关系？**

**答：**蒸汽压力、蒸发量与炉膛热负荷之间有如下关系：

（1）当外界负荷不变时，蒸发量增加，蒸汽压力随之上升；反之，蒸汽压力下降。

（2）保持蒸汽压力不变时，外界负荷升高，蒸发量随之增大；反之，蒸发量减少。

（3）炉膛热负荷增加时，若保持蒸汽压力稳定，则蒸发量相应增大，外界负荷升高；若保持蒸发量不变，外界负荷不变，则蒸汽压力升高。

**186. 如何防止锅炉超压？**

**答：**防止锅炉超压的方法如下：

（1）锅炉各安全门应定期校验，保证其动作灵活、可靠，动作压力正常。

（2）锅炉高负荷运行时，注意煤量与风量的匹配，防止锅炉缺氧燃烧。发现缺氧燃烧时应将锅炉切手动调整，适当减少总煤量。

（3）注意锅炉燃料量与机组负荷的匹配，调整锅炉蒸汽压力时要分析是内扰还是外扰，避免盲目操作。

（4）注意锅炉上煤情况，煤质变化引起的蒸汽压力波动较大时，注意加强监视和调整，必要时手动调整锅炉燃料。

（5）机组降负荷幅度较大时，注意监视锅炉蒸汽压力应不超限，否则应手动减少煤量，控制锅炉不超压。

（6）机组甩负荷时，根据甩负荷情况迅速停运部分磨煤机或手动 MFT。

（7）锅炉进行水压试验时，压力接近试验压力时，必须放慢升压速度，并做好泄压准备。

### 187. 锅炉升压过程中应特别注意哪些事项？

**答：** 锅炉在升压过程中，特别是升压初期，其各受热面的工作条件及运行工况很差。如燃烧不稳定；受热面受热不均；水循环刚建立，其循环阻力大；过热器蒸汽流速小及流量不均。其突出问题有三：一是由于受热面受热不均而产生巨大的热应力；二是炉膛温度低，易造成灭火和燃料爆燃；三是水位不稳定发生缺水和满水。因此为保证安全，必须注意以下事项：

（1）严格控制升压速度，减小热应力。

（2）注意汽包和水冷壁的热膨胀。

（3）特别注意保护过热器和省煤器。

（4）做好升压时的定期工作。

（5）注意监视燃烧，谨防灭火、爆燃及二次燃烧的发生。

（6）保持水位正常。

### 188. 为什么锅炉启动后期仍要控制升压速度？

**答：** 锅炉启动后期虽然汽包上、下壁温差逐渐减小，但由于汽包壁较厚，内、外壁温差仍很大，甚至有增加的可能；另外，启动后期汽包内承受接近工作压力下的应力。因此，仍要控制后期的升压速度，防止汽包壁的应力增加。

### 189. 蒸汽含杂质对锅炉设备安全运行有哪些影响？

**答：** 蒸汽含杂质过多，会引起过热器受热面、汽轮机通流部分和蒸汽管道沉积盐垢。盐垢如沉积在过热器受热面壁上，会使传热能力降低，重则使管壁温度超过金属允许的极限温度，导致管子超温烧坏；轻则使蒸汽吸热减少，过热蒸汽温度降低，排烟温度升高，锅炉效率降低。盐垢如沉积在汽轮机的通流部分，将使蒸汽的流通截面减小，叶片的粗糙度增加，甚至改变叶片的型线，使汽轮机的阻力增大，出力和效率降低；此外，将引起叶片应力和轴向推力增加，甚至引起汽轮机振动增大，造成汽轮机事故。盐垢如沉积在蒸汽管道的阀门处，可能引起阀门动作失灵和阀门漏汽。

**190. 提高蒸汽品质的措施有哪些？**

答：提高蒸汽品质的措施如下：

（1）减少给水中的杂质，保证给水品质良好。

（2）合理地进行锅炉排污。连续排污可降低锅水的含盐量、含硅量，定期排污可排除锅水中的水渣。

（3）汽包中装设蒸汽净化设备，包括汽水分离装置、蒸汽清洗装置。

（4）严格监督汽、水品质，调整锅炉运行工况。各台锅炉汽、水监督指标是根据每台锅炉热化学试验确定的，运行中应保持汽、水品质合格。锅炉运行负荷的大小、水位的高低都应符合热化学试验所规定的标准。

**191. 造成受热面热偏差的基本原因是什么？**

答：造成受热面热偏差的原因是吸热不均、结构不均、流量不均。受热面结构不一致对吸热量、流量均有影响，因此，通常把产生热偏差的主要原因归结为吸热不均和流量不均两个方面。

（1）吸热不均方面：

1）沿炉宽方向烟气温度、烟气流速不一致，导致不同位置的管子吸热情况不一样。

2）火焰在炉内充满程度差或火焰中心偏斜。

3）受热面局部结渣或积灰，会使管子之间的吸热严重不均。

4）对流过热器或再热器由于管子节距差别过大，或检修时割掉个别管子而未修复，形成烟气"走廊"，使其邻近的管子吸热量增多。

5）屏式过热器或再热器的外圈管，吸热量较其他管子的吸热量大。

（2）流量不均方面：

1）并列的管子，由于管子的实际内径不一致（管子压扁、焊缝处突出的焊瘤、杂物堵塞等），长度不一致，形状不一致（如弯头角度和弯头数量不一样），造成并列各管的流动阻力大小不一样，使流量不均。

2）联箱与引进引出管的连接方式不同，引起并列管子两端压差不一样，造成流量不均。现代锅炉多采用多管引进引出联箱，以求并列管流量基本一致。

**192.** 试述机组高压加热器切除后主蒸汽温度超限异常现象及处理要点。

**答：** 异常现象：2012 年 3 月 29 日，某电厂某台 600MW 机组，当时负荷为 600MW 时，A、B、C、D、F 磨煤机运行，总煤量为 332t/h，E 磨煤机检修。D、F 磨煤机热风门 100％开度，冷风门开度 83％。机组降负荷过程中，停运 B 磨煤机后，未发现 D 磨煤机出口温度快速上升，导致 D 磨煤机跳闸。机组负荷由 450MW 甩至 300MW，高压加热器切除。因憋压阀卡涩给水差压太低，主蒸汽温度超过 552℃达 6min，机侧最高蒸汽温度为 568℃；同时，炉侧受热面金属壁温大量超限。

处理要点：

（1）运行中如发现磨煤机热风门全开，同时冷风门基本全开时，必须加强磨煤机出、入口风温监视，磨煤机出口风温控制在 75℃，若冷风门已全开且磨煤机出口风温仍高于 80℃，适当提高一次风压力以满足磨煤机冷风需要，降低磨煤机出口温度。

（2）加强磨煤机运行电流的监视，若电流摆动较大及磨煤机出、入口差压增大，可初步判断为堵煤，此时应减小给煤量，增加一次风量，保证磨煤机运行。

（3）降负荷过程要加强对参数的监视，尤其是磨煤机出口温度较高而且冷风门开度较大时，由于磨煤机煤量的降低，冷、热风门调整量较小，很容易造成磨煤机出口温度高跳闸。

（4）对于运行中高压加热器切除，如满负荷，应及时降低负荷以防止过负荷；适当开大减温水，控制主、再热蒸汽温度正常，蒸汽温度上升较快时及时降低煤量，保证主、再热蒸汽温度不超限。

（5）如果因为给水憋压阀卡涩无法调整给水差压时，应及时果断降负荷，停运上层磨煤机，火焰检测不稳时应投入油枪。同时，就地派人进行手动调整憋压阀。

### 193. 举例说明后屏泄漏事故及防范措施。

**答：** 事故案例：某电厂 600MW 机组，2012 年 1 月 31 日 8 时 00 分并网，15 时 7 分锅炉炉管检漏装置多条通道报警，就地打开锅炉 10 层炉左侧高温再热器与高温过热器之间人孔门，有明显泄漏声音，根据声音方向和受热面布置位置，初步判断为屏式过热器管泄漏。停炉后对左侧屏式过热器入口母管内部进行检查，发现屏式过热器入口母管内部有铁块，铁块将管子堵塞造成爆管。

防范措施：

（1）加强设备制造、安装过程的管理。相关专业人员在设备安装过程中加强监督与控制，防止异物落入管道内，新建机组必须严格进行管道吹扫工作，防止管道、联箱、联通管内留有异物。

（2）运行人员应加强壁温监视，加强运行调整，严禁锅炉超壁温运行。机组运行中发现壁温超限时应采取有效措施降低壁温，如调整磨煤机运行方式、调整配风、适当降低蒸汽温度、降低机组负荷等。如采取措施后仍超温严重，应申请停炉。

（3）检查和分析炉管检漏装置各通道参数变化，发现某个通道泄漏越限时，应就地开人孔门检查，如确认发生泄漏，应降低锅炉运行参数，并尽快申请停炉。

（4）坚持逢停必查的原则，发现管道有局部过热现象时要查明原因，使用内窥镜、射线等检查管道、联箱内是否有异物。

**194. 举例说明再热器泄漏事故及防范措施。**

**答**：事故案例：某电厂 600MW 机组，2011 年 10 月 22 日14：20，负荷为 550MW，A、B、C、D、E 磨煤机运行，协调、AGC 投入，四管泄漏装置报警，锅炉给水量及燃烧未见明显异常，吹灰系统停运，锅炉 61.2m 右侧水平烟道周围能听到明显泄漏声。停炉检查发现再热器右数第 4 排内数第 7 根管道泄漏，泄漏点位于管道的直管段，管道材质为 T91，泄漏管道胀粗 2.4％，已超过 T91 管道允许胀粗 1.2％的规定，管道组织老化 3.5 级（标准要求 5 级），属中度老化，爆口断裂面粗糙不平整，管道无宏观缺陷，在爆口附近有微观组织裂纹，有过热老化迹象。

防范措施：

(1) 运行人员要严格执行规程，杜绝蒸汽温度、壁温长期超限运行，锅炉蒸汽温度、壁温即将超限时，要采取措施降低温度，暂停升负荷、启动磨煤机等操作，待相关参数稳定后，再启动磨煤机、升负荷。

(2) 提高二次风与炉膛差压，尽量开大消旋风，减小残余旋流，合理调整二次风门开度，减少两侧偏差，保证炉膛出口及水平烟道中烟气温度和烟速在规定范围内。

(3) 启动磨煤机后增加煤量的速度不宜过快，避免炉膛热负荷剧烈变化。磨煤机启动前提前开大减温水，调整好二次风；磨煤机启动稳定运行后，适当关小减温水。

(4) 利用机组检修机会，测量管排蠕胀值，对于超标的管子进行更换。

(5) 利用机组大小修机会，检查各层燃烧器摆动情况，做冷态动力场试验，调平各层一次风，保证火焰中心无偏斜。检查二次风挡板冲刷磨损情况，校核二次风门开度，减小二次风量的调整偏差。

(6) 加强吹灰系统的检查和设备维护，保证吹灰系统能可靠投入，按照规定投入吹灰系统运行，减少受热面结焦。

(7) 治理炉底及炉本体漏风，炉底水封缺水时要及时补水，防止火焰中心上移，降低炉膛出口烟气温度。

# 第三节 安 全 阀

**195. 锅炉为何要装安全阀？**

**答：**锅炉设置安全阀是防止锅炉超压，保证锅炉安全运行。因为锅炉的各受热面是由金属构件组成，它有一定的承压能力，当锅炉蒸汽压力超过金属的承压能力时，就可能发生锅炉爆炸的恶性事故。设置安全阀以后，就可以在锅炉超压时将蒸汽泄出，降低蒸汽压力。

**196. 锅炉安全阀在使用上分哪几种？**

**答：**锅炉安全阀在使用上分为控制安全阀和工作安全阀两种。一台锅炉如装有两个或两个以上的安全阀，那么其中一个是控制安全阀，另一个为工作安全阀。控制安全阀的启座压力值应低于工作安全阀的启座压力值，保证压力超过时控制安全阀先动作。

**197. 锅炉安全阀的种类有哪些？**

**答：**锅炉安全阀的种类如下：

（1）按加在阀瓣上的荷重分：杠杆重锤式和弹簧式，如图 2-5 所示。

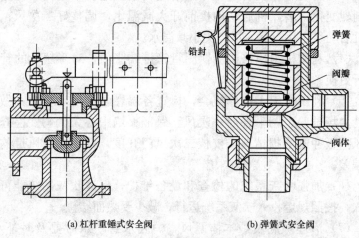

(a) 杠杆重锤式安全阀　　　(b) 弹簧式安全阀

图 2-5　安全阀结构图

（2）按阀体内阀座数量分：双座式和单座式。

（3）按阀瓣上开度分：微启式和全启式。

### 198. 锅炉哪些部位设置了安全阀？

**答：** 锅炉汽包、过热器出口、再热器进口、再热器出口设置了安全阀。

### 199. 为什么给水系统压力比汽包压力高而不装安全阀？

**答：** 给水系统的压力受给水泵出口压力的限制升高的，最高只能等于给水泵出口阀全关所能达到的最高压力，只要给水系统能承受这个压力就不会损坏。因为有安全阀，蒸汽系统的压力不会高于给水压力。

水几乎是不可压缩的，而且给水系统的容积较小，即使是给水系统因强度不够而损坏，因压力很快降低，也不会爆炸，造成重大的设备和人身事故。因此，除采用铸铁式省煤器的锅炉外，一般锅炉的给水系统都没有安装安全阀。

### 200. 锅炉安全阀的动作压力是如何规定的？

**答：** 电站锅炉安全阀的整定压力应根据 TSG G0001《锅炉安全技术监察规程》的有关规定进行调整和校验，见表 2-1（制造厂有特殊规定的例外）。

表 2-1                                安全阀整定压力

| 额定工作压力 $p$（MPa） | 安全阀整定压力 | |
|---|---|---|
| | 最低值 | 最高值 |
| $p \leqslant 0.8MPa$ | 工作压力加 0.03MPa | 工作压力加 0.05MPa |
| $0.8 < p \leqslant 5.9MPa$ | 1.04 倍工作压力 | 1.06 倍工作压力 |
| $p > 5.9MPa$ | 1.05 倍工作压力 | 1.08 倍工作压力 |

### 201. 对锅炉安全阀的工作性能有哪些要求？

**答：** 对锅炉安全阀的工作性能有如下要求：

（1）当达到最高允许压力时，安全阀应能可靠地开启到全开启高度，并及时排放规定数量的介质。

（2）在开启状态下应平稳工作，不应振荡式排放。

（3）能在压力至稍低于工作压力的条件下及时回座关闭，并能保证机组的严密性。

（4）在关闭状态下有较好的自密封性。

## 202. 为什么安全阀的总排汽量应大于锅炉的额定蒸发量？

**答：** 锅炉一般均装有两个或两个以上的安全阀。安全阀全部动作时总排汽量应大于锅炉的额定蒸发量。

对于工厂中的供热锅炉，由于热负荷分散，热用户较多，锅炉热负荷全部甩掉的可能性几乎没有。但对电站锅炉，锅炉的负荷就是汽轮发电机组的进汽量，当汽轮发电机组因故障与电网解列后，锅炉的负荷突然从额定负荷降至零。当安全阀全部动作后，因为安全阀的排汽量代替并大于汽轮发电机的进汽量，所以，锅炉的压力不但不会继续升高而且还可以降至正常压力，确保了锅炉的安全。

## 203. 杠杆重锤式安全阀的动作原理是什么？

**答：** 杠杆重锤式安全阀的动作原理：重锤重量通过杠杆及支点作用在阀杆上，将阀芯压紧在阀座上，使阀门关闭，蒸汽压力由下部作用在阀芯上，当蒸汽作用于阀芯上的力对支点所形成的力矩大于重锤对支点所形成的力矩时，阀芯被顶起离开阀座，蒸汽向外排放，即安全阀开启。调整重锤在杠杆上的位置，即可实现对安全阀起座压力的调整。

## 204. 弹簧式安全门的动作原理是什么？

**答：** 弹簧式安全阀的动作原理：正常运行时，弹簧的向下作用力大于流体作用在阀芯上的向上作用力，安全阀关闭。一旦流体压力超过允许压力时，流体作用在阀芯上的向上作用力增加，阀芯被顶开，流体溢出，待流体压力下降至弹簧作用力以下后，弹簧又压住阀芯迫使它关闭。

## 205. 安全阀拒动的原因有哪些？

**答：** 安全阀拒动的原因如下：

（1）重锤向杠杆尽头移动或弹簧收得太紧或弹簧压力范围不

适当。

(2) 阀座和阀芯被粘住生锈。

(3) 阀杆与外壳间隙太小，受热膨胀卡住。

(4) 安装不当。

(5) 杠杆上有不当重物时。

(6) 阀芯和阀座密封不好，造成漏汽。

**206. 安全阀误动的原因有哪些?**

**答:** 安全阀误动的原因如下:

(1) 杠杆安全阀重锤至阀芯支点距离不够，或弹簧安全阀调整螺母没拧到位，安全阀调整不当。

(2) 重锤未固定好。

(3) 压力变送器故障。

(4) 安装不当。

**207. 锅炉安全阀校验原则是什么?**

**答:** 锅炉安全阀校验原则如下:

(1) 在机组大修或安全阀检修后均应对安全阀动作值进行校验。电磁泄压阀的热控、电气回路试验每月进行一次。每次大、小修停机前应对安全门、电动泄压阀进行一次放气试验。

(2) 安全阀校验工作应由锅炉检修负责人主持，检修人员负责校验，运行人员负责操作。安全阀校验必须有完善的技术、组织措施。热态安全阀整定时，严禁非试验人员进入现场;安全阀校验过程中，校验人员不得中途撤离现场。

(3) 安全门校验一般在机组不带负荷工况下进行，如进行带负荷校验，必须经总工批准，并有完善的技术措施。

(4) 安全门校验内容包括起、回座及阀门升程等。

(5) 安全门校验的顺序应先高压、后低压，依次对汽包安全门、过热器安全门、再热器进口安全门、再热器出口安全门逐一进行校验。

(6) 安全阀校验过程中，如出现异常情况，应立即停止校验工作。

**208. 热态校验安全阀时应注意哪些事项？**

答：热态校验安全阀时应注意如下事项：

（1）热态校验安全阀时，当压力超过工作压力时，工作人员应站远些，以防蒸汽喷出烫伤人。

（2）热校验应统一指挥，各司其职，避免人多混乱，出现不安全的问题。

**209. 如何判断安全阀是否内漏？**

答：判断安全阀是否内漏的方法如下：

（1）听声音。安全阀内漏一般伴随着较大的节流声，很刺耳。

（2）测温度。安全阀内漏后阀后管道温度明显升高。

**210. 锅炉安全阀动作如何处理？**

答：锅炉安全阀动作后，立即减少锅炉燃料，降低机组负荷，降低蒸汽压力，使安全门回座。检查动作原因，动作后部分蒸汽量短路，加强蒸汽温度监视，防止超温和金属受热面超温，不同区域安全门动作，对蒸汽温度影响也不同，比如主蒸汽安全门动作，动作侧主蒸汽温度可能会降低，再热蒸汽温度可能会升高等。持续降低负荷，直到安全门回座，降到一定压力，安全门仍不回座，就要停炉处理。锅炉安全阀动作后，会产生虚假水位，汽包水位会迅速上升，然后再下降，因此，在运行中一定要调整好汽包水位，并掌握好上水的时间。

**211. 举例说明安全门误动造成汽包水位高跳机事故及处理要点。**

答：事故案例：某电厂 600MW 机组，负荷为 600MW，AGC 投入，炉跟机协调方式运行，机组定压运行，设定压力为 16.5MPa，主蒸汽压力为 17.08MPa，汽包压力为 18.92MPa，给水自动投入，给水流量为 1962t/h，蒸发量为 1935t/h，汽包水位在零位附近摆动，煤量为 318t/h，汽轮机阀位为 94.6%，A、C、D、E、F 磨煤机运行，B 磨煤机大修。18：56：47，汽包压力由 18.95MPa 降至 18.77MPa，同时汽包水位突升，由 −7mm 升至 277mm。后经检查发现汽包右侧安全门误动，汽包压力瞬间降低，汽包产生虚假水位,达到保护动作值,导致机组跳闸。

处理要点:

(1)汽包压力突降时,立即派专人进行汽包水位的调整。如虚假水位上升较快,立即开启汽动给水泵再循环,减小给水调节门,尽量控制在锅炉MFT保护值以下。由于汽包压力下降造成饱和温度降低,蒸发量增大,最终会因为给水量与蒸发量不匹配使水位下降,此时应及时关闭汽动给水泵再循环,开大主给水调节门,适当降低机组负荷来维持水位。

(2)处理过程中联系相关人员及时查找汽包压力下降的原因。同时严密监视汽包压力的变化,如果为汽包安全门误动,安全门启座和回座对汽包水位的扰动特别大,机组进行降压运行,防止安全门频繁误动,同时要求点检采取防误动措施。

(3)如汽包压力下降原因为磨煤机跳闸,除及时调整汽包水位外,应及时降低负荷,防止运行磨煤机由于煤量太大堵磨。

**212. 举例说明磨煤机调整不当导致主蒸汽安全阀动作跳机事故及处理要点。**

**答:** 事故案例:某电厂600MW机组,负荷为450MW,主蒸汽压力为15.7MPa,煤量为240t/h,A、B、D、F磨煤机运行。08:25,运行发现D磨煤机堵,降煤量进行吹扫,A、B、F磨煤机煤量加至最大出力,启动C磨煤机后主蒸汽压力上升。7min后,D磨煤机一次风量开始上升,主蒸汽压力继续上升,将滑压方式切至定压方式,协调切至BASE方式,汽包水位开始扰动。8:30,手动打跳C磨煤机,主蒸汽压力最高到18.5MPa,主蒸汽控制安全阀动作,汽包水位扰动大达到高水位锅炉MFT(主燃料跳闸)动作,汽轮机跳闸。

处理要点:

(1)磨煤机出现堵磨迹象时将对应给煤机解自动,减少煤量,适当加大一次风量或提高一次风压,观察磨煤机相应参数的变化;如机组带高负荷时可适当降低负荷,防止吹通磨煤机的过程中主蒸汽压力上升太快调整不及时造成压力超限。

(2)堵磨严重时解除机组燃料主控,根据其他磨煤机运行状况降低总煤量，防止其他运行磨煤机煤量大幅增加，造成其他磨煤机堵磨。

（3）将煤量减至最低煤量后磨煤机仍无吹通迹象，为防止磨煤机炭精环损坏，应停运磨煤机。如出现一对三、隔层运行方式时，火焰检测不稳及时投油助燃，防止发生锅炉灭火。

（4）磨煤机吹通后，磨煤机出、入口差压下降，出口压力上升，磨煤机出口温度回升，主蒸汽压力上涨明显，机组负荷上涨，此时可适当减少总煤量，控制主蒸汽压力上涨幅度。

（5）燃料主控解除后机组自动切至 TF1 方式，注意监视压力设定值与实际值的偏差，如偏差大可切定压，通过设定压力减少压力差，防止汽轮机调节门频繁调整，导致蒸汽压力负荷波动大，产生虚假水位。处理过程中要设专人调整汽包水位。

（6）在处理堵磨异常，如果蒸汽压力上升较快时，及时停运一台磨煤机，防止蒸汽压力高安全门动作。如安全门动作，及时派专人进行汽包水位的控制；如虚假水位上升较快时，立即开启汽动给水泵再循环，减小给水调节门，尽量控制在锅炉 MFT 保护值以下。由于汽包压力下降造成饱和温度降低，蒸发量增大，最终会因为给水量与蒸发量不匹配使水位下降，此时应及时关闭汽动给水泵再循环，开大主给水调节门，适当降低机组负荷来维持水位。

## 第四节　锅炉疏水排污系统

**213. 疏放水系统的作用是什么？**

**答：**疏放水系统的作用是排除汽包、水冷壁、过热器、省煤器和各种联箱的积水；或设备检修时排除锅内的凝结水，并为减少工质损失而回收。

**214. 什么是疏水阀？**

**答：**疏水阀又叫疏水器或阻气排水阀，它是一种自动阀门，可供蒸汽设备或管道加热器、散热器自动排出冷凝水，防止蒸汽泄漏或损失，以提高热能的利用。

**215. 高压疏排水系统管道的工作特点是什么？**

答：正常运行情况不疏水，其中的蒸汽停滞不动，有时会变成凝结水；疏水时，先排走凝结水，而后排走蒸汽，管壁温度会急剧上升，属于高温高压管道，多采用小直径合金钢管。

**216. 蒸汽管道上为什么要装疏水阀？**

答：蒸汽管道在暖管和运行过程中将产生凝结水，如凝结水不能及时排出，将造成管道内水冲击现象而引起管道落架甚至破坏，因此，在蒸汽管道上要装疏水阀。

**217. 蒸汽管道上的疏水阀应装设在什么部位？**

答：蒸汽管道上的疏水阀应装设在以下部位：

（1）管段的最低位。

（2）若具有两道阀门的管段，则装在第二道阀门前（按蒸汽流动方向）。

（3）若阀门各有上升的垂直管段，则装在垂直管段和阀门之间。

**218. 锅炉为什么要排污？有几种方法？**

答：锅炉运行时，有一些杂质经给水带入锅内，除极少数被蒸汽带走以外，大部分仍留在锅水中。而且由于蒸汽溶解盐的能力大大低于锅水，使得蒸汽离开锅炉时，盐分被浓缩留在锅水中，若不采取措施将这些杂物及高盐分水排出锅外，最终引起蒸汽品质变坏。特别是杂质过多时，就可能增大水冷壁的循环阻力甚至堵塞，危及锅炉安全运行。因此，必须进行排污。

目前，锅炉排污方式有两种：一为定期排污，二为连续排污。

**219. 锅炉的定期排污和连续排污各有什么目的？**

答：定期排污主要目的是为了排除锅水中的水渣及污垢，它一般从水循环系统的最低点引出排污口。

连续排污主要目的是将汽包中的盐浓度高的锅水排出，防止含盐量过高造成汽水共腾，影响蒸汽品质。另外也能排除一些锅水中细微的水渣。连续排污管从汽包中引出，经过连续排污扩容器后，污水排放至定期排污扩容器，蒸汽回收至除氧器。

**220. 为什么锅炉启动期间要定期排污？**

**答：** 锅炉定期排污的作用如下：

（1）排除沉淀在下联箱里的杂质。

（2）使联箱受热均匀。升火过程中由于水冷壁受热不均匀，各水冷壁管内的循环流速不等，甚至有的停滞不动，使得下联箱内各处的水温不同、联箱受热膨胀不均。定期排污可消除受热不均。

（3）检查定期排污管是否畅通，如果排污管堵塞，经处理无效，就应停炉处理。

**221. 为什么定期排污时蒸汽温度升高？**

**答：** 定期排污过程中，排出的是达到饱和温度的锅水，而补充的是温度较低的给水。为了维持蒸发量不变，就必须增加燃料量，炉膛出口的烟气温度和烟气流速增加，蒸汽温度升高。如果燃料量不变，则由于一部分燃料用来提高给水温度，用于蒸发产生蒸汽的热量减少，因蒸汽量减少，而炉膛出口的烟气温度和烟气流速都未变，所以蒸汽温度升高。给水温度越低，则由于定期排污引起的蒸汽温度升高的幅度越大，如果注意观察蒸汽温度记录表，当定期排污时，可以明显看到蒸汽温度升高，定期排污结束后，蒸汽温度恢复到原来的水平。

**222. 锅炉排污有何规定？**

**答：** 锅炉排污的规定如下：

（1）锅炉正常运行中，为了保护水蒸气品质合格，受热面内部清洁，应根据化学要求进行连续排污。排污操作必须遵守 GB 26164.1《电业安全工作规程 第 1 部分：热力和机械》的有关规定。

（2）连续排污阀门开度应根据化学值班员的要求进行，在保证汽水品质的情况下，尽量降低补水率。

（3）锅炉定期排污用定期排污调节阀进行，禁止开事故放水阀进行排污。

（4）如果蒸汽带盐是因锅水含盐量过高引起的，通过调整连续排污可得到控制。

（5）锅炉定期排污时应确认排污系统设备完好，周围无人工作。

（6）机组负荷应在 75% 以下。

（7）锅炉定期排污一、二次手动隔离门在非排污状态下应关闭到位。

（8）排污期间应严密监视汽包水位，必要时改给水手动调节，运行不稳或发生事故时立即停止排污。

### 223. 遇什么情况禁止定期排污？

答：遇下列情况禁止定期排污：

（1）锅炉发生异常或故障（水位高时除外）。

（2）定期排污系统故障。

（3）汽包水位低时，程控禁止排污。

（4）增减负荷时。

### 224. 连续排污扩容器如何投运？

答：连续排污扩容器投运方法如下：

（1）开启连续排污扩容器疏水阀，疏水至定期排污。

（2）微开连续排污调节阀，对连续排污扩容器进行暖管。

（3）暖管后，开启连续排污底部电磁阀。

（4）开启连续排污至除氧器隔离阀。

（5）关闭连续排污扩容器至大气隔离阀。

（6）根据化学要求，将连续排污调节阀调整至所需开度。

（7）连续排污扩容器投运后进行一次全面检查。

### 225. 连续排污扩容器如何停运？

答：连续排污扩容器停运方法如下：

（1）开启汽包至定期排污手动门、电动门。

（2）逐渐关闭汽包至连续排污扩容器排污调节阀。

（3）开启连续排污扩容器至大气隔离阀。

（4）关闭连续排污扩容器至除氧器隔离阀。

（5）关闭连续排污疏水扩容器调节阀前后手动门。

（6）连续排污扩容器内压力降至零，水放尽后关闭连续排污扩容器疏水电磁阀。

**226. 举例说明定排排汽管折断事故及防范措施。**

**答：**事故案例：2011 年 5 月 25 日，某电厂 600MW 某台机组在进行后墙下联箱疏水电动门开、关试运过程中，由于前手动门关闭不严密，电动门打开时阀门漏量大，发生定期排污排汽管折断事件。造成定期排污排汽管位于锅炉 10 层上方部分折断，上部排汽管倾斜导致炉顶西南角顶棚击穿，炉顶西南角轴流风机移位掉落至锅炉 10 层附近。

预防措施：

（1）对于运行中不经常操作的阀门，由于运行人员对阀门的具体行程不了解，可能不知道是否完全关闭校严，运行人员关闭后应要求工作负责人配合校门，防止阀门过力矩损坏。

（2）对于操作高压阀门，运行人员本身就有一种惧怕心理，操作时不敢大力校门，容易造成阀门关闭不严的现象，应要求工作负责人配合校门。

（3）对于内漏的高压阀门，严禁传动二次门。

（4）对于工作票的安全措施，措施做完后必须进行温度、压力验证，保证压力、温度符合规定。

（5）必须保持与工作负责人的联系沟通，要求工作负责人对工作中出现的不安全现象及时进行反馈，通过采取必要措施，保证工作人员与设备的安全。

# 第五节 吹 灰 系 统

**227. 吹灰器有几种类型？**
**答：**吹灰器有蒸汽吹灰器、声波吹灰器、燃气脉冲吹灰器。

**228. 简述蒸汽吹灰器的基本原理。**
**答：**蒸汽吹灰器的基本原理是利用高温高压蒸汽流经连续变化的旋转喷头高速喷出，产生较大冲击力吹掉受热面上的积灰，随烟气带走，以达到清除积灰的目的。蒸汽吹灰器如图 2-6 所示。

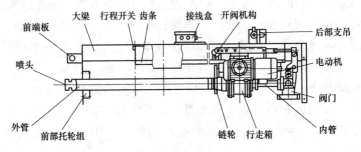

图 2-6　蒸汽吹灰器

### 229. 简述声波吹灰器的基本原理。

答：声波吹灰器的基本原理是通过声波发生器将压缩空气或高压蒸汽调制成声波，将压缩空气的能量转化为声能（声波）。声波在弹性介质（炉内空间）里传播，声波循环往复地作用在换热表面的积灰上，对灰粒之间及灰粒和管壁之间的结合力起到减弱和破坏的作用，声波持续工作，结合力必然会减弱，当结合力减弱到一定程度之后，由于灰粒本身的重量或烟气的冲刷力，灰粒会掉下来或被烟气带走。声波吹灰器如图 2-7 所示。

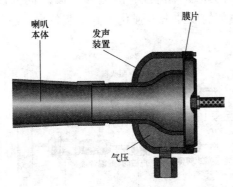

图 2-7　声波吹灰器

### 230. 声波吹灰器的声强和频率是不是越高越好？

答：声波之所以能够吹灰，是由于两大要素存在：声波强度和声波频率。声波强度可以简单地看作声波的力量，频率表示空气粒子单位时间内来回振动的次数。声波强度越高，振动越频繁，声波的作用就越强。事实上，声波的强度是有一定的限度的，太高了，声波会产生泄漏，对环境造成噪声污染。声波频率更是如此，声波频率太高，则声波波长就短，声波的绕射能力就差，声波衰减就快。声波、频率超出一定范围之后就会得不偿失。因此，声波强度和声波频率是衡量声波吹灰效率的两大要素，在一定范围里，声波强度和声波频率的值越高，则声波吹灰的效力越强。

**231.** **简述燃气脉冲吹灰器的基本原理。**

**答**：燃气脉冲吹灰的基本原理：主要是使预混可燃气（例如乙炔-空气预混气）在特制的、一端连接喷管的爆燃罐内点火爆燃，产生强烈的压缩冲击波（即爆燃波）并通过喷管导入烟道内，通过压缩冲击波对受热面上的灰垢产生强烈的"先冲压、后吸拉"的交变冲击作用而实现吹灰。爆燃罐每次爆燃通过喷口发射出的爆燃波有两个：首先是爆燃罐内由于爆燃造成的压力骤增而产生的热爆冲击波，而后紧跟着的则是在喷口处由压力骤降造成的物理弱爆而产生的压缩冲击波。两道冲击波之间的间隔只有 8～12ms，这种紧邻的双冲击波强化了其吹灰效果。燃气脉冲吹灰器如图 2-8 所示。

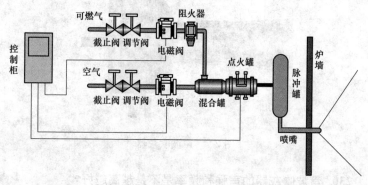

图 2-8　燃气脉冲吹灰器

### 232. 蒸汽吹灰器有何优、缺点？

**答：** 蒸汽吹灰器的优点：

（1）可以布置在锅炉各个部位，能对炉膛、水平烟道、尾部竖井的受热面进行吹灰。

（2）对结渣性较强、灰熔点低和较黏的灰有较明显效果。

（3）蒸汽来源比较充分。

蒸汽吹灰器的缺点：

（1）由于蒸汽吹灰是靠射流吹灰，所以介质吹扫面积有限。

（2）由于蒸汽吹灰器是将喷管深入炉膛进行旋转吹灰，吹灰完毕要将喷管撤出，所以活动部件非常多，这就造成吹灰器操作频繁且故障出现率高，机械、电气维护和检修量大。

（3）工作介质损耗量大，运行成本高。

（4）吹灰周期长，使受热面积灰过多，甚至使积灰烧结硬化，增加吹灰难度。

（5）蒸汽吹灰器如果压力过高或长期使用，会加快金属管壁的磨损，压力过低又影响吹灰效果。

（6）蒸汽疏水效果差时，还会对受热面的金属管壁造成热冲击，使吹灰管线水击和腐蚀。

（7）价格昂贵。

（8）蒸汽吹灰器的使用会增大烟气中的含湿量，使烟气露点温度升高，从而增大省煤器冷端堵灰及腐蚀现象。

### 233. 声波吹灰器有何优、缺点？

**答：** 声波吹灰器的优点：

（1）结构简单可靠，启停操作方便，运行安全，维修工作量少，费用低。

（2）声波可以贯穿和清洁蒸汽吹灰难以达到的位置。

（3）适合于松散积灰的清除。

声波吹灰器的缺点：

（1）需要配备空压站，设备一次性投资大。

（2）能量较小，对于炉膛和对流受热面，特别是低温段空气预热器结渣，黏结性积灰和严重堵灰以及坚硬的灰垢无法清除。

（3）作用距离有限，声波吹灰器安装的台数要比传统吹灰器多；采用扩声结构的声波吹灰器在高温区域的安装受到限制。

（4）由于次声波吹灰器所使用的为饱和压缩空气，过滤器需定期排水，而且冬季频繁出现冻凝导致过滤器破裂；声波吹灰器油雾器需定时加油。

（5）空气管如果不配备冷却风或冷却风压力低，会造成压缩空气管腐蚀严重；声波吹灰器如果使用的压缩空气压力达不到要求，吹灰效果会变差。

### 234. 燃气脉冲吹灰器有何优、缺点？

答：燃气脉冲吹灰器的优点：

（1）除具有蒸汽吹灰和声波清灰的功能外，还具有热清洗功能，能量大，既适合于松散性积灰又适合于黏结性积灰、结焦和堵灰的清除。

（2）能量强度和喷口的方向，形状易于调整，对于不同类型的积灰和不同形状的工作面都有最佳的适当性。

（3）整个系统简单，无转动机械，运行程序全自动化。操作简单，可靠性高，不需要经常维护。

（4）结构尺寸小，易用于空间尺寸小的位置。

（5）一次性投资少，运行和维护成本低、经济性好、效率高。

燃气脉冲吹灰器的缺点：

（1）吹灰消耗燃气，需定期更换供气设备。

（2）吹灰主要对垂直冲刷面作用大，吹灰有死角。

（3）吹灰长期冲刷固定的受热面，燃气须注意安全。

（4）设备一次性投资较多。

### 235. 锅炉吹灰的目的是什么？

答：锅炉吹灰的目的是保持受热面的清洁，保持烟道的畅通。

### 236. 锅炉吹灰顺序如何？为什么？

答：锅炉吹灰顺序：炉膛（由下向上）→烟道（由前向后、由上向下）→空气预热器。

沿着烟气流向吹灰，防止前面的飞灰沉积在已经吹干净的后面的受热面上，影响吹灰效果。

### 237. 锅炉吹灰汽源取自何处？

**答：**锅炉本体汽源为屏式过热器出口蒸汽。空气预热器吹灰汽源一路接自屏式过热器出口蒸汽，一路接自高温辅助蒸汽联箱。

### 238. 吹灰有哪些注意事项？

**答：**吹灰的注意事项如下：

（1）当锅炉负荷低于 25％额定负荷时应保持空气预热器连续吹灰；当空气预热器烟气侧压差增大时可请示专业主管同意增加空气预热器吹灰，低负荷煤、油混烧时应增加空气预热器吹灰次数。

（2）当锅炉燃烧不稳时应及时暂停吹灰。

（3）捞渣机、干渣机检修时禁止吹灰。

（4）停炉前全面吹灰一次，锅炉灭火后检查吹灰全部停止。

（5）低负荷炉膛吹灰时要严密监视着火情况，当发现磨煤机火焰检测信号变弱燃烧不稳时，要立即停止炉膛吹灰器运行。

（6）投入吹灰后必须严密注意蒸汽温度、蒸汽压力、炉膛负压的变化，吹炉膛时如发现火焰检测信号不稳，及时退出吹灰。

（7）无吹灰蒸汽时严禁投入吹灰器，防止烧损吹灰器。

（8）吹灰前必须通知吹灰器厂家维护人员到场，吹灰时就地必须有人监护，吹灰器无法退出时，维护人员就地及时退出吹灰器，短吹卡涩时及时关闭汽源，将吹灰器退出。

（9）如果吹灰系统发了报警信号（启动失败、超时、过载等），程序自动中断，运行人员必须及时电话告知吹灰维护人员，运行人员不允许在触摸屏上按复位信号按钮，待跟踪吹灰人员查明报警原因并进行缺陷处理或对故障的吹灰器采取可靠措施，且在运行交代本上交代清楚原因后，才允许操作复位信号按钮。

（10）吹灰结束后运行人员对吹灰系统进行一次全面检查，重点为：吹灰器是否退出到位，管道和吹灰器有无内、外泄漏，就地吹灰压力表指示是否到零位。并对吹灰电动总门的严密性进行重点检查，当电动总门有泄漏时，关闭手动总门，有效隔绝吹灰汽源，防止因电动门不严，吹灰器不能完全退出时吹损受热面。

（11）吹灰结束后运行人员对四管泄漏监视系统进行检查，对比吹灰前后的趋势变化，发现异常及时汇报。

（12）锅炉吹灰结束后，要保持供汽电动门、调节门关闭，疏水门开启。

（13）吹灰过程中，如果发现该区域受热面出口工质温度变化比较大，应暂时停运吹灰，参数稳定后再继续进行，也可实行吹灰器间隔投入的方式进行吹灰。

（14）当燃用灰熔点较低的煤种时，应根据炉膛结焦情况请示专业主管同意后适当增加炉膛吹灰次数。

（15）吹灰过程中，注意锅炉燃烧和炉膛负压变化，做好炉膛垮灰或掉焦的事故预想。

### 239. 遇到什么情况应立即停止吹灰工作?

答：遇到下列情况应立即停止吹灰工作：

（1）锅炉运行工况不稳或发生故障。

（2）吹灰系统故障或设备损坏。

（3）进行启停辅机操作。

（4）进行投停制粉设备。

（5）有人进行锅炉打焦工作。

### 240. 举例说明吹灰器卡涩枪管弯曲事故及防范措施。

答：事故案例：2011 年 7 月 2 日 23 时，某电厂某台机组运行值班员为了减少再热减温水量，在未通知吹灰维护人员到位跟踪的情况下，投入高温区 L1～L4 及 R1～R4 长吹灰器。当吹灰程序在 R2 退出过程中，发过载报警。后经吹灰维护人员检查发现 R2 长吹管内无蒸汽且吹灰器卡在中间位置，用摇把手动退吹灰器时发现枪管已弯曲，无法旋转退出（炉内剩余 5m）。后利用停机机会将炉内外剩余部分枪管割除。

防范措施：

（1）吹灰前必须通知吹灰器厂家维护人员到场，吹灰时就地必须有人监护，吹灰器无法退出时维护人员就地及时退出吹灰器，短时卡涩时及时关闭汽源，将吹灰器退出。

(2) 如果吹灰系统发了报警信号（启动失败、超时、过载等），程序自动中断，运行人员必须及时电话告知吹灰维护人员，运行人员不允许在触摸屏上按复位信号按钮，待跟踪吹灰人员查明报警原因并进行缺陷处理或对故障的吹灰器采取可靠措施，且在运行交代本上交代清楚原因后，才允许操作复位信号按钮。

(3) 吹灰结束后运行人员对吹灰系统进行一次全面检查，重点为：吹灰器是否退出到位，管道和吹灰器有无内、外泄漏，就地吹灰压力表指示是否到零位。并对吹灰电动总门的严密性进行重点检查，当电动总门有泄漏时，关闭手动总门，有效隔绝吹灰汽源，防止因电动门不严，吹灰器不能完全退出时吹损受热面。

(4) 吹灰结束后运行人员对四管泄漏监视系统进行检查，对比吹灰前后的趋势变化，发现异常应及时汇报。

(5) 吹灰时保持炉膛较大负压（$-90 \sim -150\text{Pa}$）；炉膛结焦严重吹灰时需通知辅控人员，注意捞渣机运行的监视，禁止无关人员靠近捞渣机，防止捞渣机处热水溅出烫伤人。注意干渣机出料温度，适当开启通风孔通风，开通风孔必须通知集控监盘人员，注意主再热汽温的变化，如无法调整及时关闭通风口，吹灰改为单支进行或停运吹灰。吹灰时不得在观察孔处进行看火或逗留。

第三章

# 烟 风 系 统

## 第一节 空 气 预 热 器

**241. 空气预热器的作用有哪些?**

**答:** 空气预热器的作用如下:

(1) 吸收排烟余热,提高锅炉效率。装了省煤器后,虽然排烟温度可以降低很多,但电站锅炉的给水温度大多高于 200℃。故排烟温度不可能降得更低,而装设空气预热器后,则可进一步降低排烟温度。

(2) 提高空气温度,可以强化燃烧。一方面使燃烧稳定,降低机械未完全燃烧损失和化学未完全燃烧损失;另一方面使煤易燃烧完全,可减少过剩空气量,从而降低排烟损失和风机电耗。

(3) 提高空气温度,可使燃烧室温度升高,强化辐射传热。

**242. 空气预热器的工作原理如何?**

**答:** 转子带着受热面转动,当受热面经过烟气侧时吸收烟气的热量再依次经过二次风侧/一次风侧放出热量,一、二次风吸收这部分热量后变成热风。

**243. 空气预热器的主要结构包括哪些?**

**答:** 空气预热器的主要结构包括外壳,转子,上、下轴承,传动装置,波纹板,密封装置等。空气预热器结构如图 3-1 所示。

**244. 空气预热器的密封装置由哪些部分组成?**

**答:** 空气预热器是转动机构,动、静部分需留有一定间隙,而空气与烟气间又有压力差,空气会通过这些间隙漏入烟气中。因此,需设置径向、轴向、环向(周向)密封装置,以尽可能减少漏风量。径向密封装置安装在转子每块隔板的上端与下端,它

82

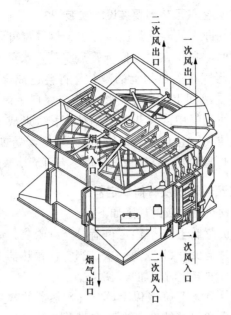

图 3-1　空气预热器结构

防止空气通过转子端面与顶部外壳、底部外壳之间的间隙漏入烟气中。轴向密封装置安装在转子圆筒外面（或外壳圆筒的里面），防止空气通过转子与外壳之间的间隙漏入烟气中。环向密封装置在转子上、下端面圆周及中心轴上、下两端，防止空气通过转子端面圆周漏入转子与外壳之间的间隙。径向轴承漏风最大。

**245. 三分仓回转式空气预热器的特点有哪些？**

答：三分仓回转式空气预热器的特点如下：

（1）结构紧凑，体积小，节省场地，金属消耗少。

（2）布置方便。

（3）漏风量大。

（4）换热效果好。

**246. 空气预热器设辅电动机的作用是什么？**

答：空气预热器设辅电动机的作用是空气预热器运行中主电动机跳闸后辅电动机联动，防止空气预热器停运后热变形。

### 247. 为什么空气预热器要装设吹灰装置？

答：当烟气进入低温受热面时，由于烟气温度降低或在接触到低温受热面时，只要在温度低于露点温度，水蒸气和硫酸蒸汽将会凝结。水蒸气在受热面上的凝结，将会造成金属的氧腐蚀；而硫酸蒸汽在受热面上的凝结，将会使金属产生严重的酸腐蚀。酸性黏结灰能使烟气中的飞灰大量黏结沉积，形成不易被吹灰清除的低温黏结结灰。由于结灰，传热能力降低，受热面壁温降低，引起更严重的低温腐蚀和黏结积灰，最终有可能堵塞烟气通道。

### 248. 空气预热器吹灰有何规定？

答：空气预热器吹灰的规定如下：

（1）锅炉负荷低于 25％额定负荷时连续吹灰，锅炉负荷大于 25％额定负荷时至少每 8h 吹灰一次，当空气预热器烟气侧压差增加或低负荷煤、油混烧时增加吹灰次数。

（2）锅炉负荷大于 50％以上，空气预热器的吹灰汽源切至锅炉本体供汽，注意先停辅助蒸汽至空气预热器吹灰汽源，后投本体至空气预热器吹灰汽源，不允许两路汽源同时供汽。

（3）停炉前对空气预热器进行吹灰。

### 249. 什么叫烟气的露点？

答：烟气中水蒸气开始凝结的温度称为烟气的露点。

### 250. 烟气的露点的高低与哪些因素有关？

答：烟气的露点的高低与很多因素有关。烟气中的水蒸气含量多即水蒸气分压高，则露点高。但由水蒸气分压决定的热力学露点是较低的，例如，燃油锅炉在一般情况下，烟气中的水蒸气分压为 0.08～0.14 绝对大气压，相应的热力学露点为 41～52℃。燃料中的含硫量高，则露点也高。燃料中硫燃烧时生成二氧化硫，二氧化硫进一步氧化成三氧化硫。三氧化硫与烟气中的水蒸气生成硫酸蒸气，硫酸蒸气的存在，使露点大为提高。例如，硫酸蒸气的浓度为 10％时，露点高达 190℃。燃料中的含硫量高，则燃烧后生成的 $SO_2$ 多，过量空气系数越大，则 $SO_2$ 转化成 $SO_3$ 的数量越多。不同的燃烧方式、不同的燃料，即使燃料含硫量相同，露点也不同。煤粉炉在正常情况下，煤中灰分的 90%以飞灰的形式存在于烟气中。烟气中的飞灰具有吸附硫酸蒸汽的作用，因为煤粉炉烟气中的硫酸蒸气浓度减小，所以，烟气露点显著降低。燃油中灰分含量很少，烟气中灰分吸附硫酸蒸气的能力很弱。即使含硫量相同，燃油时的烟气露点明显高于燃煤，因此，燃油锅炉尾部受热面的低温腐蚀比燃煤严重得多。

### 251. 为什么烟气的露点越低越好？

**答：**为了防止锅炉尾部受热面的腐蚀和积灰，在设计锅炉时，要使低温空气预热器管壁温度高于烟气露点，并留有一定的裕量。如果烟气的露点高，则锅炉的排烟温度一定要设计得高些，这样排烟损失必然增大，锅炉的热效率降低。如果烟气的露点低，则排烟温度可设计得低些，可使锅炉热效率提高。当然设计锅炉时，排烟温度的选择除了考虑防止尾部受热面的低温腐蚀外，还要考虑燃料与钢材的价格等因素。

### 252. 空气预热器冷端综合温度如何规定？

**答：**空气预热器冷端综合温度＝进口空气温度＋出口烟气温度，冷端综合温度由设备厂家给定。

### 253. 规定最小冷端综合温度有何目的？

**答：**规定最小冷端综合温度的目的是为避免烟气中硫分子与水分子化合成亚硫酸造成空气预热器低温腐蚀。入炉煤含硫量较设计值偏高时，适当提高冷端综合温度。为避免空气预热器低温腐蚀，达不到此温度，可通过投运暖风器来提高排烟温度，另外，计算出的排烟温度为使用设计煤种所得，如果当煤质中的含硫量提高，需要引入含硫量重新计算。一般在含硫量小于 1.5%时，保证空气预热器冷端综合温度大于 135℃；含硫量大于或等于 1.5%时，保证空气预热器冷端综合温度大于 155℃。

### 254. 空气预热器漏风的危害有哪些？

**答：**漏风会使引风机、送风机、一次风机的电流增大，加剧空气预热器的低温腐蚀，而且严重时还将使锅炉炉膛冒正压，使锅炉出力被迫降低。

**255. 空气预热器为什么存在漏风现象？**

**答：**空气预热器存在漏风现象的原因如下：

（1）由于空气预热器蓄热元件为转动体，所以在动、静体之间不可避免地要有一定的间隙；同时为防止蓄热元件受热后膨胀，也要在动、静体之间留有一定的间隙。由此形成烟气和空气间的不严密处。

（2）烟气侧为负压，一、二次风侧为正压，由于空气侧和烟气侧存在压力差，压力高的空气必定要通过空气和烟气的不严密处漏入负压侧的烟气中，造成漏风损失。

**256. 怎样判断空气预热器是否漏风？**

**答：**空气预热器由于低温腐蚀和磨损，空气预热器管容易穿孔，使空气漏入烟气。除停炉后对空气预热器进行外观检查外，锅炉在运行时也可发现空气预热器漏风。空气预热器漏风的现象如下：

（1）空气预热器后的过量空气系数超过正常标准。

（2）送风机、一次风机电流增加。

（3）引风机电流增加。

（4）大量冷空气漏入烟气，使排烟温度下降。

**257. 空气预热器水冲洗的目的是什么？冲洗完后为什么要烘干？**

**答：**空气预热器水冲洗的目的是全面除去空气预热器受热面上的各种沉积物。

烘干的目的是防止湿受热面再次积灰、积块，防止受热面发生腐蚀。

**258. 空气预热器高压水冲洗烘干措施有哪些？**

**答：**空气预热器高压水冲洗烘干措施如下：

（1）在进行空气预热器高压水冲洗后，投入暖风器运行，控制暖风器出口风温在 80℃ 以上。冬季冲洗时根据点检人员要求可在冲洗过程中投运暖风器，夏季冲洗过程中可不投运暖风器。

（2）空气预热器高压水冲洗工作结束后，经点检确认验收合格，押回高压水冲洗及与空气预热器相关的其他工作票，确认炉内、烟道内无人工作，检查空气预热器具备启动条件。

（3）空气预热器主、辅电动机送电并启动空气预热器。

（4）通知涉及炉膛内部相关工作的工作负责人，烟风系统的送风机、一次风机出口电动挡板门、空气预热器热一二次风出口电动挡板门、空气预热器烟气入口电动挡板门、引风机出入口电动挡板门送电并全打开，送风机、一次风机动叶及引风机静叶执行器送电，视情况开启适当开度，同时调整暖风器供汽调节门，保证暖风器出口风温。

（5）点检检查蓄热片干燥无水露，烘干结束。

（6）检查送风机、一次风机暖风器底部排污管是否有水淌出，无水则关闭排污门，关闭空气预热器灰斗水冲洗排污门。

（7）终结空气预热器高压水冲洗工作票及与空气预热器相关的其他工作票。

**259. 回转式空气预热器启动前检查内容有哪些?**

**答：**回转式空气预热器启动前检查内容如下：

（1）检查空气预热器本体，空气预热器电动机，空气预热器吹灰、清洗、径向密封调节装置，空气预热器火灾报警装置无检修工作票或检修工作结束，空气预热器启动命令下达或有空气预热器设备试转单。

（2）检查空气预热器本体无人工作，本体内部杂物清理干净，各烟风道内杂物清理干净，各检查门、人孔门关闭严密。

（3）检查空气预热器本体保温恢复良好，空气预热器各层平台围栏完整，空气预热器周围杂物清理干净，照明充足。

（4）检查空气预热器驱动装置外观完整，驱动电动机和变速箱地脚螺栓连接牢固，各驱动马达和减速机间对轮安全罩连接牢固，变速箱油位正常，变速箱润滑油泵电动机接线完整，润滑油管连接完整。

（5）检查并核实空气预热器热端、冷端以及轴向密封间隙已调整完毕。

（6）检查空气预热器主驱动电动机和辅助驱动电动机接线完整，接线盒安装牢固，电动机外壳接地线完整并接地良好。

（7）检查空气预热器各清洗和消防门关闭严密无内漏，外部管道、阀门不漏水。

（8）检查空气预热器热端径向密封控制装置完整、无损坏。

（9）检查空气预热器火灾报警装置正常无损坏。

（10）检查空气预热器吹灰器完整无损坏。

（11）检查空气预热器各烟风道压力、温度测量探头安装正常，单控信号指示正确。

（12）启动空气预热器气动盘车电动机，检查空气预热器减速机内部无异声，传动轴转动平稳。检查空气预热器本体内部无刮卡、碰磨声。

（13）检查完毕无异常，停止空气预热器气动盘车电动机，联系空气预热器主驱动电动机和辅助驱动电动机送电。

**260. 运行时对空气预热器检查的内容有哪些？**

答：运行时对空气预热器检查的内容如下：

（1）转子运转情况。要求传动平稳，无异常的冲击、振动和噪声。

（2）传动装置的工作情况。要求电动机、减速箱轴承、液力耦合器等温度正常，无漏油现象，电动机的工作电流正常。

（3）转子轴承和油循环系统的运转情况正常。

（4）监视好空气预热器进、出口的烟气和空气温度，如发现其中一点温度有不正常升高，需及时查明原因，以防不测。

（5）空气预热器进、出口之间的压差。当发现进、出口压差增大，即气流阻力明显增加，表明转子积灰严重时，应加强吹灰，增加空气预热器的吹灰次数。

**261. 空气预热器轴承温度高的原因有哪些？**

答：空气预热器轴承温度高的原因如下：

（1）轴承润滑油乳化、油位过低。

（2）轴承冷却水温度高、冷却水中断或不足。

（3）轴承损坏。

（4）空气预热器壳体漏风，造成环境温度高。

**262. 空气预热器轴承温度高如何处理？**

**答：**空气预热器轴承温度高的处理方法如下：

（1）立即对导向、推力轴承润滑油系统进行全面检查，查出原因并进行消除。

（2）联系检修设法消除空气预热器壳体漏风。

（3）采取措施无效或短时间不能处理时，降低负荷，减缓轴承温度上升趋势。

（4）如采取措施无效，轴承温度升至跳闸值检查保护动作跳闸，否则手动停止。

**263. 空气预热器跳闸有哪些现象？**

**答：**空气预热器跳闸有如下现象：

（1）空气预热器停转报警。

（2）空气预热器出口烟气温度不正常升高。

（3）空气预热器出口一、二次风温不正常降低。

（4）机组辅机故障减负荷（RB）动作。

（5）空气预热器出口压差升高。

（6）延时联动跳闸对应侧送风机、引风机，关闭跳闸空气预热器出入口风烟挡板。

**264. 空气预热器跳闸主要原因有哪些？**

**答：**空气预热器跳闸主要原因如下：

（1）机械故障引起的电动机过负荷，如密封件损坏、积灰过多、异物卡涩、驱动装置故障等。

（2）电动机电气、控制回路故障。

（3）空气预热器上、下轴承温度高。

（4）推力轴承损坏，导向轴承损坏。

**265. 空气预热器跳闸如何处理？**

**答：**空气预热器跳闸处理方法如下：

（1）若单台空气预热器故障，机组 RB 动作。

（2）检查对应侧送风机、引风机跳闸，否则手动停止。

（3）根据情况停止对应侧一次风机。

（4）控制好锅炉负荷、蒸汽温度、蒸汽压力，保证锅炉燃烧稳定。

（5）关闭跳闸的空气预热器的一次风、二次风、烟气出入口挡板。

（6）监视空气预热器烟、风温度，防止空气预热器着火。若排烟温度持续升高，立即校严跳闸空气预热器出、入口挡板，投入空气预热器吹灰。若排烟温度超过 250℃，手动停炉，投入消防蒸汽灭火。

（7）若两台空气预热器同时跳闸，锅炉 MFT 动作。

（8）空气预热器跳闸后，立即通知点检手动盘车。

**266. 空气预热器着火有哪些现象？**

**答：**空气预热器着火有如下现象：

（1）空气预热器出口烟气温度不正常升高。

（2）空气预热器出口空气温度不正常升高。

（3）空气预热器出、入口压差不正常升高。

（4）空气预热器电流不正常升高或摆动。

（5）炉膛负压摆动。

（6）空气预热器火灾报警。

**267. 空气预热器着火的主要原因有哪些？**

**答：**空气预热器着火主要原因如下：

（1）空气预热器冷端温度低而结露，黏结了可燃物。

（2）暖风器泄漏严重，使空气预热器冷端潮湿并黏结可燃物。

（3）锅炉运行时，燃烧风量过大或过小。锅炉启停频繁或长期低负荷煤油混烧运行。

（4）锅炉运行时，炉膛负压波动过大。造成不完全燃烧物沉积。

（5）空气预热器故障停止，或风机单侧运行停止时由于烟、风挡板关闭不严而被加热，引起沉积的可燃物着火。

**268. 空气预热器着火有哪些预防措施？**

**答：**空气预热器着火有如下预防措施：

（1）监视空气预热器烟气侧和空气侧温度。

（2）在锅炉启、停期间和长时间低负荷运行期间，加强空气预热器吹灰。

（3）锅炉停止后对空气预热器内部进行检查，根据沉积情况冲洗。

（4）停炉前必须进行空气预热器吹灰。

（5）冬季保证暖风器投入，如果有漏泄及时处理，保证空气预热器入口空气温度，防止空气预热器结露。

### 269. 空气预热器着火如何处理？

**答**：空气预热器着火的处理方法如下：

（1）发生空气预热器再燃烧，立即停止相应侧送风机、引风机、一次风机运行。

（2）关闭空气预热器出、入口烟风挡板。

（3）保持空气预热器运行。

（4）吹灰无效后立即投入消防水进行灭火。

（5）若空气预热器在停止中发生着火时，将空气预热器投入运行，再进行灭火。

（6）灭火后，打开一次风机和送风机排污门将水放净，对空气预热器进行干燥处理。

### 270. 空气预热器的腐蚀与积灰是如何形成的？

**答**：由于空气预热器处于锅炉内烟气温度最低区，特别是空气预热器的冷端，空气的温度最低，烟气温度也最低，受热面壁温最低，因而最易产生腐蚀和积灰。

当燃用含硫量较高的燃料时，生成 $SO_2$ 和 $SO_3$ 气体，与烟气中的水蒸气生成亚硫酸或硫酸蒸汽，在排烟温度低到使受热面壁温低于硫酸蒸汽露点时，硫酸蒸汽便凝结在受热面上，对金属壁面产生严重腐蚀。同时，空气预热器除正常积存部分灰分外，酸液体也会黏结烟气中的灰分，越积越多，易产生堵灰。因此，受热面的低温腐蚀和积灰是相互促进的。

### 271. 如何预防空气预热器低温腐蚀及堵灰？

**答**：预防空气预热器低温腐蚀及堵灰的主要原则是：

（1）提高受热面壁温，使受热面壁温要高于露点，提高壁温的方法是采用一、二次风暖风器。使之大于烟气露点温度。

（2）低温受热面采用耐腐蚀材料，空气预热器冷端传热元件均更换为静电镀搪瓷工艺材料。

（3）采用低氧燃烧方式，烟气中的过剩氧会增大 $SO_3$ 的生成量。研究表明，过量空气系数在 1.05 以下，可以有效地减轻低温腐蚀。同时，低氧燃烧时，排烟热损失降低，有利于提高锅炉效率。但是，低氧燃烧也可能带来如下不利影响，如化学未燃烧损失有所增加。

（4）燃烧调整，现部分机组进行了低氮燃烧器的改造，增加了燃尽风，炉内实现分级燃烧，可抑制 $SO_3$ 生成。

### 272. 空气预热器电流摆动原因及处理方法有哪些？

答：空气预热器电流摆动原因及处理方法如下：

（1）空气预热器转子随着温度的升高会产生"蘑菇状"变形，导致空气预热器底部的径向密封条会和扇形板发生摩擦。这类摩擦引起的电流波动的曲线呈规律性变化。出现此种情况一般发生在机组升负荷阶段，此时可暂停升负荷或降低负荷，调整燃烧，适当降低空气预热器入口烟气温度，同时，适当提高空气预热器入口风温。电流摆动基本可以消失。如长时间电流摆动，可利用停炉机会进行密封间隙的调整。

（2）空气预热器内部有异物。空气预热器内部卡异物后，空气预热器电流会突升，可能会造成空气预热器跳闸辅电动机联启后仍会跳闸；有时由于卡的异物较小可通过径向密封条与扇形板间隙，此种情况也会造成空气预热器电流有规律地波动，通过调整及降负荷等手段均无法使电流正常。此种情况应该进行停空气预热器处理，将所卡异物取出。

（3）轴承润滑不良或轴承磨损引起转子转动力矩增大、电动机电流波动，这种情况下，电动机电流呈振荡上升，不会是有规律的变化。一般改善轴承润滑条件现象即可消除，如切换滤网、油泵等，通常不会造成永久性损坏。但是如果油中含有杂质颗粒较大，则空气预热器电流将会有较大的攀升及摆动，而且瓦面容易磨损且维修困难。因此，需要定期切换和清洗润滑油滤网，定期进行油质化验，保证润滑油油质合格。

**273. 举例说明空气预热器运行中停转事故及处理要点。**

答：事故案例：2012 年 8 月 31 日 10：17，某电厂 600MW 机组，负荷为 550MW，A 空气预热器电流为 5.32A，B 空气预热器电流为 4.79A，A 引风机电流为 273A，B 引风机电流为 260A。运行人员发现 A 空气预热器停转报警，空气预热器电流下降，排烟温度上升，就地检查主电动机运转，但空气预热器停转，手动停主电动机，辅电动机联启后空气预热器运转正常。

处理要点：

（1）空气预热器转子停转报警时，要根据空气预热器电流下降、排烟温度上升等参数的变化，判断空气预热器是否真停转，并派人去就地检查。

（2）立即派人就地按下停转空气预热器运行电动机事故按钮，将空气预热器切至备用电动机运行，检查空气预热器是否转动，如空气预热器能正常运行，则加强该空气预热器的监视和检查，如排烟温度、电流、声音等。

（3）如空气预热器备用电动机启动后，空气预热器不转动，则同时按下空气预热器主、辅电动机事故按钮，检查同侧送风机、引风机联跳，否则手动停运同侧送风机、引风机。

（4）同侧送风机、引风机停止后，检查机组 RB 动作正常，否则解燃料主控，停磨煤机降负荷，保留 3 台磨煤机运行时，将负荷控制在 300MW 左右，检查磨煤机火焰检测信号，火焰检测信号不好应投入油枪稳燃。机组稳定后，停止同侧一次风机运行。

（5）监视好汽包、除氧器、凝汽器水位以及炉膛负压、锅炉总风量，关小除氧器上水调节门，防止凝结水泵联启，调整好主、再热蒸汽温度。

（6）加强另一侧送风机、引风机、一次风机的监视，防止风机过负荷，加强对磨煤机进行监视，防止堵磨。

（7）空气预热器主、辅电动机均停止后，联系相关检修人员手动盘车。

(8) 事故处理过程中，如排烟温度上升至 250℃，则应快速停炉。

# 第二节 引 风 机

**274. 引风机的作用是什么？**

答：引风机的作用是将锅炉燃烧产生的高温烟气排除，维持炉膛压力，形成流动烟气，完成烟气及空气的热交换，经除尘器后排向烟道，用来调整锅炉炉膛负压的稳定。

**275. 风机叶片的类型及其特点如何？**

答：叶片按其形状分有径向、前弯、后弯和机翼形等形式。径向叶片虽然加工简单，但工作效率低、噪声大；前弯叶片可以获得较高的压力；后弯叶片效率较高，噪声也不大；机翼形空心叶片使叶片线型更适应气体的流动要求，使效率得以提高。

**276. 动叶可调轴流风机有何特点？**

答：动叶可调轴流风机的特点如下：

(1) 动叶可调轴流风机由于有一套液压调节系统，结构上比较复杂，风机初投资较高。

(2) 动叶可调轴流风机效率曲线近似呈椭圆面，长轴与烟风系统的阻力曲线基本平行，风机运行的高效区范围大。风机功耗少，厂用电低，运行费用低。

(3) 动叶可调轴流风机压力系数小，则风机达到相同风压时需要的转子外沿线速度高，作为引风机，含尘气流对叶轮的磨损问题比其他形式的风机要大些，不做耐磨处理时，一般只能承受 $150 \text{mg/m}^3$（标准状态）的含尘量。为了提高叶片的使用寿命，需采用钢叶片表面喷焊耐磨层的措施。叶片经过耐磨处理后，能承受 $300 \sim 350 \text{mg/m}^3$（标准状态）含尘量。

**277. 动叶可调轴流式引风机结构如何？**

答：动叶可调轴流式引风机一般包括进气箱、机壳、转子、扩压器、联轴器及其保护罩、调节装置及执行机构、液压及润滑供油装置和测量仪表、风机出口膨胀节、进口配对法兰、出口配对法兰。动叶可调轴流式引风机结构如图 3-2 所示。

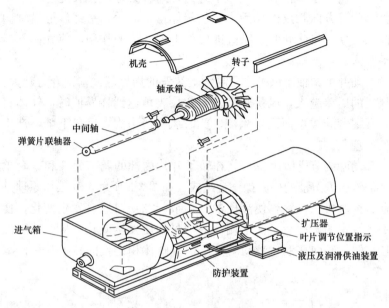

图 3-2 动叶可调轴流式引风机

### 278. 集流器（进风口）的形式有哪些？

**答**：集流器有圆柱型、圆锥型、组合型、流线型及缩放体型五种，其中流线型是目前应用最广泛的一种。它较好地发挥了集流器的作用，既保证气流能均匀地引入并充满叶轮的进口断面又使气流在进口处阻力损失最小。

### 279. 动叶可调轴流风机的工作原理如何？

**答**：轴流风机的工作原理是基于机翼型理论。

机翼型理论：飞机机翼的横截面（机翼的截面形状都为三角形）的形状使得从机翼上表面流过的空气速度大于从机翼下表面流过的空气速度，这样机翼上表面所受空气的压力就小于机翼下表面所受空气压力，这个压力差就是飞机的上升力，上、下面的弧度不同造成它们产生的气压不同，所以产生了向上的升力。

工作原理如下：

气体以一个攻角（即叶型翼弦与气流的平均相对速度的夹角）进入叶轮，在翼背上产生一个升力，同时必定在翼腹上产生一个大小相等方向相反的作用力，使气体排出叶轮，呈螺旋形沿轴向向前运动。与此同时，风机进口处由于差压的作用，使气体不断地吸入。

动叶可调轴流风机攻角越大，翼背的周界越大，则升力越大，风机的压差越大，风量则小。当叶片攻角达到临界值时，气体将离开翼背的线型而发生涡流，此时风机压力大，风量下降，产生失速现象。

动叶调节机构由一套装在转子叶片内部的调节元件和一套单独的液压调节油的中心操作台组成，如图3-3所示。其工作原理是通过伺服机构操纵，使液压油缸调节阀和切口通道发生变化，使一个固定的差动活塞两个侧面的油量油压发生变化，从而推动液压缸缸体轴向移动，带动与液压油缸缸体相连接的转子叶片内部

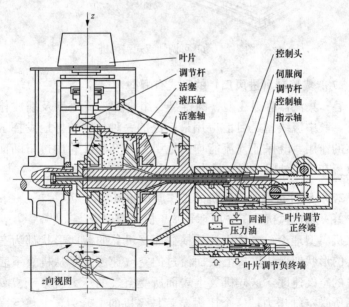

图 3-3 叶片液压调节系统

的调节元件，使叶片角度发生变化。当外部调节臂和调节阀处在一个给定的位置上时，液压缸移动到差动活塞的两个侧面上，液压油作用力相等，液压缸将自动位于没有摆动的平衡状态。这时动叶片的角度就不再变化。

**280. 静叶可调轴流风机有何特点？**

答：静叶可调轴流风机的特点如下：

（1）静叶可调轴流风机结构上较简单，风机初投资较低。

（2）静叶可调轴流风机效率曲线近似呈圆面，风机运行效率低于动叶可调轴流风机，运行费用高于动叶可调轴流风机。

（3）静叶可调轴流风机转子外沿的线速度较低，对入口含尘量的适应性比动叶可调轴流风机要好，含尘量一般在 $300mg/m^3$（标准状态）下。

（4）静叶可调轴流风机的结构简单，维护量少。最主要的易磨件后导叶已设计成可拆卸式，更换方便。

（5）静叶可调轴流风机的失速区比其他类型风机宽。风机启动时，由于风量小，并能较快通过失速区。所以，在调峰机组上，低负荷长期运行有可能进入失速区，喘振现象就会比较突出，但现在制造厂已找到了解决方法是加装分流器，大负荷时风机效率不变，低负荷时效率则有所下降。

**281. 简述静叶可调轴流式引风机的构成。**

答：静叶可调轴流式引风机一般包括进口膨胀节、进气箱、集流器、机壳、可调前导叶、叶轮、后导叶、扩压器、联轴器及其保护罩、调节装置及执行机构、风机出口膨胀节等。静叶可调轴流式引风机如图 3-4 所示。

**282. 风机调节挡板的作用是什么？**

答：风机调节挡板亦即导流器，其作用如下：

（1）调节风机流量大小。

（2）风机启动时关闭，可避免电动机带负荷启动，烧坏电动机。

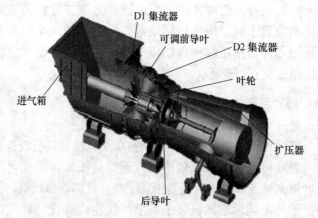

图 3-4　静叶可调轴流式引风机

### 283. 引风机轴冷风机的作用是什么？

**答：** 引风机轴冷风机的作用是使浮动轴承与烟气分开，阻止烟气向轴承传热，起到冷却轴承的作用。

### 284. "三合一"引风机有何优、缺点？

**答：** "三合一"引风机的优点：

（1）采用"三合一"引风机，减少了系统内风机的数量，使系统的可靠性提高。

（2）风机效率高，节能明显。

（3）减少烟道阻力。

"三合一"引风机的缺点：

（1）"三合一"引风机结构复杂，不易进行检修。

（2）采用"三合一"引风机，风机出口压力变大，容易发生烟气泄漏，且单台停运解体检修困难。

### 285. 引风机启动前检查项目有哪些？

**答：** 引风机启动前检查项目如下：

（1）检查风机油站油箱油位正常，油温正常。当油温过低时关闭冷却水门，投入油箱电加热。

（2）风机油站控制箱及油泵送电，引风机出口、入口挡板送电，动叶调节装置送电。

（3）检查风机油站冷却水正常，投入一组油冷却器，另一组油冷却器备用。

（4）启动一台润滑油泵，检查控制油压力正常、润滑供油压力正常、润滑油流量正常、轴承回油正常，油质合格，无乳化现象，油位正常。将另一台油泵投入备用。启动一台循环冷却油泵，另一台投入备用。

（5）确认风机油站油泵联锁试验合格，各热工保护试验合格。

（6）检查风机油站就地控制柜信号正确，无报警信号。

（7）检查确认引风机轴承冷却风机具备投运条件，启动一台冷却风机运行，检查风机转向正确，风压正常，另一台冷却风机投入备用。

（8）检查引风机冷却水系统已投入运行，引风机电动机冷却水及油站冷却水投入正常。

### 286. 引风机运行中检查项目有哪些？

**答**：引风机运行中检查项目如下：

（1）检查引风机润滑油箱油位正常、油质合格。

（2）检查引风机润滑油压正常，润滑油滤网压差不高。检查控制油压正常，控制油滤网压差不高。

（3）检查引风机润滑油站冷却水通畅，油箱油温正常。

（4）检查引风机轴承温度、电动机轴承温度正常，检查轴承冷却风机运行正常。

（5）检查引风机轴承振动正常，当风机轴承振动超过规定值时应手动停止风机运行。

### 287. 控制炉膛负压的意义是什么？

**答**：大多数燃煤锅炉采用平衡通风方式，使炉内烟气压力低于外界大气压力，即炉内烟气为负压。自炉底到炉膛顶部，由于高温烟气产生自生通风压头的作用，烟气压力是逐渐升高的。烟气离开炉膛后，沿烟道克服各受热面阻力，烟气压力又逐渐降低，这样，炉内烟气压力最高的部位是在炉膛顶部。所谓炉膛负压，是指炉膛顶部的烟气压力，一般维持负压为 $20\sim40\text{Pa}$。炉膛负压太大，使漏风量增大，结果引风机电耗、不完全燃烧热损失、排烟热损失均增大，甚至使燃烧不稳或灭火。炉膛负压小甚至变为正压时，火焰及飞灰通过炉膛不严密处冒出，恶化工作环境，甚至危及人身及设备安全。

**288. 炉膛负压过大或过小有什么危害？**

答：炉膛负压过大，将增加燃烧室及烟道的漏风，使烟气量增加，烟气流速加快，加剧受热面的磨损和增加风机电耗，降低锅炉的效率，尤其是锅炉低负荷运行或燃烧不稳时，很可能由于燃烧室负压过大而灭火。如负压过小或偏正压运行，燃烧室内的高温烟气和火焰会向炉外喷出，不仅影响厂房环境卫生，危及人身安全，还可能造成燃烧室结焦和喷燃器、钢架、炉墙等因过热而变形损坏。

**289. 锅炉引风调节系统投入自动的条件有哪些？**

答：锅炉引风调节系统投入自动的条件如下：

(1) 锅炉运行正常，燃烧稳定。

(2) 引风机挡板在最大开度下的送风量应能满足锅炉最大负荷的要求，并约有 5% 裕量。

(3) 炉膛压力信号正确可靠，炉膛压力表指示准确。

(4) 调节系统应有可靠的监视保护装置。

**290. 烟道及空气预热器漏风对引风机运行有何影响？**

答：烟道及空气预热器漏风，烟气量增加，使引风机出力增加，严重时因为引风机出力不足而降低机组负荷。

**291. 烟道及空气预热器堵灰对引风机运行有何影响？**

答：烟道及空气预热器堵灰，烟气系统阻力增大，使引风机出力增加，严重时因为引风机出力不足而降低机组负荷，同时容易导致风机失速。

**292. 引风机振动大有何现象？**

答：引风机振动大的现象如下：

（1）就地检查测量时振动均增大，振动频率高时出现报警。

（2）电流指示不正常地摆动，轴承温度可能升高。

（3）风机声音异常。

### 293. 引风机振动大的原因如何？

**答：**引风机振动大的原因如下：

（1）联轴器对中不符合要求或联轴器损坏。

（2）动平衡未找好或叶片严重磨损、叶片积灰严重。

（3）轴承安装间隙过大或轴承损坏。

（4）地脚螺栓松动或机械连接部分松动。

（5）风机进入失速工况区运行。

### 294. 引风机振动大如何处理？

**答：**引风机振动大的处理方法如下：

（1）适当降低风机的负荷，观察振动变化情况，若振动明显降低，可能是由于失速或共振引起，保持该工况运行，进行进一步检查。

（2）若经调整无效，应申请停运该风机。

（3）当振动达到极限跳闸值时，应立即停运该风机。

### 295. 引风机失速的现象有哪些？

**答：**引风机失速的现象如下：

（1）引风机失速报警信号发。

（2）炉膛压力摆动大，引风机静叶投自动时，静叶大幅摆动。

（3）引风机电流大幅摆动。

（4）失速严重时，引风机机壳和烟道发生振动，并发出明显的异声。

### 296. 引风机失速的原因有哪些？

**答：**引风机失速的原因如下：

（1）受热面、空气预热器严重积灰或烟气系统门误关，造成静叶开度与烟气流量不相适应，使风机进入失速区。

（2）调节静叶时幅度过大或并风机时操作不当，使风机进入失速区。

（3）静叶调节特性差，使并列运行的两台风机发生"抢风"，使其中一台风机进入失速区。

**297. 引风机失速如何处理？**

**答：** 引风机失速的处理方法如下：

（1）立即将引风机静叶控制由自动切为手动，并关小失速引风机的静叶和未失速引风机的静叶，调节偏置，使两台风机负荷平衡，同时调节送风机的动叶，维持炉膛压力在正常范围内，并调整锅炉负荷稳定。

（2）若由于烟气系统门误关，应立即打开，同时调节静叶开度。

（3）若由于受热面、空气预热器严重积灰引起风机失速，应立即进行受热面、空气预热器的吹灰。

（4）若经处理后失速现象消失，则维持工况运行。若经处理后无效或严重威胁设备安全时，应立即停运该风机。

**298. 引风机出力增大的原因有哪些？**

**答：** 引风机出力增大的原因如下：

（1）烟道漏风变大。

（2）空气预热器漏风变大。

（3）空气预热器堵塞严重。

（4）脱硝系统积灰，阻力增大。

（5）脱硫系统阻力变大（浆液循环泵运行台数多、增压风机开度小等）。

（6）炉底水封缺水，漏风严重。

（7）低温省煤器因积灰差压大。

**299. 停运单侧引风机如何操作？**

**答：** 停运单侧引风机的操作方法如下：

（1）将机组负荷降至 50% 以下，解除相应跳送风机联锁，然后将故障风机负荷转移到运行风机上。

（2）调整锅炉各参数稳定后，停止故障风机，同时检查运行风机电流不超限。

（3）单侧风机运行期间，停运风机电源开关应在试验位，如需拉至检修位联系热工采取措施保证运行风机跳闸后 MFT 可靠动作。

**300. 举例说明引风机跳闸导致锅炉风量低灭火事故及处理要点。**

答：事故案例：2011 年 1 月 1 日，某电厂 600MW 机组，B 空气预热器主电动机外部跳闸，辅电动机启动不成功，联跳 B 侧送风机、引风机。RB 动作，由于 B 侧引风机出、入口挡板关不到位，漏风严重，炉膛压力一直较高，风量偏低，在停运 B 一次风机后锅炉总风量低，锅炉 MFT 保护动作。

处理要点：

（1）风机跳闸机组 RB 动作后，首先必须检查停运侧风机挡板联动正常，不正常及时联系维护人员摇关防止反风，同时要注意运行侧风机正常，电流不超限。

（2）如发现引风机动叶（静叶）开度已到最大，炉膛负压处于正压状态，说明另一侧引风机漏风量较大，此时尽量维持负荷稳定减少设备的启停，尽快将引风机机出、入口挡板校严，维持炉膛为负压状态，适当提高二次风压力，保证正常的锅炉总风量。

（3）处理过程中为了增加二次风量不能单纯通过开大二次风挡板，同时要增加送风机出力，提高二次风箱压力。

（4）机组在 50% 负荷以下时为了保证燃烧稳定，机组协调方式置于"BASE 基本控制"方式。

# 第三节 送 风 机

**301. 送风机的作用是什么？**

答：送风机的作用主要是向锅炉燃料燃烧提供大量的空气，并将燃尽的燃料产生大量的灰和 $CO_2$ 等气体带走。

**302. 送风机为什么采用动叶可调轴流式？**

答：锅炉送风机需要要在满足最大风量和风压的前提下，优先选择最高效率高且高效率区宽的风机。动叶可调轴流式风机具有结构紧凑、尺寸小、质量轻、变工况性能好、工作范围大、流量大等优点，因此，锅炉送风机采用动叶可调轴流式风机。

### 303. 送风机的油站分为几路？各自的作用是什么？

答：送风机的油站分为两路。

分别供动叶调节动力用油和风机轴承润滑用油。

### 304. 送风机出口联络门的作用是什么？

答：送风机出口联络门的作用是：

平衡风压，单侧故障时可以满足两侧送风。

### 305. 为什么引风机的风量较送风机大？

答：送风机只需送入锅炉最大蒸发量时能完全燃烧所需要的空气量即可。而引风机除了将送入炉内的空气和燃料全部抽走外，还要将漏入炉膛、尾部烟道的空气和因空气预热器腐蚀穿孔或不严密处漏入烟气侧的空气抽出。送风机送入空气预热器的是平均温度为 20℃ 的冷空气，而引风机送出的是温度较高的热烟气，空气体积会增大。因此，引风机的风量要比送风机大。一般引风机的风量要比送风机大 50%～60%。

### 306. 送风机启动前检查项目有哪些？

答：送风机启动前检查项目如下：

（1）检查送风机油站油箱油位在 1/2～2/3，油质合格，油温高于 30℃。

（2）检查送风机油站冷却水正常，投入油冷却器运行。

（3）检查送风机油站润滑油泵运行正常，确认油泵联锁正常，另外一台投入备用。

（4）检查送风机油站控制油压正常，润滑油压正常，润滑油回油量正常，液压油流量正常。

（5）就地确认送风机出口挡板及动叶片与 DCS 反馈一致。

（6）检查空气预热器二次风出口挡板、入口挡板在开启位置。

### 307. 送风机运行中检查项目有哪些？

答：送风机运行中检查项目如下：

（1）检查送风机出力基本一致，电流平衡。

（2）检查送风机油站压力、温度、油位正常，油质良好。

（3）检查送风机电动机轴承、风机轴承温度正常。

（4）检查送风机动叶位置就地指示与 DCS 画面一致。

（5）检查风机出入口软连接无破损。

**308. 监视锅炉烟气的含氧量有何意义？**

**答：** 锅炉燃烧质量的好坏直接影响电厂的煤耗，锅炉处于最佳燃烧状态时，具有一定的过量空气系数 $\alpha$，而 $\alpha$ 和烟气中的 $O_2$ 的含量有一定的关系，因此，可以用监视烟气中的 $O_2$ 的含量来了解 $\alpha$，以判别燃烧是否处于最佳状态，甚至于把 $O_2$ 含量信号引入燃烧自动控制系统，作为校正信号来控制送风量，以保证锅炉的经济燃烧。

氧量过大或过小还直接威胁锅炉的安全运行。

**309. 如何调整锅炉氧量？**

**答：** 调整锅炉送风机出力，就可以调整锅炉氧量，锅炉氧量调整范围应根据相关规程规定进行。

**310. 锅炉送风调节系统投入自动的条件有哪些？**

**答：** 锅炉送风调节系统投入自动的条件如下：

（1）锅炉运行正常，燃烧稳定，负荷一般大于本厂规定值。

（2）送风机挡板在最大开度下的送风量应能满足锅炉最大负荷的要求，并约有 5% 裕量。

（3）风量信号准确可靠，氧量指示正确，记录清晰。

（4）炉膛压力自动调节系统投入运行。

（5）调节系统应有可靠的监视保护装置。

**311. 单台送风机跳闸如何处理？**

**答：** 单台送风机跳闸的处理方法如下：

（1）检查同侧引风机联跳。

（2）检查 RB 动作情况，如 RB 正确动作，则由 RB 功能自动完成，运行应密切监视，必要时切为手动干预。

（3）开启送风机出口联络挡板、一次风机出口联络挡板。

（4）关闭同侧空气预热器烟气侧、一次风侧及二次风侧进、出口挡板。

（5）磨煤机火焰检测信号不稳应投油助燃。

（6）调整汽包水位、主蒸汽温度、再热蒸汽温度、炉膛负压至正常值。

（7）检查运行对应侧风机不过负荷，否则应继续降低负荷。

（8）如 RB 动作不正常，则解除燃料主控，手动停运部分上层制粉系统，机组降负荷至 50%以下，其他同 RB 动作正常处理。

### 312. 送风机喘振有何现象？

**答：**送风机喘振现象如下：

（1）送风机喘振报警信号发。

（2）风机出口流量、二次风量、二次风压、炉膛压力大幅摆动。

（3）送风机电流大幅摆动。

（4）喘振严重时，送风机机壳和风道发生振动，并发出明显的异声。

### 313. 送风机喘振有何原因？

**答：**送风机喘振原因如下：

（1）空气预热器、暖风器严重积灰，造成风机出口流量与动叶开度不相适应，使风机进入喘振区。

（2）二次风系统门误关、动叶调节失灵等原因使风机进入喘振区。

（3）调节动叶时幅度过大或并风机时操作不当，使风机进入喘振区。

（4）送风机出口联络门开，两台送风机负荷不平衡。

（5）送风机室外进风口堵。

### 314. 送风机喘振如何处理？

**答：**送风机喘振处理方法如下：

（1）立即将送风机动叶控制由自动切为手动，关闭送风机出口联络门，关小动叶开度，调节两台风机出力，使两台风机负荷平衡，维持二次风压正常，同时调整引风机静叶，使炉膛压力在正常范围内，并调整锅炉负荷稳定。

（2）若由于二次风系统门误关，应立即打开，同时调节动叶开度。

（3）若由于空气预热器、暖风器严重积灰引起风机失速，应立即进行空气预热器的吹灰。

（4）若经处理后失速现象消失，则维持工况运行。若经处理后无效或严重威胁设备安全时，应立即停运该风机。

（5）送风机室外进风口堵应联系检修人员清理。

**315. 防止送风机喘振的预防措施有哪些？**

**答：**防止送风机喘振的预防措施如下：

（1）防止杂物堵塞送风机入口，冬季要防止送风机入口结霜、结冻。

（2）冬季防止暖风器泄漏、结冻，使得暖风器管道阻力变大。

（3）并列运行的两侧送风机要同时调整，保持两侧送风机出力平衡，使两侧送风机电流、出口风压、风量尽量接近，避免风量突变或大幅波动。

（4）在屋外的烟风道挡板执行机构应设防护罩，防雨水、防误动。

（5）按时对空气预热器、锅炉各受热面进行吹灰，保证吹灰数量及质量，防止空气预热器、受热面、暖风器、烟道堵灰；空气预热器出、入口差压超限时增加空气预热器吹灰次数。

（6）运行人员要认真监盘，注意监视送风机电流，若发现电流异常波动或有喘振报警时，要立即关小动叶开度，必要时降低机组负荷。

**316. 送风机动叶两侧开度偏差大的原因有哪些？**

**答：**送风机动叶两侧开度偏差大的原因如下：

（1）风机出力不一致，发生抢风、失速或喘振现象。

（2）自动调节不好。

（3）偏置设定错误。

（4）动叶调节机构故障。

（5）动叶开度零位整定有误。

### 317. 送风机动叶两侧开度偏差大如何处理？

**答：** 送风机动叶两侧开度偏差大的处理方法如下：

（1）加强各项参数的监视，尤其是在工况变化时，送风机、引风机电流，动静叶开度，出、入口风压，送风量等参数。

（2）若两台风机电流一致，动叶开度偏差较大，待低谷时重新核对动叶零位。

（3）就地检查风机动叶，若动叶调节机构脱开，立即降低负荷至额定负荷 50% 左右，停止故障侧风机运行，并通知检修处理。

（4）若两台风机电流也存在较大偏差，检查两台空气预热器进、出口压差，空气预热器堵时，应加强吹灰。并逐渐开大或关小两台风机动叶开度，直至电流相同，同时在调整中应维持各参数稳定。

（5）若风机自动调节性能不好，稳定当前负荷，解除两台风机动叶自动，并立即通知热工人员处理。

（6）检查两台风机偏置设定情况，发现偏置设定较大且电流偏差较大时，应缓慢改变偏置设定值，尽量将电流偏差调至最小。

（7）负荷降低时，造成单侧送风机动叶开度过小，两台风机发生抢风甚至喘振时，应立即降低负荷至额定负荷的 50% 左右，开大正常运行风机动叶，监视电流不超限，待故障风机正常后，并入运行。

（8）如果单侧风机跳闸，按 RB 处理。

### 318. 锅炉运行中单台送风机跳闸应该如何处理？

**答：** 锅炉运行中单台送风机跳闸的处理方法如下：

（1）RB 如正确动作，则由 RB 功能自动完成，运行应密切监视，必要时切为手动干预。否则按下列要求执行。检查同侧引风机、一次风机联跳正常。（有的不联跳一次风机）

（2）调整另一侧运行风机风量，控制炉膛负压。

（3）立即投油助燃，切掉上层制粉系统，此时若锅炉已灭火或锅炉有灭火可能而运行人员判断不清时，应立即手动 MFT。

（4）若未灭火按以下原则执行。

1）机组降负荷至 50％以下，注意控制蒸汽温度、蒸汽压力。

2）增加运行侧一次风机负荷，维持一次风压。

3）隔离故障侧空气预热器，关闭空气预热器一、二次风进出口风门和联络门。

4）关闭掉闸侧引风机、送风机出入口风门。

5）查明风机掉闸原因，检查无问题后，恢复掉闸侧风机运行；启动风机时应注意控制炉膛负压。

**319. 举例说明送风机轴承损坏事故及处理要点。**

**答**：事故案例：2009 年 11 月 2 日，某电厂 300MW 机组，运行监盘发现 B 侧送风机电动机前轴承温度持续上升，电流波动，而送风机动叶开度没有变化，单元长下令降低负荷减少 B 送风机出力，7min 后巡检告知就地 B 送风机轴承冒烟，立即停运 B 送风机，B 引风机联跳，机组 RB 动作。后经电动机轴承解体检查，发现轴承保持架碎裂，挡油环熔化，电动机轴颈磨损，电动机前轴承烧毁。

处理要点：

（1）运行中如发现风机轴承温度不正常升高时，必须严密监视温度的变化，如为油脂润滑的轴承，通知点检加油；如为最近几天加油的风机轴温高，可能是加油过量，适当进行排油。

（2）不论任何情况导致风机轴承温度高，第一时间必须适当降低风机出力；轴温上升较快，达到报警值时，及时停运风机，处理过程中如有时间，可将联跳引风机保护退出。

（3）风机正常运行时，维护人员对风机进行补加油脂工作时，运行人员要认真监视好轴承温度的变化，同时要做好轴承温度快速上涨的事故预想。

（4）风机跳闸 RB 动作后，检查停运侧风机挡板联动正常，不正常则及时联系维护人员摇关，以防止反风，同时要注意运行侧风机正常，电流不超限。

# 第四节 一 次 风 机

**320. 一次风机的作用是什么?**

答：一次风机的作用是提供携带和干燥煤粉所需的一次风,同时向密封风机提供风源。

**321. 离心式一次风机的工作原理是什么?**

答：离心式一次风机是利用离心力实现气体输送的。风机在电动机的驱动下高速旋转,使充满叶片间的气体在离心力的作用下,沿着叶轮叶片向外侧甩出,在蜗壳内将动能转换成压力能后从出风口排出。这时,在叶轮中心进口处形成真空,吸引外界气体流入填补其空间,形成一个连续的气体流动过程。

**322. 双吸离心式一次风机结构如何?**

答：双吸离心式一次风机主要由机壳、进气箱、调节门、转子、叶轮、轴承箱等组成。

**323. 动叶调节轴流一次风机结构如何? 与送风机有何差别?**

答：动叶可调轴流一次风机一般包括进口风箱、机壳、转子、扩压器、联轴器及其保护罩、调节装置及执行机构等。

与送风机的差别为动叶调节轴流一次风机叶片为双级叶轮。

**324. 锅炉运行中对一次风速和风量的要求是什么?**

答：锅炉运行中对一次风机和风量的要求如下：

(1) 一次风量和风速不宜过大。一次风量和风速增大,将使煤粉气流加热到着火温度所需时间增长,热量增多;着火点远离喷燃器,可能使火焰中断,引起灭火,或火焰伸长,引起结焦。

(2) 一次风量和风速也不宜过低。一次风量和风速过低,煤粉混合不均匀,燃烧不稳,增加不完全燃烧损失,严重时造成一次风管堵塞。着火点过于靠近喷燃器,有可能烧坏喷燃器或造成喷燃器附近结焦。一次风量和风速过低,煤粉气流的刚性减弱,煤粉燃烧的动力场遭到破坏。

**325. 一次风机变频方式运行有哪些优点？**

答：一次风机变频方式运行的优点如下：

（1）减少了风机启动时的电流冲击。

（2）降低了风机电率。因为风机的耗用功率与转速的三次方成比例，流量较小时，风机速较低，电流较小。而采用挡板调节流量时，耗用功率变化不大。

**326. 一次风机变频方式运行有哪些缺点？**

答：一次风机变频方式运行的优点如下：

（1）对变频器可靠性要求较高，变频器故障跳闸，风机跳闸，可能导致锅炉灭火。

（2）变频运行可能导致风机转速进入共振区，风机振动增大，严重时可能损坏风机。

**327. 一次风机如何工频倒换至变频运行（对侧在工频方式)？**

答：一次风机工频倒换至变频运行方法如下：

（1）机组负荷已降至 50％左右，保留 3 台磨煤机运行，其他磨煤机停止通风。

（2）逐渐关小一次风机入口调节挡板，同时开大对侧风机入口调节挡板，保持一次风压力稳定，将风机负荷转移至对侧，停止一次风机。

（3）将一次风机变频器倒换为变频方式。

（4）启动一次风机，调整风机转速至工频转速。

（5）开启一次风机出口挡板。

（6）逐渐开大一次风机入口调节挡板，同时关小对侧一次风机入口调节挡板，直至两台一次风机电流平衡。

**328. 一次风机如何工频倒换至变频运行（对侧在变频方式)？**

答：一次风机工频倒换至变频运行（对侧在变频方式）的方法如下：

（1）机组负荷已降至 50％左右，保留 3 台磨煤机运行，其他磨煤机停止通风。

（2）逐渐关小一次风机入口调节挡板，同时开大对侧风机入口调节挡板，保持一次风压力稳定，将风机负荷转移至对侧，停止一次风机。

（3）将一次风机变频器倒换为变频方式。

（4）启动一次风机，调整风机转速与对侧一次风机相近。

（5）开启一次风机出口挡板。

（6）逐渐开大一次风机入口调节挡板直至全开，同时降低两台一次风机转速，直至两台一次风机电流平衡。

### 329. 一次风机如何变频倒换至工频运行（对侧在工频方式）？

**答：**一次风机变频倒换至工频运行（对侧在工频方式）的方法如下：

（1）机组负荷已降至 50％左右，保留 3 台磨煤机运行，其他磨煤机停止通风。

（2）逐渐关小一次风机入口调节挡板，同时开大对侧风机入口调节挡板，保持一次风压力稳定，将风机负荷转移至对侧，停止一次风机。

（3）将一次风机变频器倒换为工频方式。

（4）启动一次风机，检查出口挡板联开。

（5）逐渐开大一次风机入口调节挡板直至全关，同时关小对侧一次风机入口调节挡板，直至两台一次风机电流平衡。

### 330. 一次风机如何变频倒换至工频运行（对侧在变频方式）？

**答：**一次风机变频倒换至工频运行（对侧在变频方式）的方法如下：

（1）机组负荷已降至 50％左右，保留 3 台磨煤机运行，其他磨煤机停止通风。

（2）逐渐关小一次风机入口调节挡板，同时提高两台一次风机转速，保持一次风压力稳定，将风机负荷转移至对侧，停止一次风机。

（3）将对侧一次风机转速逐渐增加至工频转速，同时关小入口调节挡板，保持一次风压稳定，风机不过流。

（4）将一次风机变频器倒换为工频方式。

（5）启动一次风机，检查出口挡板联开。

（6）逐渐开大一次风机入口调节挡板直至全关，同时关小对侧一次风机入口调节挡板，直至两台一次风机电流平衡。

### 331. 为什么一次风压的波动会引起炉膛负压的剧烈摆动？

**答：**由于一次风的作用是向炉膛内输送煤粉，当一次风压波动时，会引起进入炉膛的燃料量波动，燃烧大幅波动，而此时的引风机调节无法快速跟踪调节，最终导致炉膛负压的剧烈摆动。

### 332. 为什么一次风压突然上升引起锅炉氧量大幅度下降？

**答：**由于一次风的作用是向炉膛内输送煤粉，当一次风压突然上升时，会引起进入炉膛的燃料量突然增加而燃烧，在锅炉过量空气系数一定的情况下，导致氧量大幅度下降。

### 333. 一次风机出力低的原因有哪些？

**答：**一次风机出力低的原因如下：

（1）进气温度高，使密度减小。

（2）进气压力变化。

（3）出口或入口管道风门、滤网堵塞。

（4）叶片磨损。

（5）集流器与叶轮、后盘与机壳间隙增大。

（6）转速变化。

（7）动叶调节装置失灵。

（8）风机失速或喘振。

（9）并联运行风机发生"抢风"现象。

（10）联轴器损坏。

### 334. 单台一次风机跳闸如何处理？

**答：**单台一次风机跳闸的处理方法如下：

（1）如 RB 正确动作，则由 RB 功能自动完成，运行应密切监视，必要时切为手动干预。

（2）开启一次风联络挡板。

（3）磨煤机火焰检测信号不稳应投油助燃。

（4）调整汽包水位、主蒸汽温度、再热蒸汽温度至正常值。

（5）停止未运行磨煤机通风，检查运行一次风机不过负荷，否则应继续降低负荷。

（6）如 RB 动作不正常，则解除燃料主控，手动停运部分上层制粉系统，机组降负荷至 50% 以下，其他同 RB 动作正常处理。

**335. 单台一次风机跳闸的处理关键点是什么？**

**答：** 单台一次风机跳闸的处理关键点如下：

（1）根据单台一次风机情况切除磨煤机。

（2）隔绝停运磨煤机通风。

（3）加强运行磨煤机监视，防止堵磨。

（4）监视并调整运行一次风机电流不超限。

**336. 一次风机振动大的现象如何？**

**答：** 一次风机振动大的现象如下：

（1）就地检查、测量时振动均大，振动频率高时出现报警。

（2）电流指示不正常地摆动，轴承温度可能升高。

（3）风机声音异常。

**337. 一次风机振动大的原因如何？**

**答：** 一次风机振动大的原因如下：

（1）联轴器对中不合要求或联轴器损坏。

（2）动平衡未找好或叶片严重磨损。

（3）轴承安装间隙过大或轴承损坏。

（4）地脚螺栓松动或机械连接部分松动。

（5）变频方式运行时，转速进入共振区。

**338. 一次风机振动大如何处理？**

**答：** 一次风机振动大的处理方法如下：

（1）适当降低风机的负荷，观察振动变化情况，若振动明显降低，可能是由于共振引起，保持该工况运行，进行进一步检查。

（2）若经调整无效，应申请停运该风机。

（3）当振动达到极限跳闸值时，应立即停运该风机。

（4）进入转速共振区时，应调整风机出力，离开共振区。

### 339. 防止轴流一次风机喘振措施有哪些?

**答:** 防止轴流一次风机喘振措施如下:

（1）由于一次风机系统阻力较大，磨煤机冷一次风母管设计裕量小，使机组在各负荷点运行时，一次风机基本上在喘振边界运行，所以为防止一次风机发生喘振，建议风机应在喘振工况点以下运行。

（2）当各磨煤机运行时，在磨煤机出口风温允许的情况下，应通过增加磨煤机入口风量正偏置的方法来提高各运行磨煤机入口风量自动设定值，使磨煤机在较大风量下运行，从而使一次风机可以在低压头大风量下运行，这样可以使风机在距喘振边界较远的区域运行。

（3）在机组运行中，个别磨煤机会由于磨煤机入口风量较大，使磨煤机出口温度不好控制，这时应增加该磨煤机煤量，减少其他磨煤机煤量，使其出口温度得以控制，而不应通过提高一次风机出口压力的办法降低磨煤机出口温度。

（4）在实际运行中应加强空气预热器的吹灰，防止由于空气预热器阻力增大，使整个一次风系统阻力增大。

（5）在机组运行中，应加强各运行磨煤机冷、热风门监视，发现大部分运行磨煤机的冷、热风门开度均小于 65%，应立即减小一次风压设定值，使各运行磨煤机的冷、热风门开度增大以减小一次风系统阻力，防止发生喘振，在磨煤机任一冷、热风门开度均在全开的情况下，绝不允许一次风设定值加正偏置，并可适当降低一次风压设定值，使一次风机运行增加稳定性。

（6）在对运行一次风机进行调整时，要严格遵守一次风机特性曲线，保证一次风机运行在工作区，防止发生喘振，禁止一次风机在非工作区运行。

（7）在磨煤机跳闸时，由于一次风系统的余量较小，容易造成一次风机喘振，当发生磨煤机跳闸，磨煤机入口门快速关闭时，应视情况及时解除一次风机自动，手动减小一次风机导叶开度，降低一次风风压，保证一次风机在工作区工作，同时注意监视运行磨煤机的风量及磨煤机出口风温,防止堵磨。

**340. 轴流一次风机喘振原因及处理方法如何?**

**答:**轴流一次风机喘振原因:风机进入不稳定工作区、风道阻力增大或改变了风机的运行工况点。

处理方法:

(1) 立即解除自动调节,手动降低或增加其负荷,改变其运行工作区。

(2) 风机发生喘振,应立即手动将喘振风机的动叶快速关回,直到喘振消失为止;同时严密监视另一台风机的电流,必要时可根据运行风机的电流适当关小其动叶,以防止超电流。

(3) 风机发生喘振,在调整风机动叶的同时,要注意炉膛负压,当炉膛负压持续变正时,应适当降低机组负荷,待有关参数稳定后,再将两台风机出力调平。

(4) 如果发生风机抢风,应将两台风机处理控制解至手动,采用降低母管压力或者增加供风量的方法使风机运行工作点回至稳定工作区,然后逐渐开大电流较小的一台风机动叶,同时关小另一台风机的动叶,直至两台风机出力调平。

**341. 举例说明一次风机喘振引起锅炉灭火事故及处理要点。**

**答:**事故案例:2006 年 8 月 23 日 16:00,某电厂 600MW 机组负荷从 574MW 上升至 600MW 过程中,由于煤质较差,6 台磨煤机运行,总煤量达 360t/h,当时一次风压偏高,A 一次风机动叶开度为 83%,电流为 218.2A,B 一次风机动叶开度为 77%,电流为 206.8A;因 B 空气预热器部分堵灰,炉膛负压及 B 侧一、二次风压、风量均呈周期性的波动。16:7,B 一次风机出口风压由 13.49kPa 摆动到 14kPa,B 一次风机发生喘振,一次风量突降至 386t/h,一次风压突降至 6.3kPa,停磨煤机进行降负荷处理,负荷降至 367MW,调整 A、B 一次风机出力至一次风母管压力升至 7.7kPa、一次风量升至 420t/h。汽包水位快速上升至灭火值,锅炉 MFT 动作。

处理要点:

（1）调整两台一次风机出口风压不超过 13.0kPa，一次风母管风压不超过 10.6kPa，防止一次风机由于风压摆动进入不稳定工作区，避免一次风机发生喘振，如超过以上数值，应限制机组负荷及煤量增加。

（2）对于堵灰严重的空气预热器，炉膛负压及一、二次风压、风量均呈周期性的波动情况下，应该适当进行风机出力的偏置，保证其在稳定工作区运行。

（3）当发生一次风机喘振时，立即手动停止喘振风机，使机组 RB 动作，防止锅炉灭火。

（4）在进行一次风机并列操作时，要尽量保证一次风压稳定，防止一次风压突升后锅炉燃烧加强造成汽包水位扰动大，调整不及时灭火。

**342. 举例说明一次风机变频器故障跳闸事故及处理要点。**

**答：** 事故案例：2012 年 12 月 11 日 2:6，某电厂 600MW 机组，机组负荷为 450MW，A、B、C、D 磨煤机运行，B 一次风机跳闸，RB 动作正常，D 磨煤机跳闸。就地检查变频器报警为"LV6B、LV6C 在线故障"。

处理要点：

（1）一次风机跳闸后，检查其出口门联关，否则手动关闭，检查 RB 动作情况，如 RB 未动作或动作异常，应解除燃料主控，停磨煤机降负荷，保留 3 台磨煤机运行，控制机组负荷在 300MW 左右。如磨煤机火焰检测信号不稳，应投入油枪稳燃。

（2）将运行一次风机转速控制切手动，控制风机电流不超限，防止风机过负荷。停止备用磨煤机通风，关闭备用给煤机密封风，如一次风压力偏低，应继续减少煤量，降低负荷，保持一次风压在 8.0kPa 以上。

（3）加强运行磨煤机的监视，防止磨煤机堵磨。磨煤机热风调节门全开，风量仍不能满足需要时，应适当减少磨煤机煤量，防止堵磨。

（4）如单台一次风机运行时，一次风压不能维持 3 台磨煤机运行，应投入油枪稳燃，然后停运一台磨煤机。

（5）如短时间内无法处理好一次风机变频器故障，应将其倒工频运行。此时，通过手动调整一次风机静叶来调整一次风压，如变频器故障处理时间较长，应将另一台一次风机倒为工频运行。

## 第五节　锅炉暖风器系统

**343. 暖风器的作用是什么？**

**答：**暖风器的作用是提高进入空气预热器的冷风风温，防止空气预热器发生低温腐蚀，降低排烟热损失。

**344. 暖风器的换热形式及工作原理如何？**

**答：**暖风器采用表面式换热方式，即热汽走管内，冷空气走管外，完成换热过程。利用对流换热原理，提高冷风温度。

**345. 锅炉暖风器系统由哪些设备组成？**

**答：**锅炉暖风器系统由暖风器、疏水器、暖风器疏水箱、暖风器疏水泵、管道、阀门等设备组成。

**346. 可翻转式暖风器结构如何？**

**答：**可翻转式暖风器由直螺旋管和相应的蒸汽进、出口联箱为一体的加热器、前后封板、旋转执行机构等组成。

**347. 可翻转式暖风器有何优点？**

**答：**在暖风器不投运期间，可将暖风器翻转 $90°$，使得烟气方向前、后压差降至最低，减少了系统阻力。

**348. 暖风器投停原则有哪些？**

**答：**暖风器投停原则如下：

（1）空气预热器冷端综合温度小于 138℃，投入暖风器。

（2）锅炉正常运行中，视环境温度和空气预热器冷端综合温度情况，及时投入或切除暖风器。

**349. 暖风器如何投入？**

**答：**暖风器投入方法如下：

（1）开启暖风器疏水罐底部放水手动门。

（2）开启暖风器蒸汽母管疏水门，微开高压辅助联箱至暖风器电动门，待蒸汽母管疏水疏尽时，关疏水门，逐渐全开高压辅助联箱至暖风器电动门。

（3）开启暖风器蒸汽母管疏水总门，疏水器前、后手动门及疏水器旁路手动门。

（4）开启暖风器疏水器前、后手动门及疏水器旁路手动门。

（5）开启暖风器疏水至疏水箱手动门。

（6）开启暖风器进汽手动门。

（7）开启暖风器疏水箱至暖风器疏水泵入口手动门、疏水泵出口手动门。

（8）开启暖风器疏水至定期排污扩容器手动门。

（9）开启暖风器供汽调节门前后手动门，微开电动调整节门，待疏水疏尽时，关疏水器旁路手动门。

（10）投入暖风器供汽调节门自动，设定风温。

（11）暖风器充分预热疏水正常后，逐渐关闭暖风器疏水旁路手动门。

（12）关闭暖风器疏水罐放水手动门，疏水罐水位正常后，启疏水泵，开疏水泵出口门，疏水泵应投入水位高低自启动系统。

（13）暖风器疏水经化验合格时，将疏水泵出口倒至除氧器，关定期排污扩容器手动门。

### 350. 暖风器运行中应监视哪些项目？

**答：**暖风器运行中应监视如下项目：

（1）暖风器出口风温合格。

（2）暖风器蒸汽压力和温度正常。

（3）疏水箱水位正常。

（4）暖风器系统正常，无振动、跑、冒、滴、漏现象。

（5）疏水水质合格时回收，否则外排。

### 351. 如何进行暖风器运行调整？

**答：**暖风器投入后，根据空气预热器冷端综合温度及时调节暖风器供汽量。暖风器投运后联系化验班取样化验，水质合格回收至除氧器。环境温度较低时，必须加强锅炉暖风器后一、二次风温的监视，并及时调整各供汽调整门，必须保证暖风器后一、二次风温大于10℃，防止锅炉暖风器冻坏。如锅炉暖风器设备有缺陷，可根据环境温度情况停运暖风器，但必须将各暖风器内的疏水放尽，并通知设备部点检人员采取临时措施将暖风器出口处的连接法兰解开彻底将暖风器内的存水放完。暖风器检修后恢复过程中，为防止暖风器内的疏水不畅而引起暖风器振动，必须将暖风器的外排疏水打开，待疏水排尽后关闭，同时由于系统初投过程中疏水量大，应将各供汽分支母管上的疏水器的旁路门打开疏水，待疏水彻底放尽后关闭。

旋转暖风器因环境温度升高隔离后，必须将暖风器进行翻转，减少风道的阻力。

### 352. 暖风器泄漏原因有哪些？

答：暖风器泄漏原因如下：

（1）暖风器换热管外侧装有翅片，以加强换热。由于热胀冷缩的作用，翅片与管子易发生脱落，在局部疲劳应力作用下，产生裂纹。

（2）暖风器换热管结构设计不合理，膨胀量设计不足，造成管材局部热应力加大，导致管束泄漏。

（3）风道将产生较大振动传递到暖风器本体上，易使管束在交变应力作用下发生泄漏。

（4）暖风器疏水不畅，管系内发生水冲击，使得管道振动，造成管道泄漏。

### 353. 暖风器疏水管道振动的原因有哪些？如何处理？

答：暖风器疏水管道振动的原因是供汽压力不足，造成疏水流入疏水箱的动力不足，有些疏水返回到供汽母管中，形成汽水两相流，造成振动。

暖风器疏水管道振动的处理方法如下：

（1）开大暖风器的供汽门。

（2）关小供汽母管上的疏水门，以提高供汽压力。

（3）降低暖风器疏水箱液位，使管道疏水通畅。

**354. 举例说明暖风器内部冻结事故及防范措施。**

**答**：事故案例：2013 年 1 月 1 日，某电厂 600MW 机组（共 2 台暖风器疏水泵），B 暖风器疏水泵检修，A 暖风器疏水泵运行。14:26，A 暖风器疏水泵跳闸，就地检查泵盘不动，因暖风器疏水箱外排门流量小，水箱水位持续上涨，关闭暖风器供汽电动门、调节门前手动门，开启暖风器底部放水门。21:5，A 暖风器疏水泵检修完毕，投运暖风器，暖风器后温度均无变化，供汽流量为零，判断暖风器已冻。后经两次停运单侧风机运行，对暖风器进行烘烤处理。

防范措施：

（1）对于只有两台暖风器疏水泵的机组，一台泵退出备用后必须加快时间处理，防止运行泵跳闸，暖风器排水量小，暖风器冻坏。

（2）暖风器运行中，根据环境温度情况及时调整各供汽调整门，以保证锅炉暖风器后一、二次风温正常。

（3）当锅炉暖风器后一、二次风温不均匀时，可通过调整一、二次风暖风器进汽手动门进行调整，保证锅炉暖风器后一、二次风温均匀。

（4）机组正常运行且暖风器投入时，必须加强锅炉暖风器后一、二次风温的监视，并及时调整各供汽调整门，必须保证暖风器后一、二次风温大于 10℃，防止锅炉暖风器冻坏。

（5）锅炉暖风器投运后，机组运行人员必须加强一次风、二次风暖风器及空气预热器前后压差监视，防止空气预热器及风道因积灰而堵塞。

（6）如果锅炉暖风器设备有缺陷，可根据环境温度情况停运暖风器，但必须将各暖风器内的疏水放尽，并通知设备部点检人员采取临时措施将暖风器出口处的连接法兰解开，彻底将暖风器内的存水放完。隔离暖风器时必须将供汽门关闭严密，防止漏入蒸汽冻坏受热面。

（7）在锅炉暖风器检修后恢复过程中，为防止因暖风器内疏水不畅而引起暖风器振动，必须将暖风器的外排疏水打开，待疏水排尽后关闭，同时由于系统初投运过程中疏水量大，应将各供汽分支母管上的疏水器旁路门打开，待疏水彻底放尽后关闭。

第四章

# 制 粉 系 统

## 第一节 磨 煤 机

**355. 简述制粉系统的任务。**

答：制粉系统的任务如下：

(1) 磨制出一定数量的合格煤粉。

(2) 对煤粉进行干燥。

(3) 将磨制出来的煤粉带走。

**356. 制粉系统由哪些设备组成？**

答：制粉系统由原煤斗、给煤机、磨煤机、一次风机、密封风机及相关风门、挡板及管道等组成。

**357. 制粉系统各主要设备的作用是什么？**

答：制粉系统各主要设备的作用如下：

(1) 原煤斗。存储一部分原煤。

(2) 给煤机。将原煤按要求的数量均匀地送入磨煤机。

(3) 磨煤机。靠撞击、挤压或碾压的作用将原煤磨成煤粉，并在磨煤机内完成干燥、分离、输送煤粉的任务。

(4) 密封风机：提供磨煤机的密封风。

**358. 磨煤机的工作原理如何？**

答：原煤从给煤机出口经落煤管至磨盘中心，磨盘由电动机经齿轮箱驱动旋转，在离心力作用下，煤向四周扩散，经磨辊和磨盘碾磨成粉状并继续向磨煤机外缘扩散，磨盘外缘分布很多风口，石子煤靠自身重力落至渣斗内，一次风从下向上流动，将煤粉吹至分离器，在分离器中，较粗的煤粉返回到磨盘重新碾磨，其余由一次风带至炉膛燃烧。

**359. 磨煤机上有哪几路密封风?**

**答:** 磨煤机上有如下三路密封风:磨辊密封风、磨盘密封风、加载拉杆密封风。

**360. 磨煤机分离器折向挡板有何作用?**

**答:** 磨煤机分离器折向挡板的作用是调节煤粉细度。开度越小煤粉越细。

**361. 磨煤机中减速机有何作用?**

**答:** 磨煤机中减速机的作用主要是传递扭矩,将电动机输出的高转速转变为低转速,以满足设备的运行需要。

**362. 磨煤机润滑油系统有何作用?**

**答:** 润滑油是用在各种机械设备上减少摩擦,保护机械及加工件的液体润滑剂,主要起到润滑、冷却、防锈、缓冲等作用。

**363. 什么是直吹式制粉系统?**

**答:** 磨煤机磨出的煤粉,不经中间停留,而被直接吹送到炉膛去燃烧的制粉系统称直吹式制粉系统。直吹式制粉系统大多配用中速磨煤机或高速磨煤机(风扇磨煤机或锤击磨煤机)。

**364. 直吹式制粉系统有几种类型?**

**答:** 根据排粉机安装位置不同,直吹式制粉系统分为正压系统与负压系统两类。

**365. 磨煤机一次风作用如何?**

**答:** 通过冷、热一次风的调节,控制磨煤机出口风粉温度,即控制干燥煤粉所需要的温度,同时起到输送煤粉进入炉膛的作用。

**366. 磨煤机密封风的作用有哪些?**

**答:** 磨煤机密封风的作用如下:

(1)密封磨煤机本体,使风粉不外漏。

(2)密封磨煤机下机架、磨辊油封,不使脏污气体及煤粉漏入磨辊润滑油中。

### 367. 磨盘密封风的作用有哪些?

**答:** 磨盘密封风的作用是防止一次风压力室中煤粉漏入减速箱和排入大气,防止煤从底部与主轴间隙中漏出。

### 368. 运行中维护密封风与一次风压差的意义是什么?

**答:** 运行中维护密封风与一次风压差的意义是保证密封效果,防止压差低时造成煤粉外泄污染环境及损坏设备。

### 369. 影响中速磨煤机工作的因素有哪些?

**答:** 影响中速磨煤机工作的因素有煤质、通风量、磨煤出力、碾磨压力、碾磨件磨损程度。

### 370. 原煤水分升高对磨煤机运行有何影响?

**答:** 原煤水分升高,会使煤的输送困难,磨煤机出力下降,出口气粉混合物温度降低。

### 371. 磨煤机运行时原煤水分升高有哪些注意事项?

**答:** 磨煤机运行时原煤水分升高有如下注意事项:

(1) 经常检查磨煤机出、入口管壁温度变化情况。

(2) 经常检查给煤机落煤口有无积煤、堵煤现象。

(3) 加强磨煤机出、入口压差及温度的监视,以判断是否有断煤或堵煤的情况。

(4) 制粉系统停止后,应打开磨煤机进口检查孔,如发现管壁有积煤,应予铲除。

### 372. 中速磨煤机运行中进水有什么现象?

**答:** 磨煤机出口温度下降,冷空气进入炉膛,造成燃烧不稳,可能发生灭火,蒸汽压力和温度下降,机组负荷下降。

### 373. 为什么在启动制粉系统时要减小锅炉送风,而停止时要增大送风?

**答:** 运行时要维持炉膛出口过量空气系数为定值。制粉系统投入时,有漏风存在,制粉系统漏风系数为正值,则空气预热器出口空气侧过量空气系数值应减小,即送入炉膛的空气量应减小。当制粉系统停运时,制粉系统漏风系数为零,则空气预热器出口空气侧过量空气系数值应增大，即送入炉膛的空气量应增大。

### 374. 什么是磨煤出力？

答：磨煤出力是指单位时间内，在保证一定煤粉细度条件下，磨煤机所能磨制的原煤量。

### 375. 什么是磨煤干燥出力？

答：干燥出力是指单位时间内，磨煤系统能将多少原煤由最初的水分（收到基水分）干燥到煤粉水分的原煤量。

### 376. 磨煤机旋转分离器结构如何？

答：磨煤机旋转分离器由壳体、回粉锥、静止叶片、动叶片、煤粉分配器、驱动部件等组成，如图 4-1 所示。

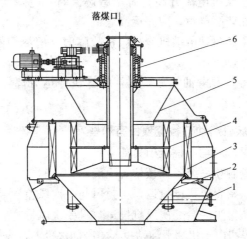

图 4-1　磨煤机旋转分离器

1—壳体；2—回粉锥；3—静止叶片；4—动叶片；

5—煤粉分配器；6—驱动部件

### 377. 磨煤机旋转分离器有何作用？

答：磨煤机旋转分离器的作用是把磨煤机磨出的煤粉按粗细进行分离。煤粉气流经折向门后在内锥体内旋转，在离心力的作用下粗粉被甩出沿内锥体外壁返回磨煤机内继续进行磨制。通过改变折向门的角度可以改变内锥体旋转气流的强度，达到调节煤粉细度的目的。

**378. 磨煤机安装旋转分离器有何优点？**

**答：**磨煤机安装旋转分离器的作用如下：

（1）煤粉均匀性好。

（2）煤粉细度可调节范围广，$R_{90}$（表示煤粉细度为 $90\,\mu m$）调节细度 $10\%\sim35\%$。

（3）能够有效降低合格煤粉循环碾磨。

（4）能够有效减少飞灰可燃物。

**379. 磨煤机旋转分离器运行注意事项有哪些？**

**答：**磨煤机旋转分离器运行注意事项如下：

（1）如磨煤机电流升高并有堵磨迹象时，应降低分离器转速及给煤量。如堵磨严重，应停运磨煤机。

（2）分离器驱动电动机冷却风机故障时，应尽快停运分离器，防止电动机过热。

（3）分离器润滑油站故障时，应尽快停运分离器，防止轴承损坏。

**380. 磨煤机启动前检查项目有哪些？**

**答：**磨煤机启动前检查项目如下：

（1）检查制粉系统各挡板位置正确。

（2）确认密封风机已投运，密封风与一次风差压合格。

（3）确认至少一台一次风机投运，且一次风母管风压正常。

（4）磨煤机电动机润滑油站投入，冷却水投入，冷却水量充足。

（5）磨煤机润滑油站投入正常，冷却水投入，消防系统完整。

（6）检查磨煤机惰化蒸汽压力正常，温度合格。

（7）确认磨煤机内部有一定量存煤，否则应启动给煤机布煤。

**381. 磨煤机运行中检查项目有哪些？**

**答：**磨煤机运行中检查项目如下：

（1）检查磨煤机振动、噪声符合要求，密封风装置严密，无漏风。

（2）检查磨煤机排渣正常，防止渣箱自燃、堵磨。

（3）磨煤机出口温度在正常范围内。

（4）检查磨煤油站压力、温度、油位正常。

（5）检查磨煤机电动机轴承温度正常。

（6）检查密封风与一次风差压正常。

（7）注意监视磨煤机的出入口差压正常，防止堵磨。

（8）检查磨煤机电动机电流正常。

### 382. 磨煤机停运前为什么要吹扫？

**答：**磨煤机停运前吹扫原因如下：

（1）防止磨煤机内积粉自燃。

（2）防止下次启动时，由于磨煤机煤粉积存过多，对锅炉燃烧产生较大扰动。

### 383. 停运磨煤机时如何判断磨煤机已吹空？

**答：**停运磨煤机时可根据下列现象判断磨煤机已吹空：

（1）磨煤机电流至空载电流。

（2）磨煤机噪声较大。

（3）磨煤机进口和动态分离器出口的温差迅速减小。

（4）磨煤机进、出口压差降低。

### 384. 磨煤机润滑油滤网差压高的原因是什么？如何处理？

**答：**磨煤机润滑油滤网差压高的原因是长时间运行供油滤网堵塞。

磨煤机润滑油滤网差压高的处理方法是切换至备用滤网，联系检修人员清理滤网。

### 385. 磨煤通风量与干燥通风量的作用是什么？两者如何协调？

**答：**送入磨煤机的风量，同时有两个作用，一个作用是以一定的流速将磨出的煤粉输送出去，另一个作用是用其具有的热量将原煤干燥。考虑这两个方面，所需的风量分别称为磨煤通风量与干燥通风量。

协调这两个风量的基本原则如下：

（1）满足磨煤通风量的需要，以保证煤粉细度及磨煤机出力。

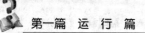

（2）保证干燥任务的完成是用调节干燥剂温度实现的。

**386. 磨煤机润滑油供油温度高的原因是什么？如何处理？**

**答：**磨煤机润滑温度高的原因如下：

（1）冷却水压力低流量小。

（2）供水或回水手动门关闭，供水或回水不畅。

（3）冷油器堵塞、结垢。

处理方法：调整冷却水流量，提高冷却水压力，检查供回水门是否关闭或开启不到位，检查冷却水供回水管路有无结垢、堵塞，检查冷油器是否有堵塞现象，清除冷油器管壁上的结垢。

**387. 磨煤机油泵出力不足的原因有哪些？如何处理？**

**答：**磨煤机油泵出力不足的原因如下：

（1）油位低。

（2）油泵梅花垫或联轴器损坏。

（3）止回阀卡涩。

（4）回油不畅。

（5）供油阀关闭。

（6）流量调节阀失灵。

处理方法：保证油位在油箱 1/2 以上，油泵吸入口处于油面以下，更换油泵或梅花垫，检查止回阀是否卡涩及回油管路是否堵塞，检查供油阀是否开启，检查流量调节阀能否有效地进行流量调节，检查联轴器有无损坏，对损坏的进行更换。

**388. 磨煤机停运后自燃现象有哪些？**

**答：**磨煤机停运后自燃现象如下：

（1）磨煤机出口温度升高。

（2）磨煤机外壁热辐射增大。

（3）打开磨煤机排渣门后有较浓的煤气味。

（4）严重时排渣箱烧红。

**389. 磨煤机停运后自燃的原因有哪些？**

**答：**磨煤机停运后自燃的原因如下：

（1）磨煤机长期停运时磨煤机内存煤未排空，积煤自燃。

（2）煤中含有易燃易爆物。

（3）外来火源引起。

### 390. 磨煤机停运后自燃如何处理？

**答：**磨煤机停运后自燃的处理方法如下：

（1）发现停运的磨煤机着火，迅速关闭磨煤机所有风门挡板，隔绝空气。

（2）立即通入惰化蒸汽灭火。

（3）待磨煤机出口温度降至正常后关闭惰化蒸汽。

（4）待磨煤机冷却后，检修人员对磨煤机进行检查处理。

### 391. 磨煤机停运后自燃的预防措施有哪些？

**答：**磨煤机停运后自燃预防措施如下：

（1）如果磨煤机停运检修 3 天以上，在停运磨煤机之前需将给煤机上闸板门关闭，使给煤机皮带上的存煤走空，防止给煤机皮带长期存煤自燃。

（2）在停运磨煤机前，将给煤机停止后，维持磨煤机运行 5min 后停磨煤机。

（3）磨煤机停运后保持磨煤机出口门开启状态，磨煤机冷风门全开，热风门全关，风量维持在 60t/h 左右，通风 30min，将磨煤机内和粉管内存粉彻底吹扫干净。

（4）确认磨煤机内和粉管内存粉吹扫干净后，再做磨煤机检修措施，关闭密封风门及磨煤机出口门，如果风门关闭不严，需联系检修人员手动绞紧。

（5）磨煤机停运后，将磨煤机内的石子煤排放干净。

（6）在磨煤机停运检修期间，不允许再次开关磨煤机密封风门和磨煤机出、入口风门，防止磨煤机通风自燃。

（7）在磨煤机停运检修期间，加强磨煤机出、入口风温监视，发现磨煤机出、入口风温异常升高，立即采取有效措施，防止磨煤机着火。

（8）检查消防器材是否完备。

（9）检查磨煤机消防蒸汽、疏水良好，参数合格，处于备用状态。

（10）加强停运磨煤机及系统检查。

### 392. 磨煤机运行中着火现象有哪些？

答：磨煤机运行中着火现象如下：

（1）炉膛负压波动。

（2）磨煤机出口温度迅速升高。

（3）磨煤机外壁热辐射增大。

（4）打开磨煤机排渣门后有较浓的煤气味。

（5）严重时排渣箱烧红。

### 393. 磨煤机运行中着火原因有哪些？

答：磨煤机运行中着火原因如下：

（1）磨煤机出口温度高。

（2）磨煤机积煤自燃。

（3）煤中含有易燃易爆物。

（4）外来火源引起。

### 394. 磨煤机运行中着火如何处理？

答：磨煤机运行中着火处理方法如下：

（1）保持磨煤机运行，并将该磨煤机的给煤机切至手动逐渐增大给煤量。

（2）开大冷风挡板，逐渐关闭热风调节挡板，注意保持风量不变。

（3）监视磨煤机出口温度降低，如不降低立即停止该磨煤机运行。

（4）确认磨煤机停止后，联锁关闭磨煤机出口门，关闭一次风截止挡板；关闭密封风挡板。

（5）磨煤机停止后立即投入磨煤机惰化蒸汽。

### 395. 为什么运行中要控制磨煤机出口温度？

答：温度过高时容易引起制粉系统的自燃和爆炸；温度过低

时煤粉干燥不好，不利于燃烧。

**396. 制粉系统爆炸的原因有哪些？**

**答：** 制粉系统爆炸的原因如下：

（1）制粉系统局部积粉自燃。

（2）煤粉过细且水分过低。

（3）磨煤机出口温度过高。

（4）煤中含有油质或有雷管。

（5）有外来火源。

（6）排渣箱未清理，废渣自燃。

**397. 防止制粉系统爆炸的措施有哪些？**

**答：** 防止制粉系统爆炸的措施如下：

（1）机组正常运行时煤斗煤位应保证在 80％以上。正常停炉前根据煤质及停运时间，确定是否排空煤斗。当原煤挥发分大于 35％时，锅炉停运 1 周以上时应将煤斗排空；当原煤挥发分小于 35％时，锅炉停运 3 周以上时应将煤斗排空，磨煤机大修前应将煤斗排空。

（2）紧急停炉后，应立即关闭磨煤机入口快关门和磨煤机出口门，在 5s 内停止向炉膛送粉。关闭一次风冷、热风门，打开磨煤机蒸汽消防电动门，投入消防蒸汽。运行人员对各磨煤机煤斗、给煤机、磨煤机内部的温度及出口温度变化严密监视和测量。

（3）制粉系统正常停运后，要对磨煤机及其出口管路进行吹扫，吹扫风量应大于 60t/h，时间不少于 30min。

（4）加强燃用煤种的煤质分析和配煤管理，燃用易自燃的煤种时，应提前通知运行人员，以便监视和巡查，发现异常时及时处理。

（5）加强磨煤机石子煤定期清理工作，防止石子煤着火。对清理出的石子煤要及时运至指定地点。

（6）制粉系统应制定定期轮换制度，定期将备用磨煤机投入运行 8h 以上，防止因长期停备而导致设备、管路或煤斗内积煤自燃。

（7）禁止在磨煤机运行时进行动火工作。在磨煤机停运时若进行动火工作，应做好可靠的消防措施。磨煤机内部检修时，检修人员办理检修工作票后，需待磨煤机内温度降至 60℃以下，才能打开磨煤机人孔门进入磨煤机。

（8）运行中的制粉系统磨煤机出口温度应保持在 70～80℃，监盘人员发现其不正常升高时，应分析原因并适当降低磨煤机入口一次风温度。如通过调整未见磨煤机出口温度降低，应手动紧急停止磨煤机和给煤机运行。紧急关闭磨煤机入口快关门和磨煤机出口门，在 5s 内停止向炉膛送粉。关闭一次风冷、热风门。开磨煤机蒸汽消防电动门，投入消防蒸汽。待磨煤机内部温度降至 60℃ 以下，按正常停磨煤机程序关闭消防蒸汽，检修人员办理检修工作票后进入磨煤机内部进行检查。

（9）制粉系统的联锁保护必须正常投入。磨煤机跳闸时，给煤机必须正常联跳，磨煤机入口隔绝门和出口快关门应联锁关闭。

### 398. 磨煤机断煤现象有哪些？

**答：**磨煤机断煤现象如下：

（1）给煤机电流减小、转速升高，或电流增大、转速减小。

（2）磨煤机运行电流下降。

（3）磨煤机热风调节挡板关小，冷风调节挡板开大。

（4）机组负荷可能下降。

（5）磨煤机出口温度升高。

（6）磨煤机振动增大。

### 399. 磨煤机断煤原因有哪些？

**答：**磨煤机断煤原因如下：

（1）给煤机堵煤。

（2）原煤仓棚煤。

（3）给煤机断煤。

### 400. 磨煤机断煤如何处理？

**答：**磨煤机断煤处理方法如下：

（1）就地检查给煤机运行情况，确认断煤，停止该制粉系统运行。

（2）控制调整运行中其他制粉系统出力，保持机组负荷，监视运行磨煤机不过电流，否则适当降低运行磨给煤量。

**401. 磨煤机振动大的原因有哪些?**

答：磨煤机振动大原因如下：

（1）磨煤机内无煤或煤量少。

（2）磨煤机堵煤。

（3）磨煤机内进"三块"。

（4）原煤水分过大，板结成块。

（5）磨煤机内有零部件脱落。

**402. 磨煤机振动大如何处理?**

答：磨煤机振动大处理方法如下：

（1）给煤量低时增加给煤量。

（2）当振动剧烈时立即停止该制粉系统。

**403. 磨煤机排渣量大的原因有哪些?**

答：磨煤机排渣量大原因如下：

（1）磨煤机启动。

（2）紧急停磨煤机。

（3）煤质较差。

（4）磨辊、衬瓦、喷嘴磨损严重或喷嘴环掉下。

（5）运行时磨煤机出力增加过快，一次风量偏少。

**404. 磨煤机排渣量大如何处理?**

答：磨煤机排渣量大处理方法如下：

（1）及时排渣。

（2）增加磨煤机通风量。

（3）若增加磨煤机通风量仍无效果，则应减少给煤量。

（4）若排渣量过大，及时停运该磨煤机并进行检修处理。

**405. 什么情况应立即停止制粉系统?**

答：下列情况下应立即停止制粉系统：

（1）制粉系统发生爆炸时。

（2）设备异常运行危及人身安全时。

（3）制粉系统附近着火危及设备安全时。

（4）轴承温度超过允许值时。

（5）润滑油压低于规定值，或断油时。

（6）磨煤机电流突然增大或减少并超过正常变化值时。

（7）设备发生严重振动，危及设备安全时。

（8）电气设备发生故障或厂用电失去时。

（9）紧急停止锅炉运行时。

**406. 原煤斗温度高怎样预防和处理？**

**答：**原煤斗温度高预防措施：

（1）保持磨煤机出口温度不超过规定值。

（2）磨煤机停运时关闭给煤机入口挡板，并将给煤机皮带原煤走空。

（3）经常检查原煤斗下部及给煤机入口门温度，发现温度升高或有自燃现象时，应及时采取相应措施予以消除。

（4）建造和检修粉仓时要保证角度合理，四壁光滑。

（5）磨煤机大修或停运时间 7 天以上，尤其是机组停运，要将原煤斗烧空。

原煤斗温度高处理方法：

一旦发现原煤斗温度升高有自燃现象，应启动给煤机并打开其入口门，将自燃煤放到磨煤机内，仍不能消除自燃时，应及时启动磨煤机，防止大面积自燃和烧毁给煤机部件。

**407. 磨煤机堵塞现象有哪些？**

**答：**磨煤机堵塞现象如下：

（1）磨煤机电流增大、出力降低。

（2）磨煤机出口温度降低、一次风量下降。

（3）磨煤机进出口压差增大。

（4）磨煤机石子煤量增多且伴有细煤粉，磨煤机振动增大。

（5）磨煤机风量降低或热风调门开度增大。

（6）主蒸汽压力先下降后上升，总煤量增加。

**408. 磨煤机堵塞原因有哪些？**

**答：**磨煤机堵塞原因如下：

（1）煤质变化大，原煤水分大。

（2）风、煤量调整不当，风/煤比失调，一次风量过小。

（3）磨煤机入口风温太低。

（4）石子煤斗入口堵塞。

（5）给煤机控制装置故障。

### 409. 磨煤机堵塞如何处理？

**答：**磨煤机堵塞处理方法如下：

（1）减小给煤量，增大一次风量，提高磨煤机出口温度。在处理时要做好防范措施，防止磨煤机内大量积存的煤粉突然吹入炉膛引起锅炉负荷和蒸汽压力的突升。

（2）增加石子煤的排放次数。

（3）经处理后逐步恢复磨煤机至正常运行工况。

（4）若堵塞严重并经处理无效后，应紧急停磨煤机处理。

（5）处理过程中必要时可投入油枪助燃。

### 410. 如何预防磨煤机堵磨？

**答：**预防磨煤机堵磨的方法如下：

（1）严格控制磨煤机风/煤比，保证一次风量，确保煤粉全部被输送至炉膛。

（2）根据不同的煤质及时调整磨煤机干燥出力，防止出口风温低、煤粉流动性减弱而堵煤。

（3）运行中加强磨煤机参数监视，尽早发现堵煤迹象，及时处理。

（4）定期排放石子煤。

### 411. 运行中煤火焰检测信号多个闪烁的原因有哪些？如何处理？

**答：**运行中煤火焰检测信号多个闪烁的原因：

（1）煤量太少或给煤机断煤。

（2）磨煤机堵煤。

（3）燃烧器内、外二次风没调好，着火不好。

（4）二次风门开度不合适。

（5）一次风速过高或过低（一次粉管堵塞）。

（6）煤质太差，无法着火。

**412. 运行中煤火焰检测信号多个闪烁如何处理?**

**答：**运行中煤火焰检测信号多个闪烁的处理方法如下：

（1）迅速投入对应喷燃器的油枪，调整锅炉燃烧，在负荷允许的条件下，适当加负荷，若燃烧稳定后，逐渐撤除油枪，查找原因。

（2）就地检查给煤机运行情况，有无皮带卡涩、给煤机链条断、联轴器故障、皮带松、皮带跑偏等异常现象，若有，立即停止磨煤机组。

（3）就地检查磨煤机运行情况，有无振动现象，若有，立即停止磨煤机组。

（4）就地检查燃烧器着火情况，如着火不好，及时调整燃烧。

（5）通知热控人员检查火焰检测信号是否正常。

**413. 举例说明停磨煤机时火焰检测信号不稳锅炉灭火事故及处理要点。**

**答：**事故案例：2012 年 4 月 18 日 16:30 ，某电厂 600MW 机组，负荷为 388MW，煤量为 238t/h，B、C、D、E、F 磨煤机运行，A 磨煤机备用，C1、F4、E1、E3 火焰检测信号开关量频繁消失，E 磨煤机火焰检测信号最差，为增加其他磨煤机煤量，强化其他磨煤机燃烧，准备停运 E 磨煤机。负荷为 342MW，停运 E 磨煤机，D 磨煤机火焰检测信号变差，16 时 31 分 D 磨煤机跳闸，首出失去火焰检测信号；随后 B、C、F 磨煤机跳闸，锅炉灭火，首出失去火焰检测信号，立即按锅炉灭火不停机执行。

处理要点：

（1）运行中发现入炉煤质较差时，可适当提高机组负荷，增强燃烧，同时要求底层磨煤机上好煤，如果必须降负荷时，将降负荷速率放慢，防止负荷下降过快造成磨煤机火焰检测信号不稳跳磨煤机。

（2）降负荷过程中如需停磨煤机时，要重点关注其他运行磨煤机的状态，必要时投运油枪进行助燃。停磨煤机后及时关小对应二次风门和一次风通风，可以减小对相邻磨燃烧的扰动，同样低负荷时如果启动磨煤机需要通风时也要注意缓慢操作风门，这样可减小大量冷风吹入炉内造成燃烧扰动。

（3）运行磨煤机的火焰检测信号摆动时，第一时间必须进行稳燃，投入油枪并待燃烧稳定后再查找火焰检测信号摆动的原因。

（4）底层磨煤机有检修时，及时通知辅控进行有针对性的配煤。

（5）燃烧不稳时，必须有专人进行汽包水位的监视与调整。

**414. 举例说明磨煤机堵塞事故及处理要点。**

答：事故案例：2012 年 3 月 1 日，某电厂 600MW 机组，负荷为 425MW，煤量为 245t/h，A、C、E、F 磨煤机运行，B 磨煤机备用，D 磨煤机大修。A 磨煤量为 70t/h，一次风量为 86t/h。A 磨煤机热风开度为 100%，冷风门开度为 48%。A 磨煤机出、入口差压由正常时的 5.5kPa 开始上涨至 7.5kPa。磨煤机出口温度下降至 40℃，磨煤机电流由 66A 下降至 52A。准备启动 B 磨煤机时，A 磨煤机跳闸，首出"火焰检测信号失去"，立即解除燃料主控，稳定机组参数。A 磨煤机跳闸后就地检查磨煤机炭晶环漏粉严重，启动 B 磨煤机恢复机组负荷。

处理要点：

（1）运行中如发现磨煤机以下参数发生变化，可以判断为磨煤机堵煤。

1）磨煤机入口压力上升，出口压力下降，出、入口差压升高。

2）磨煤机电流较正常同煤量时明显增大或减小。磨煤机石子煤量偏大，同时排渣的原煤较多。

3）磨煤机入口风量下降。

4）煤质未变化，磨煤机出口温度下降。

5）主蒸汽压力下降，其他磨煤机煤量增加，堵磨严重时机组负荷下降。

（2）磨煤机出现以上现象时，及时通知排渣人员加强排渣，并派巡检人员就地监督排渣并及时汇报渣量及渣中原煤情况。

（3）磨煤机出现堵磨迹象时，将对应给煤机解自动，减少煤量，适当加大一次风量或提高一次风压，观察磨煤机相应参数的变化；如机组带高负荷时，可适当降低负荷，防止吹通磨煤机的过程中主蒸汽压力上升太快且调整不及时造成压力超限。

（4）堵磨严重时解除机组燃料主控，根据其他磨煤机运行状况降低总煤量，防止其他运行磨煤机煤量大幅增加，造成其他磨煤机堵磨。

（5）堵磨减煤按 15t/h 往下减，观察 5min 如磨煤机参数变化不大，继续往下减并随时观察磨煤机相关参数的变化。直到减至最低煤量。

（6）将煤量减至最低煤量后磨煤机仍无吹通迹象，为防止磨煤机炭精环损坏，应停运磨煤机。如出现一对三、隔层运行方式时，火焰检测信号不稳情况下及时投油助燃，防止发生锅炉灭火。

（7）磨煤机吹通后，磨煤机出、入口差压下降，出口压力上升，磨煤机出口温度回升，主蒸汽压力上涨明显，机组负荷上涨，此时可适当减少总煤量，控制主蒸汽压力上涨幅度。

（8）燃料主控解除后机组自动切至 TF1 方式，注意监视压力设定值与实际值的偏差，如偏差大可切定压，通过设定压力减少压力差，防止汽轮机调节门频繁调整，导致蒸汽压力波动大，产生虚假水位。处理过程中要设专人调整汽包水位。

**415. 举例说明磨煤机润滑油滤网切换油压低跳磨事故及防范措施。**

**答：** 事故案例：2012 年 7 月 2 日 7：27，某电厂 600MW 机组，A 磨煤机润滑油滤网差压高报警，运行人员对滤网进行切换，发现切换阀操作不动，联系点检处理。8：50，下个班运行人员开始进行 A 磨煤机滤网切换操作，切换过程中 A 磨煤机润滑油滤网差压高报警消失，就地滤网差压表显示已至绿色区域，就地备用滤网手摸已热（与另一侧滤网温度相当），准备继续进行切换，8：53：27，继续进行切换，突然 A 磨煤机润滑油滤网差压高信号来，A 磨煤机润滑油压力低低报警，A 磨煤机跳闸。磨煤机润滑油压低原因为润滑油滤网切换过程中，备用滤网注油未充满，有空气未排出，导致切换时油压低。

防范措施：

（1）进行磨煤机油站滤网切换工作前，要认真分析操作过程中的危险点，要有切实可行的控制措施，还要做好相关事故预想，防止切换过程中磨煤机跳闸造成事故扩大。

（2）运行人员需要加强技术培训，掌握磨煤机油站滤网切换基本操作，包括如何判断哪个滤网运行、哪个滤网备用、备用滤网如何注油排空气、切换速度如何控制等。

（3）磨煤机油站滤网切换过程中，发现切换阀操作不动时，不能盲目和野蛮操作，应检查切换的方向是否正确。如切换阀没有自带切换把手，应使用专用的切换扳手，操作过程应缓慢进行，充分将备用滤网注油排气。滤网切换完成后要检查切换阀已到位，防止清理滤网时造成跑油。

（4）磨煤机油站滤网切换过程中，如发现油压下降，应停止切换，恢复原滤网运行方式，并尽快倒换磨煤机，待磨煤机停运后再处理。

### 416. 举例说明机组多台给煤机同时跳闸事故及处理要点。

**答：**事故案例：2012 年 10 月 24 日，某电厂 600MW 机组，负荷为 555MW，A、B、C、D、F 给煤机运行，E 给煤机检修。20：33，监盘人员发现 B、D、F 给煤机同时显示就地位跳闸，立即解除汽轮机、锅炉主控自动，手动调整机组负荷至 240MW，投入 A、D 层油枪，维持燃烧稳定，21：00，热工人员就地检查复位 B、F 给煤机，启动 B、F 磨煤机运行，恢复机组负荷。给煤机跳闸原因为励磁小间空调电源开关出线电缆端子排短路放炮，给煤机电源电压波动，导致给煤机跳闸。

处理要点：

（1）机组发生多台给煤机同时跳闸事故时，应投入油枪稳燃，等离子磨煤机可以正常运行时应立即将等离子拉弧。

（2）解除机组燃料主控、汽轮机自动，根据总煤量，手动控制机组负荷，尽量保持蒸汽压力变化稳定。及时调整蒸汽温度，注意汽包水位自动调整是否正常。

（3）将给煤机已跳闸的磨煤机热风全关，开启部分冷风以控制磨煤机出口温度，将给煤机复位并尝试重新启动，如能正常启动则将给煤机投入运行，如不能启动则将磨煤机停运。应在给煤机联跳磨煤机保护动作前，依次停运相关磨煤机，防止多台磨煤机同时跳闸，造成炉膛负压和风量大幅波动引起锅炉灭火。

# 第二节 给 煤 机

### 417. 给煤机的工作原理是什么？

答：在工作时，原煤从原煤斗下落到给煤机的输送皮带上，给煤机皮带在传动装置的带动下，将原煤传递到落煤管入口管处，原煤通过自重下落到磨煤机内。检修门上的观察窗在运行期间，可以用来观察给煤机的内部情况。观察窗孔装有喷嘴，用于把灰尘从内部清除。入煤口的下端安装有煤层挡板，使通过的煤流形成一个梯形截面，该截面可以使称重系统得到最大的称重精度。

通过安装在返程皮带上的张力辊，使皮带保持一个不变的均匀的张力，在给煤机工作或停机时，通过转动给煤机入口侧控制门上的两个皮带张紧螺栓来进行张力调节。安装在皮带上的旋叶报警器用来检查皮带上是否有煤。

### 418. 给煤机的形式有哪些？

答：给煤机的形式有圆盘式、皮带式、刮板式、电磁振动式、电子称重式。

### 419. 给煤机采用什么风密封？密封风的作用是什么？

答：给煤机采用冷一次风密封。

密封风的作用是防止磨煤机一次风回流及保护给煤机各传动件轴承免受磨损。

### 420. 给煤机清扫链刮板的作用是什么？

答：为了能及时清除沉落在给煤机机壳底部的积煤，防止发生积煤自燃，在给煤机皮带机构下面设置了链式清理刮板机构，作为清理机壳底部积煤之用。链式清理刮板机构由驱动链轮、张紧链轮、链条及刮板等组成。刮板链条由电动机通过减速机带动链轮移动，链条上的刮板将给煤机底部积煤刮到给煤机出口排出。

**421. 给煤机启动前的检查内容有哪些?**

**答:**给煤机启动前的检查内容如下:

(1) 给煤机就地控制箱上信号正确，控制在"远方"位置。

(2) 给煤机内照明完好，机体内无积煤和杂物。

(3) 检查给煤机皮带无破损、跑偏等现象。

**422. 给煤机运行中的检查内容有哪些?**

**答:**给煤机运行中的检查内容如下:

(1) 检查皮带运行正常，皮带无跑偏、打滑、撕裂破损现象，称重指示正常。清扫链运行正常，无停转、卡涩现象。

(2) 给煤机观察窗清洁、可透视，内部照明良好。

(3) 称重托辊转动正常，辊子上无黏煤。

(4) 给煤机内无杂物或大块煤堵塞。

(5) 就地控制盘显示正常，无报警信号，煤量显示累计工作正常。

(6) 检查给煤机驱动电动机、减速器工作正常，无发热、振动等异常现象。

**423. 给煤机卡煤块如何处理?**

**答:**给煤机卡煤块的处理方法如下:

(1) 尝试倒转给煤机，检查煤块是否掉落。

(2) 如倒转给煤机无效，停运给煤机，联系检修人员处理。

**424. 给煤机转速不正常升高的原因是什么? 如何处理?**

**答:**给煤机转速不正常升高的原因有两种:

(1) 皮带卡涩。

(2) 电动机转速测点故障。

处理方法:清除卡涩皮带的异物，检查转速测点。

**425. 什么是给煤机容积运行模式?**

**答:**容积式运行模式是给煤机称重功能故障情况下(如称重

传感器异常等），以假设的称重物料重量进行传送。这种假设的重量是根据称重系统发生故障之前物料的平均重量而定的。这个重量用来决定标准物料密度。

**426. 给煤机处于容积运行模式时如何处理？**

**答：**给煤机处于容积运行模式的处理方法如下：

（1）将给煤机煤量控制切手动。

（2）启动备用制粉系统。

（3）将故障给煤机和磨煤机停运，联系检修人员处理。

**427. 给煤机内部着火如何处理？**

**答：**给煤机内部着火处理方法如下：

（1）注意制粉系统的运行方式，防止停止给煤机导致燃烧不稳，必要时提前投油稳燃。

（2）给煤机发生着火时应首先停止该给煤机运行。

（3）关闭给煤机的密封风。

（4）关闭给煤机的上、下煤阀，注意关闭密封风与关闭煤阀的顺序，防止给煤机爆破。

**428. 正常运行中监视给煤机电流的意义是什么？**

**答：**正常运行中监视给煤机电流的意义如下：

（1）结合给煤量的指示判断给煤机回转部件的运行状态。

（2）结合给煤机转速判断重力称量回路的准确度。

（3）结合其他判据，判断给煤机主电动机电气回路有无异常。

**429. 为什么要定期对给煤机进行给煤量标定？**

**答：**通过定期效验使给煤机的称重更加精确，从而更加准确地计算出发电机组的煤耗，使机组运行更加经济。

**430. 举例说明给煤机跳闸后一次风机失速事故及处理要点。**

**答：**事故案例：2011 年 6 月 24 日，某电厂 600MW 机组，负荷为 600MW，煤量为 279t/h，A、C、D、E、F 给煤机运行，B 磨煤机备用，A、C、E 煤斗上大块煤。14 时 11 分，A 给煤机电流由 2.7A 突增至 4.9A 后跳闸，点动 A 给煤机无法启动，手动停运 A 磨煤机。A 磨煤机停运后，汽包水位快速上涨（1、3 号测点最高涨至＋178mm，2号测点最高涨至＋201mm，手动调整汽包水位至正常。A给煤机跳闸后磨煤机出口温度迅速上升到100℃，导致磨煤机跳闸信号发出，出、入口风门关闭，一次风流量急剧下降，一次风压升高，B一次风机失速。降低总煤量至184t/h，稳定以后将B一次风机并入系统。

处理要点：

（1）给煤机跳闸后，迅速解除该磨煤机冷热风门自动，全开冷风，全关热风，防止磨煤机出口温度上升过快跳闸。

（2）解除燃料主控，控制好其他磨煤机煤量、风量，防止磨煤机堵磨。

（3）派人去就地复位给煤机，检查给煤机皮带有无大块，正、反点动给煤机，如给煤机启动正常，则将给煤机投入运行。

（4）如给煤机无法启动，则准备停磨煤机，停磨煤机前手动降低一次风压，防止一次风机失速。

（5）停磨后注意汽包水位，特别是磨煤机为一对三的运行方式，炉内燃烧工况剧烈变化，容易出现虚假汽包水位。虚假水位出现时，自动调整往往严重滞后，要及时手动调整汽包水位，汽包水位急剧上升过程中可以开启汽动给水泵再循环来迅速降低给水流量，在水位回头及时关闭再循环，注意蒸汽流量与给水流量的匹配，要防止两者长时间偏差过大。

（6）一次风机失速时，要将一次风机切手动，降低一次风压，并降低磨煤机煤量，尽快将失速一次风机并入系统。

（7）机组稳定后，将备用磨煤机投入运行，联系相关人员处理跳闸给煤机。

# 第三节 密 封 风 机

### 431. 密封风机的作用是什么？

**答**：密封风机为单吸、悬臂式离心式密封风机，密封风机入口取自一次风机出口，带压力冷风经密封风机增压后，供磨煤机使用，主要用于磨煤机磨辊、底部密封等处的密封。

**432. 密封风机的结构如何？**

**答：** 密封风机均为离心式风机，主要由机壳、进风口、入口调节门、进气箱、转子、叶轮、轴承箱等部件组成。

**433. 密封风机入口为什么要加装滤网？**

**答：** 由于密封部件对密封风的要求较高，加装滤网可以过滤空气中的灰分和杂物，提高密封风的质量。

**434. 密封风机启动前检查内容有哪些？**

**答：** 密封风机启动前检查内容如下：

（1）检查密封风机对轮连接正常，防护罩完整。

（2）检查密封风机轴承冷却水投入正常。

（3）检查密封风机进、出口门开启。

（4）检查密封风机入口调节挡板关闭。

**435. 密封风机运行中检查项目有哪些？**

**答：** 密封风机运行中检查项目如下：

（1）检查密封风机无杂声及不正常的摩擦和撞击声，各处无漏风现象。

（2）检查密封风机轴承冷却水投入正常。

（3）检查密封风机轴承温度、电动机轴承温度正常。

（4）检查密封风母管压力正常，与一次风差压大于规定值。

**436. 密封风机轴承振动大如何处理？**

**答：** 密封风机轴承振动大的处理方法如下：

（1）如密封风机地脚螺栓松动，应联系检修人员进行紧固。

（2）如轴承与防护罩发生碰磨，应联系检修人员调整和固定防护罩。

（3）如密封风机变频方式运行，转速进入共振区，应调整风机转速。

（4）联轴器中心不正时，应停运风机，重新找正。

**437. 密封风机跳闸如何处理？**

**答：** 密封风机跳闸的处理方法如下：

（1）检查备用密封风机联启，否则手动启动。

（2）备用密封风机启动后，开大入口调节挡板，调整密封风机母管压力至正常值。

（3）如备用密封风机无法启动，在检查跳闸密封风机外观无明显异常，且无明显电气故障时，可尝试重新启动一次。

（4）如密封风机均无法启动，可投入全部油枪，停运磨煤机和一次风机，锅炉全油运行，并联系检修尽快处理。

### 438. 密封风母管压力下降的原因有哪些？

**答：**密封风母管压力下降的原因如下：

（1）运行密封风机入口滤网堵塞。

（2）运行密封风机入口挡板误关。

（3）运行密封风机出、入口调节挡板卡涩或调节机构脱开。

（4）备用密封风机出口止回门卡涩、未全关。

（5）一次风系统压力低。

（6）密封风系统泄漏或使用量大（如开启备用磨煤机密封风门）。

### 439. 密封风母管压力下降如何处理？

**答：**密封风母管压力下降处理方法如下：

（1）如因滤网堵塞等原因引起风机出力下降，切换风机，联系检修人员清理滤网。

（2）密封风机入口挡板误关应立即开启。

（3）密封风机出、入口调节挡板卡涩，应将调节挡板切手动进行活动，活动无效联系检修处理。

（4）密封风机出、入口调节挡板调节机构脱开，应将调节挡板切手动，联系检修处理。

（5）备用密封风机出口止回门是否卡涩在中间位置，若未全关，联系检修处理。

（6）若一次风系统压力低引起，检查一次风系统，并尽快恢复一次风系统正常。

（7）若密封风系统泄漏，联系检修处理。

（8）若密封风用量大，关闭未运行磨煤机密封风，减少密封风用量，必要时启动备用密封风机。

第五章

# 锅 炉 燃 烧 系 统

## 第一节　锅炉点火系统

**440. 等离子点火器由哪几部分组成?**

**答:** 等离子点火器由等离子发生器、直流电源柜、点火燃烧器、控制系统、辅助系统组成,如图 5-1 所示。

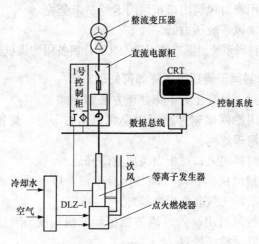

图 5-1　等离子点火系统

**441. 等离子发生器工作原理如何?**

**答:** 首先设定输出电流,当阴极前进同阳极接触后,整个系统具有抗短路的能力且电流恒定不变;当阴极缓缓离开阳极时,电弧在绕组磁力的作用下拉出喷管外部。具有 0.03MPa 左右的空气在电弧的作用下,被电离为高温等离子体,其能量密度高达 105～106W/cm$^2$,为点燃不同的煤粉创造了良好条件。等离子发生器工作原理如图 5-2 所示。

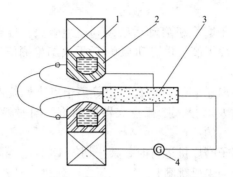

图 5-2 等离子发生器工作原理
1—绕阻；2—阳极；3—阴极；4—电源

### 442. 锅炉采用等离子点火的优点有哪些？

答：锅炉采用等离子点火的优点如下：

（1）可以实现无油或少油点火，节约大量燃油。

（2）锅炉采用等离子无油点火时，可以在点火初期投入电除尘，减少锅炉初期烟气尘含量。

（3）等离子体内含有大量化学活性粒子，可以加速热化学转换，促进燃料完全燃烧。

### 443. 等离子点火燃烧器运行注意事项有哪些？

答：等离子点火燃烧器运行注意事项如下：

（1）等离子点火燃烧器投入运行的初期，要注意观察火焰的燃烧情况、电源功率的波动情况，做好事故预想，发现异常，及时处理。

（2）等离子点火燃烧器投入运行的初期，控制各级受热面温升，防止超温。

（3）等离子点火装置投运过程中，注意监视汽包压力、过热器蒸汽温度。

（4）等离子点火燃烧器投入运行过程中，对锅炉的膨胀加强检查、记录。

（5）在等离子点火燃烧器点火前和点火的过程中，根据给煤量与磨煤机入口风速等参数，做好风粉速度、煤粉浓度等重要参数的调整。

（6）等离子磨煤机启动后必须到就地看火，检查煤粉实际着火情况，若等离子磨煤机启动180s后无火焰检测信号必须停运该磨煤机。

（7）当等离子磨煤机运行时，等离子点火燃烧器中某支发生断弧时，此时及时投入断弧点火器的油枪，同时检查断弧原因，尽快恢复点火器的运行。

（8）等离子磨煤机运行时，禁止切换DCS上等离子磨煤机控制按钮，防止磨煤机跳闸。

（9）等离子点火器火焰探头投入期间，不得停运等离子冷却风机，防止烧坏探头。

**444. 等离子点火燃烧器不能正常引弧有哪些原因？**

**答：**等离子点火燃烧器不能正常引弧有如下原因：

（1）阴极污染不导电。

（2）电子发射枪枪头漏水。

（3）载体风压过高。

（4）阳极漏水。

（5）功率组件故障。

（6）引弧器拒动。

**445. 等离子点火燃烧器不能正常引弧如何处理？**

**答：**等离子点火燃烧器不能正常引弧的处理方法如下：

（1）清理阳极。

（2）更换电子发射枪密封铜环。

（3）调整载体风压。

（4）更换阳极密封垫。

（5）更换功率组件。

（6）检查引弧器电动机接线以及电动机是否故障。

**446. 简述高能点火装置的工作原理。**

**答：**高能点火装置主要是利用能产生高压的电源激励器，向油气混合物提供引燃电弧。高能点火装置主要包括火花棒以及伸缩机构和电缆、导管等主要部件。

### 447. 锅炉燃油系统有何作用?

**答**：锅炉燃油系统的作用如下：

（1）点火和燃烧。

（2）升压或低负荷时使燃烧稳定。

（3）机组故障而发生快速减负荷，启动燃油燃烧器，维持锅炉负荷达到燃烧稳定的目的。

### 448. 锅炉燃油系统由哪几部分组成?

**答**：锅炉燃油系统由油枪、支油阀、燃油管道、雾化蒸汽管道和若干截止阀、调节阀等组成。

### 449. 锅炉油枪由哪几部分组成?

**答**：锅炉油枪主要由油枪的主体部件、活动接头和伸缩机构组成，包括雾化片、喷嘴拼帽、喷嘴体、油管、挠性管、雾化介质管等部件，如图 5-3 所示。

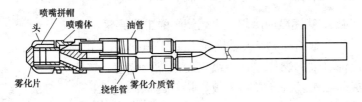

图 5-3　油枪

### 450. 炉前油系统为什么要装电磁速断阀?

**答**：电磁速断阀的功能是快速关闭，迅速切断燃油供应。炉前油系统装设电磁速断阀的目的是：当因某种缘故需要立即切断燃油供应时，通过电磁速断阀即可快速关闭。例如运行中需要紧急停炉时，控制手动电磁速断阀按钮，就能快速关闭，停止燃油供应；又如锅炉一旦发生灭火时，灭火保护装置可自动将电磁速断阀关闭，避免灭火后不能立即切断燃油供应，发生炉膛爆炸（放炮）事故。

**451. 高能电弧点火器构成如何?**

**答:** 高能电弧点火器主要由 6 个部分组成,即点火激励器、可伸缩电缆、气动活塞、电磁阀、限位开关、接线盒、火花棒、导管、点火端组成,如图 5-4 所示。

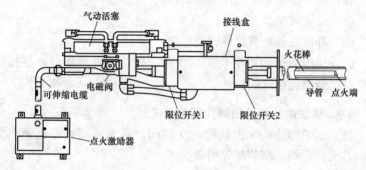

图 5-4　高能电弧点火器

**452. 微油冷炉点火系统由哪些部分组成?**

**答:** 微油冷炉点火系统由燃油系统、风粉系统、煤粉燃烧器、自动控制系统、点火初期空气加热系统构成。

**453. 简述微油冷炉点火燃烧器的工作原理。**

**答:** 微油冷炉点火燃烧器(如图 5-5 所示)由煤粉浓缩器、高强度油(气)燃烧室,一级煤粉浓缩燃烧室,二级和三级燃烧室组成。二次风从二级和三级燃烧室的周向引入,通过多级环缝进

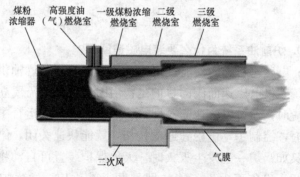

图 5-5　微油冷炉点火燃烧器

150

入燃烧室内，并在壁面附近形成高速气流，起到防止壁面结渣和烧坏作用，同时补充燃烧所需要的氧量。

### 454. 油枪正常运行时的检查项目有哪些？

答：油枪正常运行时的检查项目如下：

（1）油枪处于良好的运行或备用状态。

（2）停运油枪应在完全退出位置，否则应联系检修人员处理。

（3）检查油枪和炉前油系统无漏油现象。

### 455. 什么是燃油的机械雾化？

答：具有一定压力的油首先流经分流片上的若干个小孔，汇集到一个环形槽中，然后经过旋流片上的切向槽进入中心旋涡室，分流片起均布进入各切向槽油流量的作用，切向槽与涡旋室使油压转变为旋转动量，获得相应的旋转强度。强烈旋转着的油流在流经雾化片中心孔出口处时，在离心力作用下克服油的表面张力，被撕裂成油雾状液滴，并形成具有一定扩散角的圆锥状雾化炬。在机械雾化喷嘴中，雾化油滴粒径决定于当时的油黏度、油压以及油在喷嘴中所获得的旋转强度。

### 456. 简述简单机械雾化的工作原理。

答：简单机械雾化油喷嘴主要包括分流、旋流、雾化三部分。具有一定压力的油首先流经分流片上的若干个小孔，汇集到一个环形槽中，然后经过旋流片上的切向槽进入中心旋涡室，分流片起均布进入各切向槽油流量的作用，切向槽与涡旋室使油压转变为旋转动量，获得相应的旋转强度。强烈旋转着的油流在流经雾化片中心孔出口处时，在离心力作用下克服油的表面张力，被撕裂成油雾状液滴，并形成具有一定扩散角的圆锥状雾化炬。

### 457. 什么是燃油的蒸汽雾化？

答：燃油的蒸汽雾化是利用油与雾化蒸汽在喷嘴中进行内混，以及这一混合物在喷嘴出口端的压力降，体积膨胀，使油被碎裂成雾滴。蒸汽雾化效果决定于雾化蒸气量以及雾化蒸汽的参数（温度、压力）。

**458. 燃料油燃烧为什么首先要进行雾化?**

**答:** 燃料油滴的燃烧必须在油气和空气的混合状态下进行,其燃烧速度取决于油滴的蒸发速度以及油气和空气的混合速度。油滴的蒸发速度与直径大小和温度有关,直径越小、温度越高、蒸发越快。另外,直径越小,增加了与空气接触总表面积,有利于混合和燃烧的进行。因此,燃油再燃烧前必须进行雾化,使燃油喷入炉膛之后,能迅速加热蒸发,充分燃烧。

**459. 从哪几个方面判断油枪雾化性能的好坏?**

**答:** 从以下两方面判断油枪雾化性能的好坏:

(1)油枪雾化的好坏,可从雾化细度、均匀度、扩散角、射程和流量密度等方面来判断。

(2)雾化质量好的油滴小而均匀,射程应根据炉膛断面来调整,流量密度分布也应均匀。

**460. 燃油母管压力波动对油枪运行有何影响?**

**答:** 燃油母管压力波动时,会影响油枪的雾化质量,供油不畅,严重时会使油枪灭火。

**461. 炉前燃油为什么设立吹扫系统? 它们是如何运行的?**

**答:** 在燃油系统的投运和退出以及长时间停运的过程中,为了防止油管道中集聚水和油杂质,造成油管路的堵塞或油枪投运后的燃烧情况不好,因此在燃油系统中加装了一套空气吹扫装置。

吹扫主要分两部分,管路吹扫和油枪的吹扫,油枪的吹扫主要是油枪投运前要对油枪进行水和油污的吹扫,油枪退出后,油枪的吹扫主要是要对油枪中的残油进行吹扫,油管路的吹扫主要是对管路中的油的沉淀物进行定期吹扫,防止长期集聚造成油管路的堵塞。

**462. 炉前燃油进油管路上的蓄能器的作用是什么?**

**答:** 炉前燃油进油管路上的蓄能器的作用是缓冲油压波动,维持油压稳定。

## 第二节 煤粉燃烧系统

**463. 燃烧器的作用是什么？**

**答**：燃烧器的作用是把燃料与空气连续地送入炉膛，合理地组织煤粉气流，并使其良好地混合，迅速而稳定地着火和燃烧。

**464. 锅炉煤粉燃烧器有哪些类型？**

**答**：锅炉煤粉燃烧器分旋流式和直流式两种。

**465. 旋流燃烧器的结构如何？**

**答**：旋流式煤粉燃烧器主要由一次风旋流器、二次风调节挡板（旋流叶片或蜗壳）和一、二次风喷口组成，如图 5-6 所示。它可以布置在燃烧室前墙、两侧墙或前后墙。输送煤粉的空气称为一次风，占燃烧所需总风量的 15%～30%。煤粉空气混合物通过燃烧器的一次风喷口喷入燃烧室。燃烧所需的另一部分空气称为二次风。二次风经过燃烧器的调节挡板（旋流叶片或蜗壳）后形成旋转气流，在燃烧器出口与一次风汇合成一股旋转射流。射流中心形成的负压将高温烟气卷吸到火焰根部。这部分高温烟气是煤粉着火的主要热源。一次风出口的扩流锥可以增大一次风的扩

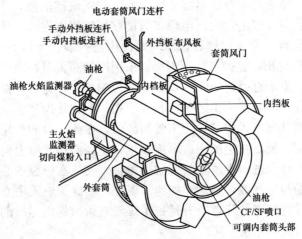

图 5-6 切向双调风旋流式燃烧器

153

散角，以加强高温烟气的卷吸作用。

**466. 直流式燃烧器的结构如何？**

**答：** 直流式燃烧器一般由沿高度排列的若干组一、二次风喷口组成，布置在燃烧室的每个角上，其结构如图 5-7 所示。燃烧器的中心线与燃烧室中央的一个假想圆相切，因而能在燃烧室内形成一个水平旋转的上升气流。每组直流式燃烧器的一、二次风喷口分散布置，以适应不同煤种稳定而完全燃烧的要求，有时也考虑减少氮氧化物的生成量。

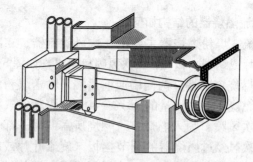

图 5-7　直流燃烧器结构

**467. 直流式燃烧器为什么要采用四角布置的方式？**

**答：** 由于直流燃烧器单个喷口喷出的气流扩散角较小，速度衰减慢，射程较远，而高温烟气只能在气流周围混入，使气流周界的煤粉首先着火，然后逐渐向气流中心扩展，所以着火较迟，火焰行程较长，着火条件不理想。采用四角布置时，四股气流在炉膛中心形成直径为 600～800mm 的假想切圆，这种切圆燃烧方式能使相邻燃烧器喷出的气流相互引燃，起到帮助气流点火的作用，同时气流喷入炉膛，产生强烈旋转，在离心力的作用下使气流向四周扩展，在炉膛中心形成负压，使高温烟气由上向下回流到气流根部，进一步改善气流着火条件。气流在炉膛中心强烈旋转，煤粉与空气混合强烈，加速了燃烧，形成了炉膛中心的高温火球，而且气流的旋转上升延长了煤粉在炉内的燃尽时间，改善了炉内气流的充满程度。

**468. 什么叫射流的刚性？其大小与什么有关？**

**答：**燃烧器喷出的射流抵抗偏转的能力叫射流的刚性。

射流的刚性与喷口截面、气流速度、喷口高宽比有关。一般喷口的截面越大，气流速度越快，高宽比越小，其射流的刚性越大。

**469. 锅炉燃料燃烧分为几个阶段？**

**答：**锅炉燃料燃烧分为预热阶段、挥发分析出和燃烧阶段、固定碳燃烧阶段、燃尽阶段。

**470. 简述煤粉的燃烧过程。**

**答：**煤粉颗粒受热之后，首先析出其水分，接着分解出挥发分。当温度足够高时，挥发分开始燃烧，同时用燃烧产生的热量加热煤粒，随着煤粒温度的升高，挥发分进一步得到释放。但由于剩余焦炭的温度还很低，同时释放出的挥发分阻碍了氧气向焦碳的扩散，所以此时焦炭未燃烧。当挥发分释放完毕且与其他燃烧产物一起被空气流带走后，焦炭开始燃烧，此时保持不断地供氧，燃烧将进行到炭粒完全烧尽为止。

**471. 为什么煤的燃烧过程是以炭的燃烧为基础的？**

**答：**煤的燃烧以炭的燃烧为基础的原因如下：

（1）炭是煤中的主要可燃物质。

（2）焦炭（以炭为主要可燃物）着火最晚、燃烧最迟，其燃烧过程是整个燃烧过程中的最长阶段，故它的燃烧过程决定着整个粒子的燃烧时间。

（3）焦炭中碳的含量大，其总的发热量约占全部发热量的40%～90%，它的发展对其他阶段的进行有着决定性的影响。

因此，煤的燃烧过程是以炭的燃烧为基础的。

**472. 强化煤粉的燃烧措施有哪些？**

**答：**强化煤粉的燃烧措施如下：

（1）提高热风温度。

（2）提高一次风温。

(3) 控制好一、二次风的混合时间。

(4) 选择适当的一次风速。

(5) 选择适当的煤粉细度。

(6) 在着火区保持高温。

(7) 在强化着火阶段的同时，必须强化燃烧阶段本身。

### 473. 煤粉气流着火点的远近与哪些因素有关？

答：煤粉气流着火点的远近与下列因素有关：

(1) 原煤挥发分。

(2) 煤粉细度。

(3) 一次风温、风压、风速。

(4) 煤粉浓度。

(5) 炉膛温度。

### 474. 煤粉气流的着火温度与哪些因素有关？它们对煤粉气流的着火温度影响如何？

答：煤粉气流的着火温度与煤的挥发分、煤粉细度和煤粉气流的流动结构有关。

挥发分越低，着火温度越高；反之，挥发分高，着火温度低。煤粉越粗，着火温度越高；反之，煤粉越细，着火温度越低。煤粉气流为紊流，对着火温度也有一定的影响。

### 475. 旋流燃烧器怎样将燃烧调整到最佳工况？

答：运行中对二次风舌形挡板的调节是以燃煤挥发分的变化和锅炉负荷的高低作为主要依据的。对于挥发分较高的煤，由于容易着火，则应适当开大舌形挡板。若炉膛温度较高，燃料着火条件较好，燃烧也比较稳定，可将舌形挡板适当开大些。在低负荷时，则应关小舌形挡板，便于燃料的着火和燃烧。

### 476. 直流燃烧器怎样将燃烧调整到最佳工况？

答：由于四角布置的直流燃烧器的结构布置特性差异较大，一般可采用下述方法进行调整：

(1) 改变一、二次风的百分比。

(2) 改变各角燃烧器的风量分配。如可改变上、下两层燃烧器的风量、风速或改变各二次风的风量及风速，在一般情况下减少下二次风量、增大上二次风量可使火焰中心下移，反之使火焰中心升高。

（3）对具有可调节的二次风挡板的直流燃烧器，可用改变风速挡板位置的方法来调节风速。

### 477. 锅炉燃烧过程自动调节的任务是什么？

**答：**锅炉燃烧过程自动调节的任务如下：

（1）维持热负荷与电负荷平衡，以燃料量调节蒸汽量，维持蒸汽压力。

（2）维持燃烧充分，当燃料改变时，相应调节送风量，维持适当风煤比例。

（3）保持炉膛负压不变，调节引风与送风配合比，以维持炉膛负压。

### 478. 锅炉风量如何与燃料量配合？

**答：**风量过大或过小都会给锅炉安全经济运行带来不良影响。

锅炉的送风量是经过送风机进口挡板进行调节的。经调节后的送风机送出风量，经过一、二次风的配合调节才能更好地满足燃烧的需要，一、二次风的风量分配应根据它们所起的作用进行调节。一次风应满足进入炉膛风粉混合物挥发分燃烧及固体焦炭质点的氧化需要。二次风量不仅要满足燃烧的需要，而且补充一次风末段空气量的不足，更重要的是二次风能与刚刚进入炉膛的可燃物混合，这就需要较高的二次风速，以便在高温火焰中起到搅拌混合作用，混合越好，则燃烧得越快、越完全。一、二次风还可调节由于煤粉管道或燃烧器的阻力不同而造成的各燃烧器风量的偏差，以及由于煤粉管道或燃烧器中燃料浓度偏差所需求的风量。此外，炉膛内火焰的偏斜、烟气温度的偏差、火焰中心位置等均需要用风量调整。

### 479. 燃烧器二次风小风门的作用是什么？

**答：**燃烧器二次风小风门的作用是分配并调节燃烧器二次风量，控制氧量。

**480. 影响炉膛火焰中心位置的因素有哪些？**

答：影响炉膛火焰中心位置的因素有煤质、燃烧器运行方式、配风方式、炉底漏风。

**481. 四角切圆锅炉二次风如何调整？**

答：四角切圆锅炉二次风采用的是大风箱供风方式，每角的18 只喷口连接于一个共同的大风箱，风箱内设有 18 个分隔室，分别与 18 个喷口相通。各分隔室入口处均有百叶窗式的调节挡板。

二次风的调节依据是维持最佳氧量。

辅助风是二次风中最主要的部分。它的作用是调整二次风箱和炉膛之间的压差（原则上不低于 380Pa）。从而保证进入炉膛的二次风有合适的流速，以便入炉后对煤粉气流造成很好的扰动和混合，使燃烧工况良好。总二次风量按照燃料量和氧量值进行调节，各燃烧器辅助风的风门开度按相关规程要求的炉膛/风箱压差进行调节。

油层均有各自的油配风，油配风的开度有两种控制方式：油枪投入前，该油枪的油配风挡板开至 20％以上；油枪停用时，则与辅助风一样，按炉膛/风箱压差进行调节。

在一次风口的周围布置一圈周界风，可以增大一次风的刚性；可以托浮煤粉，防止煤粉离析，避免一次风帖墙；还可以及时补充一次风着火初期所需要的氧气。一般说来，对于挥发分较大的煤，周界风的挡板可以稍开大些，这样有利于阻碍高挥发分的煤粉与炉内烟气混合，以推迟着火，防止喷口过热和结渣。同时由于挥发分高而着火快，周界风可以及时补氧。但对于挥发分较低的煤而言，最好减少周界风的份额，因为过多的周界风会影响一次风着火的稳定性。周界风还可冷却燃烧器，运行磨煤机对应的周界风开度不小于 20％，停运磨煤机的周界风可调至 10％。

上层燃尽风的调整主要用来调整 A、B 侧蒸汽温度偏差，同时上层燃尽风开大后还可抑制 $NO_x$ 的生成量。机组满负荷时上两层尽量开至 60％以上，低负荷时在风箱差压允许的情况下，也可开至 20％以上。

### 482. 前后墙对冲锅炉二次风如何调整？

**答：**前后墙对冲锅炉二次风调整方法如下：

（1）调节二次风挡板时优先关小停运磨煤机二次风挡板开度，停运磨煤机二次风挡板开度最小可关至 20%，然后再关小下层燃尽风挡板，满负荷时下层燃尽风挡板开至 50% 以上。

（2）运行磨煤机二次风挡板开度控制在 70%～85%，根据磨煤机煤量控制二次风挡板开度，煤量大于 60t/h，二次风挡板开度大于 80%。

（3）根据飞灰含碳量变化及时调整锅炉运行风量，优先调整挡板开度，挡板全开后通过增加二次风母管压力增加风量。

（4）上层燃尽风尽量保证全开，控制脱销入口氮氧化合物，降低脱销用氨量。

（5）锅炉运行遵循先加风后加负荷的原则，负荷上升时及时增加二次风量，停磨煤机前先增加运行磨煤机二次风量再关小停运磨煤机二次风量，启动磨煤机前先开启二次风门再启动磨煤机。

（6）机组运行时注意二次风挡板开度与风量的匹配关系，如发现差别较大可能为调节挡板执行机构脱开，就地及时检查，有异常联系点检处理。

### 483. 什么叫理论空气量？

**答：**理论空气量是指 1kg 燃料完全燃烧所需要的空气量。理论空气量为一理想状态，烟气中不存在自由氧，用 $V_0$ 表示。

### 484. 什么叫实际空气量？

**答：**实际空气量是指实际运行中，由于各种因素的影响，光输入理论空气量是无法保证燃料完全燃烧的，输入的空气量必须大于理论空气量。用 $V_k$ 表示。

### 485. 什么叫过剩空气量？

**答：**过剩空气量是指为了保证燃料完全燃烧而多供的空气量。用 $\Delta V$ 表示，即

$$\Delta V = V_k - V_0$$

**486. 什么叫过量空气系数和最佳过量空气系数？**

答：过量空气系数是指进入炉膛的实际空气量和理论空气量之比，用 $\alpha$ 表示，即

$$\alpha = V_k / V_0$$

最佳过量空气系数是指锅炉热效率最高时的过量空气系数，用 $\alpha_j$ 表示。

**487. 什么是低氧燃烧？**

答：为了使进入炉膛的燃料完全燃烧，避免和减少化学和机械不完全燃烧损失，送入炉膛的空气总量总是比理论空气量多，即炉膛内有过剩的氧。例如，当炉膛出口过量空气系数 $\alpha$ 为 1.31 时，烟气中的含氧量为 5%；当 $\alpha$ 为 1.17 时，含氧量为 3%，根据现有技术水平，如果炉膛出口的烟气含氧量能控制在 1%（对应的过量空气系数，$\alpha$ 为 1.05）或以下，而且能保证燃料完全燃烧，则是属于低氧燃烧。

**488. 锅炉采用低氧燃烧有什么优点？**

答：锅炉采用低氧燃烧的目的主要是减少尾部受热面低温腐蚀。具体地说，有以下优点：

（1）防止空气预热器或省煤器的低温腐蚀和堵塞。

（2）减少排烟热损失和一、二次风机的电耗，提高锅炉效率。

（3）减轻烟囱排烟对环境的污染。

**489. 为什么说锅炉采用低氧燃烧可以减轻低温腐蚀？**

答：采用低氧燃烧，目的就是减少烟气中 $SO_3$ 的生成。实践证明，采用低氧燃烧后烟气中 $SO_3$ 的含量有大幅度降低。$SO_3$ 含量降低后，将使烟气的露点温度下降，露点若低于管壁温度，硫酸就不会结露，低温腐蚀的情况也将减轻。

**490. 为什么低负荷时要多投用上层燃烧器？**

答：大多数中、高压锅炉的过热器是以对流传热为主的，对流式过热器的蒸汽温度特性是随着负荷降低，蒸汽温度下降。当锅炉负荷较低时，有可能出现减温水调节阀完全关闭，蒸汽温度

仍然低于下限的情况。虽然可以采取增大炉膛出口过量空气系数或增大炉膛负压的方法来提高蒸汽温度，但这些方法因排烟温度提高，排烟的过量空气系数增加，造成排烟热损失上升，导致锅炉热效率下降。如果尽量停用下层燃烧器，而多投用上层燃烧器，则由于炉膛火焰中心上移，炉膛吸热量减少，炉膛出口的烟气温度上升。过热器因辐射吸热量和传热温差增大，过热器总的吸热量增加，使得蒸汽温度上升。这种调节蒸汽温度的方法经济性较好，在因负荷较低导致蒸汽温度偏低时，是应首先采用的方法。

### 491. 锅炉氧量如何调整？

**答：** 锅炉高负荷运行时，由于炉膛温度高，燃烧稳定，排烟损失较高，为了提高锅炉效率可根据实际煤质等情况，适当降低过量空气系数运行。降低氧量后，排烟损失降低，可使锅炉效率提高，但必须有试验数据作为指导调整的依据，可在满负荷时调整不同的氧量值测量飞灰含碳量及 CO 含量，还可做更严谨的试验进行验证，如在高负荷时不同的氧量下测量锅炉效率，由此来确定锅炉运行的最佳氧量。

另外，由于氧量表是在省煤器后，不在炉膛出口，由于炉膛出口至省煤器出口烟道有漏风，会造成氧量显示较实际炉膛出口氧量高，因此，在锅炉氧量调整时要把这部分漏风考虑进去。

### 492. 锅炉低负荷运行时燃烧调整注意事项有哪些？

**答：** 锅炉低负荷运行时燃烧调整注意事项如下：

(1) 低负荷时应尽可能燃用挥发分较高的煤。当燃煤挥发分较低、燃烧不稳时，应投入点火油枪助燃，以防止可能出现灭火。

(2) 低负荷时投入的燃烧器应较均匀，燃烧器数量也不宜太少。

(3) 增减负荷的速度应缓慢，并及时调整风量。注意维持一次风压的稳定，一次风量也不宜过大。燃烧器的投入与停用操作应投入油枪助燃，以防止调整风量时灭火。

(4) 启、停制粉系统及冲灰时，对燃烧的稳定性有较大影响，各岗位应密切配合，并谨慎、缓慢地操作，防止大量空气漏入炉内。

（5）燃油炉在低负荷运行时，由于难以保证油的燃烧质量，应注意防止未燃尽油滴在烟道尾部造成复燃。

（6）低负荷运行时，要尽量少用减温水（对混合式减温器），但也不宜将减温门关死。

（7）低负荷运行时，排烟温度低，低温腐蚀的可能性增大。因此，应投入暖风器或热风再循环。

### 493. 锅炉结焦的原因有哪些？

答：锅炉结焦的原因如下：

（1）灰的性质。灰的熔点越高，越不容易结焦；反之熔点越低，越容易结焦。

（2）周围介质的成分。在燃烧过程中，由于供风不足或燃料与空气混合不良，使燃料达不到完全燃烧，未完全燃烧将产生还原性气体，灰的熔点大大降低。

（3）运行操作不当。由于燃烧调整不当使炉膛火焰发生偏斜；一、二次风配合不合理，一次风速高，煤粒没有完全燃烧而在高温软化状态黏附在受热面上继续燃烧，形成恶性循环。

（4）炉膛容积热负荷过大。炉膛设计不合理或锅炉不适当的超出力，使炉膛容积热负荷过大、炉膛温度过高，造成结焦。

（5）吹灰、除焦不及时。炉膛受热面积灰过多，清理不及时或发现结焦后没及时清除，都会造成受热面壁温升高，使受热面严重结焦。

### 494. 结焦对锅炉运行的经济性与安全性有哪些影响？

答：结焦对锅炉运行的经济性与安全性的影响如下：

（1）锅炉热效率下降。

1）受热面结焦后，使传热恶化，排烟温度升高，锅炉热效率下降。

2）燃烧器出口结焦，造成气流偏斜，燃烧恶化，有可能使机械未安全燃烧热损失、化学未完全燃烧热损失增大。

3）使锅炉通风阻力增大，厂用电量上升。

（2）影响锅炉出力。

1）水冷壁结焦后，会使蒸发量下降。

2）炉膛出口烟气温度升高、蒸汽出口温度升高、管壁温度升高，以及通风阻力的增大，有可能成为限制出力的因素。

（3）影响锅炉运行的安全性。

1）结焦后过热器处烟气温度及蒸汽温度均升高，严重时会引起管壁超温。

2）结焦往往是不均匀的，结果使过热器热偏差增大，对自然循环锅炉的水循环安全性以及强制循环锅炉的水冷壁热偏差带来不利影响。

3）炉膛上部结焦块掉落时，可能砸坏冷灰斗水冷壁管，造成炉膛灭火或堵塞排渣口，使锅炉被迫停止运行。

4）除渣操作时间长时，炉膛漏入冷风太多，使燃烧不稳定甚至灭火。

### 495. 举例说明锅炉严重结焦停炉处理事故及防范措施。

答：1. 事故案例：2011 年 9 月 3 日，某电厂 600MW 机组，负荷为 538MW，煤量为 280t/h，A、C、D、E、F 磨煤机运行，1～5 号螺旋捞渣机正常运行，刮板捞渣机油压为 6.0～8.4MPa，刮板速度为 3.9m/s。机组运行中发现刮板输渣机油压由 8.0MPa 下降至 6.2MPa 不再增大，就地检查捞渣机无渣，降负荷至 80MW，从 9m 炉膛观火孔及 22m 炉膛观火孔检查炉内情况，发现炉膛左侧有大焦块从 9m 标高延伸至约 21m 标高处，右侧有松散的积渣从标高 9m 一直延伸至标高约 20m 处，因结焦蓬渣严重，决定停炉清焦。

2. 防范措施

（1）运行人员充分了解燃用煤种的特性，根据煤种做出针对性的调整。运行中要密切关注磨煤机出口温度，当出口温度发生突然变化时，要及时了解燃煤是否变化，避免出现煤种突变而未对运行方式进行调整的情况，磨煤机要定期轮换运行。

（2）每天利用夜间低负荷时段，变负荷运行一段时间，尽可能使受热面上的结焦自然脱落。

（3）加强对捞渣机的监视，通过工业电视、捞渣机电流等及时发现异常。

（4）加强对炉膛燃烧和结焦情况的监视，将检查炉膛结焦列入定期工作标准，定期检查水冷壁和屏式过热器区域结焦情况。

（5）锅炉运行中保证吹灰器的投运率，防止大面积结焦现象的发生。

（6）机组高负荷运行时，要注意锅炉风量应满足煤量需要，避免锅炉缺氧燃烧。

（7）合理设置水封高度，不可过高或过低，要保证水封的水量，避免出现因水量不足导致的水封失效。

## 第三节　火焰检测系统

**496. 火焰检测系统由哪些部件组成？**

**答：**火焰检测系统由以下部件组成：

（1）外导管组件、内导管组件（含光纤）和安装管组件。

（2）火检探头。

（3）缆组件及接线箱。

（4）火焰检测电源箱。

（5）PC、通信软件及附件。

（6）火焰检测冷却风系统。

**497. 火焰检测系统有何作用？**

**答：**火焰检测系统的主要作用是在正常运行时用来随时检测煤粉火焰燃烧的稳定性情况。以备在一旦产生熄火时切断煤粉气流的入炉，防止爆燃的发生。另外，就是在点火不成功时也能及时切断油流，防止因炉内储积燃料而引起爆燃，确保点火的安全。

**498. 火焰检测冷却风机系统由哪些部件组成？**

**答：**火焰检测冷却风机系统主要由冷却风机控制柜、冷却风机电动机、风机底座、两台互为备用的冷却风机、空气过滤器、Y形管、检测母管风压的压力开关、检测滤网两端压力差值的差压开关、火焰探测器的冷却风软管等组成。

### 499. 火焰检测冷却风的作用是什么？

**答**：火焰检测冷却风的主要作用就是改善火焰检测探头的工作环境，可使探头得到适当的冷却降温，不使其温度过高；另外，冷却风的吹扫也起到了清洁探头的作用。

### 500. 火焰检测风机失压的后果是什么？

**答**：火焰检测失去冷却，造成探头烧坏，失去对锅炉火焰的监视，引起锅炉保护动作，威胁锅炉安全运行。

### 501. 火焰检测的方法有哪些？

**答**：火焰检测的方法有紫外光火焰检测、红外光火焰检测、可见光检测、全辐射火焰检测。

### 502. 紫外光火焰检测有何优点？

**答**：紫外光火焰检测，响应紫外光谱为290～320nm波长，适用于检测气体和清油燃料火焰；由于其频谱响应在紫外光波段，所以不受可见光和红外光的影响。根据含氢燃烧火焰具有高能量紫外光辐射的原理，在燃烧带的不同区域，紫外光的含量有急剧的变化，在第一燃烧区（火焰根部），紫外光含量最丰富；而在第二和第三燃烧区，紫外光含量显著减少。因此，紫外光用作单火嘴的火焰检测，它对相邻火嘴的火焰具有较高的鉴别率。

### 503. 紫外光火焰检测有何缺点？

**答**：紫外光火焰检测的缺点如下：

（1）由于紫外光易为介质所吸收，因此当探头的表面被烟灰油雾污染时，灵敏度将显著下降，为此要经常清除污染物，现场的维护量大大增加。

（2）煤粉火焰光紫外光含量很小，根据紫外光的频谱特性，它在燃气锅炉上效果较好，而在燃煤锅炉上效果较差。此外，探头需瞄准第一燃烧区，也增加了现场的调试工作量。

### 504. 红外光火焰检测有何优点？

**答**：红外光火焰检测，响应红外光谱700～1700nm波长，适

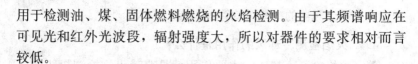

用于检测油、煤、固体燃料燃烧的火焰检测。由于其频谱响应在可见光和红外光波段，辐射强度大，所以对器件的要求相对而言较低。

### 505. 红外光火焰检测有何缺点？

**答**：红外光火焰检测的缺点是区分相邻火嘴的鉴别率不如紫外光。虽然利用初始燃烧区和燃尽区火焰的高频闪烁频率不同这一特性来作单火嘴火焰检测有一定的效果，但要想获得对相邻火嘴的火焰有较高的鉴别率，其现场调试工作量很大；根据光敏电阻和硅光电池的频谱响应特性，它在燃煤锅炉和燃油锅炉上效果较好，而在燃气锅炉上效果较差。

### 506. 火焰检测器原理是什么？

**答**：根据煤粉火焰、油火焰不同的辐射特性和频率特性，通过火焰探头检测到不同的波长和火焰闪烁频率，可以判断煤粉燃烧、油燃烧器是否着火。

### 507. 火焰检测电源柜失电失去所有火焰保护会动作吗？电源取自哪里？

**答**：火检电源柜失电失去会导致锅炉灭火保护动作，工作原理是火检探头将光信号转化为电信号然后送回火焰检测卡进行火焰检测强度判断，最后送至 DCS 系统，如果电源柜失电，火焰检测卡无法正常发出火焰检测信号，火焰检测失去，灭火保护动作。

火焰检测电源柜电源有两路，一路取自保安段，另一路取自 UPS。

### 508. 如何判断火焰检测系统的常见故障？

**答**：火焰检测系统的接线共有 5 根，分别为 50V 和 12V 的工作电压、5V 左右的信号电压以及接地线和屏蔽线。用万用表分别测量以上电压，若没有工作电压说明火焰检测放大器卡有问题，若没有信号电压则说明焊接线脱落，若以上电压均没有问题，在排除光纤不感光外则说明火检探头坏。

# 第六章

# 锅炉其他附属系统

## 第一节 脱 硝 系 统

**509. 影响 $NO_x$ 生成的主要因素有哪些?**

答:锅炉烟气中的 $NO_x$ 主要来自燃料中的氮,从总体上看燃料氮含量越高,$NO_x$ 的排放量也就越大。此外,还有很多因素都会影响锅炉烟气中 $NO_x$ 的含量,有燃料种类的影响、有运行条件的影响,也有锅炉负荷的影响。

**510. 锅炉燃料特性对 $NO_x$ 生成有何影响?**

答:煤挥发成分中的各种元素比会影响燃烧过程中的 $NO_x$ 生成量,煤中氧/氮(O/N)比值越大,$NO_x$ 排放量越高;即使在相同 O/N 比值条件下,转化率还与过量空气系数有关,过量空气系数大,转化率高,使 $NO_x$ 排放量增加。此外,煤中硫/氮(S/N)比值也会影响到 $SO_2$ 和 $NO_x$ 的排放水平,S 和 N 氧化时会相互竞争,因此,在锅炉烟气中随 $SO_2$ 排放量的升高,$NO_x$ 排放量会相应降低。

**511. 锅炉过量空气系数对 $NO_x$ 生成有何影响?**

答:当空气不分级进入炉膛时,降低过量空气系数,在一定程度上会起到限制反应区内氧浓度的目的,因而对 $NO_x$ 的生成有明显的控制作用,采用这种方法可使 $NO_x$ 的生成量降低 15%~20%。但是 CO 随之增加,燃烧效率下降。当空气分级进入时,可有效降低 $NO_x$ 排放量,随着一次风量减少,二次风量增大,氮氧结合速度降低,$NO_x$ 的排放量也相应下降。

**512. 锅炉燃烧温度对 $NO_x$ 生成有何影响?**

答:锅炉燃烧温度对 $NO_x$ 排放量的影响已取得共识,即随着炉内燃烧温度的提高,$NO_x$ 排放量上升。

**513. 锅炉负荷率对 NO$_x$ 生成有何影响？**

**答**：通常情况下，增大负荷率，增加给煤量，燃烧室及尾部受热面处的烟气温度随之增高，燃料中挥发分 N 生成的 NO$_x$ 随之增加。

**514. 控制 NO$_x$ 的措施有哪些？**

**答**：有关 NO$_x$ 的控制方法从燃料的生命周期的三个阶段入手，即燃烧前、燃烧中和燃烧后。当前，燃烧前脱硝的研究很少，几乎所有的研究都集中在燃烧中和燃烧后的 NO$_x$ 控制。因此，在国际上把燃烧中 NO$_x$ 的所有控制措施统称为一次措施，把燃烧后的 NO$_x$ 控制措施称为二次措施，又称为烟气脱硝技术。目前，普遍采用的燃烧中 NO$_x$ 控制技术即为低 NO$_x$ 燃烧技术，主要有低 NO$_x$ 燃烧器、空气分级燃烧和燃料分级燃烧。应用在燃煤电站锅炉上的成熟烟气脱硝技术主要有选择性催化还原技术（SCR）、选择性非催化还原技术（SNCR）以及 SNCR/SCR 混合烟气脱硝技术。

**515. 什么是 SCR 烟气脱硝技术？**

**答**：SCR 烟气脱硝技术即选择性催化还原技术（Selective Catalytic Reduction，SCR），是向催化剂上游的烟气中喷入氨气或其他合适的还原剂，利用催化剂（铁、钒、铬、钴或钼等碱金属）在温度为 200～450℃时将烟气中的 NO$_x$ 转化为氮气和水。由于 NH$_3$ 具有选择性，只与 NO$_x$ 发生反应，基本不与 O$_2$ 反应，因此称为选择性催化还原脱硝。在通常的设计中，使用液态纯氨或氨水（氨的水溶液），无论以何种形式使用氨，首先使氨蒸发，然后氨和稀释空气或烟气混合，最后利用喷氨格栅将其喷入 SCR 反应器上游的烟气中。

**516. 什么是 SNCR 烟气脱硝技术？**

**答**：SNCR 烟气脱硝技术是一种不需要催化剂的选择性非催化还原技术（Selective Non-Catalytic Reduction，SNCR）。该技术是用 NH$_3$、尿素等还原剂喷入炉内与 NO$_x$ 进行选择性反应，不用催化剂，因此，必须在高温区加入还原剂。还原剂喷入炉膛温度为 850～1100℃的区域，该还原剂（尿素）迅速热分解成 NH$_3$ 并与烟气中的 NO$_x$ 进行 SNCR 反应，生成 N$_2$，该方法是以炉膛为反应器，在炉膛 $850\sim1100°C$ 这一狭窄的温度范围内、在无催化剂作用下，$NH_3$ 或尿素等氨基还原剂可选择性地还原烟气中的 $NO_x$，基本上不与烟气中的 $O_2$ 作用。

SNCR 烟气脱硝技术的脱硝效率一般为 $25\%\sim50\%$，受锅炉结构尺寸影响很大，多用作低 $NO_x$ 燃烧技术的补充处理手段。

### 517. 什么是 SNCR/SCR 混合烟气脱硝技术？

**答**：SNCR/SCR 混合烟气脱硝技术是把 SNCR 工艺的还原剂喷入炉膛技术同 SCR 工艺利用逃逸氨进行催化反应的技术结合起来，进一步脱除 $NO_x$。它是把 SNCR 工艺的低费用特点与 SCR 工艺的高效率及低的氨逃逸率进行有效结合。该联合工艺于 20 世纪 70 年代首次在日本的一座燃油装置上进行试验，试验表明了该技术的可行性。理论上，SNCR 工艺在脱除部分 $NO_x$ 的同时也为后面的催化法脱硝提供所需要的氨。SNCR 体系可向 SCR 催化剂提供充足的氨，但是控制好氨的分布以适应 $NO_x$ 的分布的改变却是非常困难的。为了克服这一难点，混合工艺需要在 SCR 反应器中安装一个辅助氨喷射系统。通过试验和调节辅助氨喷射可以改善氨气在反应器中的分布效果。

### 518. SCR 脱硝的优点有哪些？

**答**：SCR 脱硝的优点如下：

（1）由于使用了催化剂，故反应温度较低。

（2）净化率高，可高达 $85\%$ 以上。

（3）工艺设备紧凑，运行可靠。

（4）还原后的氮气放空，无二次污染。

### 519. SCR 脱硝的缺点有哪些？

**答**：SCR 脱硝的缺点如下：

（1）烟气成分复杂，某些污染物可使催化剂中毒。

（2）高分散度的粉尘微粒可覆盖催化剂的表面，使其活性下降。

（3）系统中存在一些未反应的 $NH_3$ 和烟气中的 $SO_2$ 作用，生成易腐蚀和堵塞设备的硫酸氨 $(NH_4)_2SO_4$ 和硫酸氢氨 $NH_4HSO_4$，同时还会降低氨的利用率。

（4）投资与运行费用较高。

**520. SCR 脱硝系统由哪几部分组成？**

答：SCR 脱硝系统由反应区和氨区组成。

反应区包括供氨管道、稀释风机、混合器、喷氨系统、催化模块、吹灰器、烟气测量装置等。

氨区包括卸氨压缩机、液氨储罐、液氨蒸发器、气氨罐废水箱、废水泵等。

**521. SCR 脱硝原理是什么？**

答：SCR 技术是在金属催化剂作用下，以 $NH_3$ 作为还原剂，将 $NO_x$ 还原成 $N_2$ 和 $H_2O$。$NH_3$ 不和烟气中的残余的 $O_2$ 反应，因此称这种方法为"选择性"。主要反应方程式为

$$4NH_3+4NO+O_2=4N_2+6H_2O \tag{6-1}$$
$$NO+NO_2+2NH_3=2N_2+3H_2O \tag{6-2}$$
$$6NO_2+8NH_3=7N_2+12H_2O \tag{6-3}$$

其中式（6-1）是主反应，因为烟气中的大部分 $NO_x$ 均是以 NO 的形式存在的。

**522. SCR 催化剂的主要成分是什么？**

答：SCR 催化剂以 $TiO_2$ 为基材，以 $V_2O_5$ 为主要活性成分，以 $WO_3$、$MoO_3$ 为抗氧化、抗毒化辅助成分。

**523. SCR 催化剂有哪几种形式？**

答：SCR 催化剂可分为三种：板式、蜂窝式和波纹板式。

**524. 什么是板式催化剂？有何特点？**

答：板式催化剂以不锈钢金属板压成的金属网为基材，将 $TiO_2$、$V_2O_5$ 等的混合物黏附在不锈钢网上，经过压制、煅烧后，将催化剂板组装成催化剂模块，如图 6-1 所示。

特点：具有较强的抗腐蚀和防堵塞特性，适合于含灰量高及灰黏性较强的烟气环境。

缺点是单位体积的催化剂活性低、相对荷载高、体积大，使用的钢结构多。

**525. 什么是蜂窝式催化剂?**

**答:** 蜂窝式催化剂一般为均质催化剂,将 $TiO_2$、$V_2O_5$、$WO_3$ 等混合物通过一种陶瓷挤出设备,制成截面为 150mm×150mm、长度不等的催化剂元件,然后组装成为截面约为2m×1m 的标准模块,如图 6-2 所示。

特点:单位体积的催化剂活性高,达到相同脱硝效率所用的催化剂体积较小,抗腐蚀性一般,容易积灰,适合灰分低于 $30g/m^3$、灰黏性较小的烟气环境。

图 6-1 板式催化剂

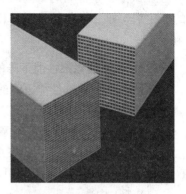

图 6-2 蜂窝式催化剂

**526. 什么是波纹板式催化剂?**

**答:** 波纹板式催化剂一般以用玻璃纤维加强的 $TiO_2$ 为基材,将 $WO_3$、$V_2O_5$ 等活性成分浸渍到催化剂的表面,以达到提高催化剂活性、降低 $SO_2$ 氧化率的目的,如图 6-3 所示。

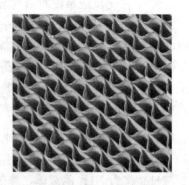

图 6-3 波纹板式催化剂

特点:催化剂孔径相对较小,单位体积的催化效率与蜂窝式催化剂相近,相对荷载小一些,反应器体积普遍较小,支撑结构的荷载低,因而与其他形式催化剂的互换性较差。一般适用于含灰量较低的烟气环境。

**527. SCR 脱硝法的催化剂如何选择?**

**答:** SCR 法中催化剂的选取是关键因素,对催化剂的要求是活性高、寿命长、经济性好、不产生二次污染。在以氨为还原剂来还原 $NO_x$ 时,虽然过程容易进行,铜、铁、铬、锰等非贵金属都可起到有效的催化作用,但因烟气中含有 $SO_2$、尘粒和水雾,对催化反应和催化剂均不利,故采用铜、铁等金属作为催化剂的 SCR 法必须首先进行烟气除尘和脱硫;或者是选用不易受肮脏烟气污染和腐蚀等影响的,同时要具有一定的活性和耐受一定温度的催化剂,如二氧化钛为基体的碱金属催化剂,其最佳反应温度为 $300\sim400℃$。

**528. SCR 催化剂性能下降的原因有哪些?**

**答:** SCR 催化剂性能下降的原因如下:

(1) 微孔体积减小。

(2) 固体沉积物使微孔堵塞。

(3) 碱性化合物等〔砷(As)、钾(K)、钠(Na),其次钙(CaO)和镁(MgO)〕引起中毒。

(4) $SO_3$ 中毒。

(5) 飞灰磨损和腐蚀。

**529. 催化反应系统对烟气温度的要求有哪些?**

**答:** 为了保证脱硝系统的安全稳定、正常运行,进入反应器内的烟气温度不能过高,也不能过低。催化剂的正常工作温度为 $290\sim420℃$,只有当烟气温度高于 $290℃$ 且低于 $420℃$ 时,方可向反应器内喷氨,当反应器烟气温度高于 $420℃$ 时,应该对锅炉进行调整,以免催化剂发生高温烧结,从而导致催化剂活性迅速降低。

**530. 稀释风的作用有哪些?**

**答:** 稀释风由稀释风机负责提供,其主要作用如下:

(1) 作为 $NH_3$ 的载体,降低氨的浓度使其到爆炸极限下限以下,保证系统安全运行。

(2) 通过喷氨格栅将 $NH_3$ 喷入烟道,有助于加强 $NH_3$ 在烟道中的均匀分布,便于系统对喷氨量的控制。

### 531. SCR 脱硝系统投入前检查的内容有哪些？

**答：** SCR 脱硝系统投入前检查内容如下：

（1）确认炉前氨气分配蝶阀已开启，且位置已调整合适。

（2）反应器内烟气温度在 310~420℃之间。

（3）稀释风机已经送电，风机备用良好。

（4）系统照明良好，现场清洁、无杂物。

（5）氨气已送至供氨减压阀前。

（6）设备周围的杂物已清除干净。

（7）设备附近无易燃易爆物品。

（8）检查脱硝反应区 CEMS（烟气连续监测系统）烟气分析仪已投入，相关参数显示正常。

### 532. SCR 脱硝系统如何投运？

**答：** SCR 脱硝系统投运方法如下：

（1）启动 1 台稀释风机，确认稀释风流量均大于规定值。

（2）开启供氨减压阀前、后手动门。

（3）开启供氨减压阀至本机组脱硝反应区手动门。

（4）检查喷氨系统调节阀关闭。

（5）开启喷氨系统调节阀前、后手动门。

（6）开启喷氨系统关断阀。

（7）逐渐开大喷氨系统调节阀，调整脱硝出口 $NO_x$ 在规定值范围内，且氨逃逸不超标。

### 533. SCR 脱硝系统运行中检查内容有哪些？

**答：** SCR 脱硝系统运行中检查内容如下：

（1）检查稀释风机运行良好，风量满足运行需求，轴承温度、振动不超过允许范围。

（2）检查烟气连续监视系统运行正常，相关数据无明显异常。

（3）检查声波吹灰器正常投用。

（4）检查催化剂进、出口压差正常。

（5）检查氨气管道无漏点。

（6）检查氨空气稀释比例小于 5%。

（7）检查反应区入口烟气温度在规定范围内。

（8）检查 SCR 出口烟气中 $NH_3$ 不超过规定值。

**534. 脱硝反应器出口 $NO_x$ 增大的原因及处理方法有哪些？**

**答：**脱硝反应器出口 $NO_x$ 增大的原因如下：

（1）SCR 入口 $NO_x$ 增大。

（2）SCR 供氨流量下降。

（3）SCR 催化剂部分失效。

（4）CEMS 分析仪故障。

脱硝反应器出口 $NO_x$ 增大的处理方法如下：

（1）SCR 入口 $NO_x$ 增大，应检查机组负荷变化或磨煤机运行方式变化以及 OFA（燃尽风）配风变化，负荷上升后及时开大 OFA 风门，磨煤机均正常时优先运行下层磨煤机，以降低 SCR 入口 $NO_x$。无法通过锅炉运行调整来降低 $NO_x$ 时，再采用开大供氨流量的方式来降低 SCR 出口 $NO_x$。调整供氨流量后，要加强脱硝相关参数的监视。

（2）供氨流量下降时，应进行如下检查和处理：

1）检查供氨压力是否下降，如供氨压力下降，应联系氨区是否有调整以及询问临机是否开大供氨，确认为氨区或临机操作引起的流量下降时可开大调节门，调整供氨流量满足脱硝需求。

2）检查供氨调节门实际开度与反馈是否一致，如为调节门故障，应切至调节门旁路运行，将调节门隔离，暂时使用调节门旁路门控制供氨流量，并稳定机组负荷。

3）检查供氨管道是否有泄漏，如供氨管道泄漏，应隔离泄漏点，并将脱硝反应区退出运行。

4）检查供氨系统有关手动门是否被关小，如有关阀门被关小，应恢复原状，并注意脱硝参数的变化。

（3）如脱硝反应区其他参数均正常，脱硝效率呈现缓慢下降趋势，可初步判断为催化剂失效。确认催化剂失效后，应利用停炉机会进行更换。

（4）如 SCR 出口 $NO_x$ 异常增大，检查 SCR 出口其他参数是否正常，如其他参数也变化异常，应参照脱硫出口 $NO_x$ 和机组负荷手动调整供氨量，并联系热工检查 CEMS 分析仪。

**535. 氨逃逸大有哪些不利影响？**

答：氨逃逸大的不利影响如下：

（1）与 $SO_3$ 和 $H_2O$ 生成硫酸氢氨，造成空气预热器堵塞、堵塞催化剂孔道、造成 ESP 均流板堵塞。

（2）与 $SO_3$ 和 $H_2O$ 生成硫酸氨，增加烟囱细微颗粒排放。

（3）被脱硫浆液吸收，在皮带脱水车间稀释，散发臭味。

（4）被飞灰颗粒捕捉，降低飞灰比电阻，影响除尘效率并污染飞灰，影响粉煤灰的出售。

**536. 脱硝反应器出口氨逃逸大的原因及处理方法有哪些？**

答：脱硝反应器出口氨逃逸大的原因如下：

（1）SCR 喷氨量过大。

（2）SCR 催化剂部分失效。

（3）CEMS 分析仪故障。

脱硝反应器出口氨逃逸大的处理方法如下：

（1）机组负荷下降后，SCR 入口 $NO_x$ 下降，应及时根据 SCR 出入口参数降低供氨流量。

（2）催化剂失效时，应利用停炉机会更换催化剂。

（3）CEMS 分析仪故障时，应将脱硝反应区退出运行，并联系热工检查分析仪。

**537. 脱硝反应器出、入口差压大的原因及处理方法有哪些？**

答：脱硝反应器出、入口差压大的原因是 SCR 反应区积灰过多。

脱硝反应器出、入口差压大的处理方法是检查声波吹灰器工作是否正常，如声波吹灰器工作不正常，应联系检修人员处理，并投入蒸汽吹灰器，降低反应区差压。

**538. 脱硝对空气预热器有哪些影响？**

答：脱硝对空气预热器的影响如下：

（1）烟气中的部分 $SO_2$ 转化为 $SO_3$，使烟气中的 $SO_3$ 增加，引起酸腐蚀和酸沉积堵灰程度增加。

（2）$SO_3$ 和逃逸的 $NH_3$ 发生反应，生成硫酸氢氨，其沉积温度为 $150\sim230℃$，黏度较大，加剧对空气预热器换热元件的堵塞和腐蚀。

（3）空气预热器烟/风压差增加，空气预热器漏风增加。

### 539. 减轻脱硝系统对空气预热器的堵塞和腐蚀有哪些措施？

**答：** 减轻脱硝系统对空气预热器的堵塞和腐蚀措施如下：

（1）空气预热器换热元件选用合适的板型。

（2）空气预热器由高、中、低温段改为高、低温两段，取消中温段，避免中、低段之间硫酸氢氨沉积。

（3）在空气预热器冷段采用镀搪瓷元件。

（4）采用多介质吹灰器，加强吹灰频率，如增加声波吹灰器。

（5）严格控制氨的逃逸率。

（6）催化剂选型要恰当，保证较低的 $SO_2/SO_3$ 的转化率（$<1\%$）。

### 540. 脱硝反应区氨气泄漏如何处理？

**答：** 发生氨气泄漏时，首先确定泄漏点大致位置，然后关闭泄漏点之前的阀门。如漏点在需要操作的阀门附近，则要穿戴好防护服和防护面罩，然后再进行操作，以防止氨气中毒。氨气发生泄漏，停止附近区域动火作业，并打开门窗通风。

### 541. 液氨储存由哪些设备组成？

**答：** 液氨储存主要包括两个液氨储罐和两台卸料压缩机（一用一备）。液氨储罐进口气动切断阀、液氨储罐气出口气动切断阀及卸料压缩机主要用于液氨槽车卸氨至液氨储罐，由现场卸氨人员在就地控制箱上操作，不参与顺序控制和联锁。

### 542. 氨气供应系统由哪些设备组成？

**答：** 氨气供应系统的两台液氨蒸发器分别对应两台氨气缓冲罐，系统为一用一备。蒸发器采用水浴的原理，运行时通过调节蒸发器气动调节阀来保证水温控制在 $42℃$（首次启动前应将液氨蒸发器加满水），通过调节蒸发器进口气动调节阀来保证液氨蒸发器出口、缓冲罐达到正常设计压力。

### 543. 氨气泄漏检查仪和喷淋装置的作用有哪些？

**答**：在液氨储罐、液氨蒸发器及氨气缓冲罐、卸氨槽车处设置有氨气泄漏检查仪和喷淋装置。在投自动控制情况下，当出现液氨储罐压力大于规定压力、液氨储罐温度大于规定温度或任一氨泄漏监测器氨浓度超标时，就地喷淋装置将自动启动开始喷淋，从而达到降温或者控制泄漏量的作用。

### 544. 氨区废水池有何作用？

**答**：氨区设置有氨气吸收罐、废水池和废水泵。当液氨储罐、液氨蒸发器、氨气缓冲罐氨区阀动作时，或者罐体和管道置换时，排出的气体经氨气收集总管进入氨气吸收罐溶于水后流至废水池，通过废水泵，打往化学区域的酸碱废水暂存水池。

### 545. 氨气中毒如何急救？

**答**：氨气中毒时对病人进行复苏三步法（气道、呼吸、循环）：

（1）气道：保证气道不被舌头或异物阻塞。

（2）呼吸：检查病人是否呼吸，如无呼吸可用袖珍面罩等提供通气。

（3）循环：检查脉搏，如没有脉搏应施行心肺复苏。

（4）将中毒者颈、胸部纽扣和腰带松开同时用2%硼酸水给中毒者漱口，少喝一些柠檬酸汁或3%的乳酸溶液，对中毒严重不能自理的伤员，应让其吸入1%～2%柠檬酸溶液的蒸汽，对中毒休克者应迅速解开衣服进行人工呼吸，并给中毒者饮用较浓的食醋，严禁饮水。经过以上处治的中毒人员应迅速送往医院诊治。

## 第二节 除尘系统

### 546. 除尘器的类型有哪些？

**答**：按照除尘器的工作原理可分为：

（1）机械力除尘器。重力式、惯性式、离心式。

（2）洗涤式除尘器。分立式、卧式旋风水膜除尘器，文丘里除尘器，管式水膜除尘器，冲击水浴除尘器等。

（3）静电除尘器。

（4）袋式过滤除尘器。

**547. 电除尘器本体系统主要包括哪些主要设备或系统？**

答：电除尘器本体系统主要包括收尘极系统（阳极）、电晕极系统（阴极）、烟箱系统、气流均布装置、壳体、储排灰系统、槽形板装置、管路系统及辅助设施等。

**548. 简述电除尘器的工作原理。**

答：电除尘器是利用高直流电压产生电晕放电，使气体电离，烟气在电除尘器中通过时，烟气中的粉尘在电场中荷电；荷电粉尘在电场力的作用下向极性相反的电极运动，到达极板或极线时，粉尘被吸附到极板或极线上，通过振打装置落入灰斗，使烟气净化。

**549. 粉尘的荷电量与哪些因素有关？**

答：在电除尘器的电场中，粉尘的荷电量与粉尘的粒径、电场强度、停留时间等因素有关。

**550. 简述粉尘荷电过程。**

答：在电除尘器阴极与阳极之间施以足够高的直流电压时，两极间产生极不均匀电场，阴极附近的电场强度最高，产生电晕放电，使其周围气体电离。气体电离产生大量的电子和正离子，在电场力的作用下向异极运动。当含尘烟气通过电场时，负离子和正离子与粉尘相互碰撞，并吸附在粉尘上，使中性的粉尘带上了电荷，实现粉尘荷电。

**551. 高压控制柜内的主要器件有哪些？**

答：高压控制柜内的主要器件有低压操作器件、调压晶闸管、一次取样元件、电压自动调整器、阻容保护元件等。

**552. 为什么阳极振打时间应比阴极的短？**

答：阳极振打时间比阴极的短的原因有两方面：一是阳极收尘速度快，积灰比阴极多；二是阴极清灰效果差，振打时易产生二次飞扬。

**553. 阳极系统由哪几部分组成？其功能是什么？**

**答：**阳极系统由阳极板排、极板的悬吊和极板振打装置三部分组成。

阳极系统的功能是捕获荷电粉尘，并在振打力作用下使阳极板表面附着的粉尘成片状脱离板面，落入灰斗中，达到除尘的目的。

**554. 阴极系统由哪几部分组成？其功能是什么？**

**答：**阴极系统由电晕线、电晕框架、框架吊杆及支撑套管、阴极振打装置组成。

阴极系统的功能是在电场中产生电晕放电时气体电离。

**555. 为什么极板振打的周期不能太长也不能太短？**

**答：**若振打的周期短，频率高，容易产生粉尘二次飞扬；若振打周期太长，粉尘已大量沉积在极板、极线上，又容易产生反电晕。

**556. 电晕极线断裂的原因有哪些？**

**答：**电晕极线断裂的原因如下：

（1）局部应力集中。

（2）安装质量不好。

（3）放电拉弧。

（4）烟气腐蚀。

（5）疲劳断损。

**557. 常用的电除尘器有哪几种分类方法？**

**答：**常用的电除尘器分类方法如下：

（1）按收尘极形式分管式和板式两种。

（2）按气流方向分卧式和立式两种。

（3）按粉尘荷电区、分离区的布置分单区和双区两种。

**558. 电除尘器的优点有哪些？**

**答：**电除尘器的优点如下：

（1）除尘效率高。

（2）阻力小。

（3）能耗低。

(4) 处理烟气量大。

(5) 耐高温。

## 559. 电除尘器的缺点有哪些?

**答:**电除尘器的缺点如下:

(1) 钢材消耗量大,初投资大。

(2) 占地面积大。

(3) 对制造、安装、运行的要求比较严格。

(4) 对烟气特性反应敏感。

## 560. 电除尘器启动检查项目有哪些?

**答:**电除尘器启动检查项目如下:

(1) 各振打机构转动灵活、无卡涩。各振打轴防护罩完好。

(2) 电除尘器外壳、烟道、灰斗保温完整、良好。

(3) 人孔门关闭严密,密封垫完好,锁紧螺栓齐全、紧固。

(4) 各阴打、阳打、槽打减速机外观良好。

(5) 电除尘楼梯、扶手、栏杆、平台等牢固、齐全,巡检过道畅通。

(6) 整流变压器油位、油色正常,油质良好,变压器无渗油、漏油。

(7) 高压隔离开关室内清洁、无杂物,阻尼电阻清洁、完好。

(8) 隔离开关操作手柄操作灵活,触头接触良好。

(9) 整流变压器进、出线头无松动、烧焦、变色等现象。

(10) 高、低压控制柜内部清洁,接线牢固、无松动。

## 561. 电除尘器如何启动?

**答:**电除尘器启动方法如下:

(1) 锅炉点火前 24h,启动低压供电装置,投大梁、瓷轴加热。

(2) 锅炉点火前 2h,投电除尘振打,并且处于连续振打方式。

(3) 点火前 30min 投入灰斗电加热器。

(4) 磨煤机没有投运时,电除尘高压柜不得投运,按值长令,机组等离子点火且第一台磨煤机正常运行后只能投入二电场高压柜运行;待第三台磨煤机投入运行后,依次投运 1~5 电场高压柜。

（5）静电除尘器所有电场投运正常后，将振打切换为程序控制方式。

### 562. 电除尘器运行中检查内容有哪些？

**答：** 电除尘器运行中检查内容如下：

（1）检查一、二次电压，一、二次电流的变化并进行调整。

（2）检查一次电除尘器高、低压控制柜的运行状况。

（3）检查高压硅整流变压器及高压隔离开关运行正常。

（4）检查大梁及瓷轴加热器的运行正常。

（5）检查振打装置的运行正常。

（6）检查电除尘器本体无漏风。

### 563. 高压硅整流变压器的特点是什么？

**答：** 高压硅整流变压器的特点如下：

（1）输出负直流高电压。

（2）输出电压高，输出电流小，且输出电压需跟踪不断变化的电场击穿电压而改变。

（3）回路阻抗比较高。

（4）温升比较低。

### 564. 电除尘器高压控制装置的作用是什么？

**答：** 电除尘器高压控制装置的主要作用是根据被处理烟气和粉尘的性质，随时调整供给电除尘器工作的最高电压，使之能够保持平均电压在稍低于即将发生火花放电的电压下运行。

### 565. 电除尘器绝缘瓷件部位为什么要装加热器？

**答：** 为保持绝缘强度，在电除尘器的本体上装有许多绝缘瓷件，这些瓷件不论装在大梁内，还是装在振打系统，其周围的温度如果过低，在表面就会形成冷凝水汽，使绝缘瓷件的绝缘下降。当除尘器送电时，便容易在绝缘套管瓷件的表面产生表面放电现象，使工作电压升不上去，以致形成故障，使电除尘器无法工作。另外，由于启动和停止状态时，烟箱内的温差较大，瓷件热胀冷缩不能及时适应，易造成开裂、损坏。这样就需要对瓷件部位进行加热和保温。因此，要在绝缘瓷件部位装加热器。

**566. 锅炉启动初期，投油或煤油混烧阶段电除尘器为什么不能投电场？**

**答：** 因为在锅炉启动初期，烧油或煤油混烧阶段，烟气中含有大量的黏性粒子，如果此时投电场运行，他们将大量黏附在极板和极线上，很难通过振打清除，并且其具有腐蚀作用，所以锅炉启动初期，投油或煤油混烧阶段电除尘器不能投电场。

**567. 阴、阳极膨胀不均对电除尘器运行有哪些影响？**

**答：** 当阴、阳极膨胀不均时，极线、极板弯曲变形，使局部异极间距变小，两极放电距离变小，二次电压升不高或升高后跳闸，影响除尘效率。

**568. 为什么要用料位监测仪监视灰斗存灰的多少？**

**答：** 灰斗积灰过多，会影响电除尘器的正常运行，严重时会导致短路，电场停运。反之，灰斗内存灰过少，又会产生大量漏风，导致粉尘二次飞扬，使除尘效率大大降低。在灰斗内的灰料由于被壳体密封，无法直接观察，只能通过料位计来监测。

**569. 振打系统常见故障有哪些？**

**答：** 振打系统常见故障如下：

（1）掉锤。

（2）轴及轴承磨损。

（3）保险片、销断裂。

（4）振打力减小。

（5）振打电动机烧损。

**570. 振打装置保险片的作用是什么？有哪些一般要求？**

**答：** 振打装置保险片的作用是保障振打机构的安全，一旦保险片断裂，电动机、减速机将空载运行。要求保险片的破坏扭矩低于减速机输出轴允许的最大扭矩，一旦出现故障，保险片首先破坏。

**571. 电场闪络过于频繁，收尘效率降低的可能原因是什么？**

**答：** 电场闪络过于频繁，收尘效率降低的可能原因如下：

（1）电场以外有放电点，如隔离开关高压电缆及阻尼电阻等处。

（2）控制柜内火花率没有调整好。

（3）前电场的振动时间、周期不合适。

（4）电场内部存在异常放电点，如极板变形，电晕线断线等。

（5）工况变化，烟气条件波动很大。

### 572. 对电除尘器性能有影响的运行因素有哪些？

**答：**对电除尘器性能有影响的运行因素如下：

（1）气流分布。

（2）漏风。

（3）粉尘的二次飞扬。

（4）气流旁路。

（5）电晕线肥大。

（6）阴、阳极膨胀不均匀。

### 573. 电除尘器漏风对其运行有哪些影响？

**答：**处于负压运行的电除尘器，若壳体的焊接处有漏点，就会使外部空气漏入，造成电除尘器的烟速增大、烟温降低，使除尘器性能恶化。从灰斗下部漏风会使灰斗内的积灰产生二次飞扬，降低除尘效率。如果从烟道闸门、绝缘套管等处漏风，不仅会增加烟气处理量，而且还会由于温度下降出现冷凝水，引起电晕线肥大、绝缘套管"爬电"和腐蚀等。

## 第三节 脱 硫 系 统

### 574. 石灰石湿法脱硫反应原理是什么？

**答：**来自引风机出口的烟气从吸收塔中部进入吸收塔内部，自下而上与塔内喷淋层喷出的自上而下石灰石浆液逆流接触，烟气中的 $SO_2$ 遇水溶解后被石灰石中的 $CaCO_3$ 吸收，生成的 $CaSO_3$ 向下汇集至吸收塔的下部，最终被强制氧化生产石膏。化学反应式为

$$H_2O + SO_2 \Longleftrightarrow H_2SO_3 \tag{6-4}$$

$$H_2SO_3 \Longleftrightarrow H^+ + HSO_3^- \tag{6-5}$$

$$HSO_3^- + CaCO_3 + H^+ \Longrightarrow CaSO_3 + H_2O + CO_2 \tag{6-6}$$

$$CaSO_3 + 1/2\ O_2 + 2H_2O = CaSO_4 \cdot 2H_2O \qquad (6\text{-}7)$$

### 575. 石灰石湿法脱硫系统包括哪些系统？

**答：** 石灰石湿法脱硫系统包括以下系统：

（1）上料系统。

（2）浆液制备、供应系统。

（3）吸收塔系统。

（4）石膏脱水系统。

（5）废水处理系统。

（6）工艺水系统。

### 576. 吸收塔浆液池的作用是什么？

**答：** 吸收塔浆液池处于吸收塔的下部，在此区域装有搅拌器、氧化风喷嘴等。吸收塔浆液池主要有以下作用：

（1）接收和储存脱硫吸收剂。

（2）溶解石灰石（或石膏）。

（3）生成亚硫酸钙和石膏结晶。

（4）鼓入空气氧化亚硫酸钙，生成硫酸钙。

### 577. 脱硫浆液循环泵有何作用？

**答：** 脱硫浆液循环泵的作用是连续不断地把吸收塔收集池内的混合浆液向上输送到喷淋层，并为雾化喷嘴提供工作压力。使浆液通过喷嘴后尽可能地雾化，以便使小液滴和上行的烟气充分接触。

### 578. 为什么要在吸收塔内装设除雾器？

**答：** 湿法脱硫系统在运行过程中，经吸收塔处理后的烟气夹带了大量的浆体液滴。液滴中不仅含有水分，还溶有硫酸、硫酸盐、碳酸盐、$SO_2$ 等，如果不除去这些液滴，这些浆体液滴会沉积在吸收塔下游侧设备的表面，形成石膏垢，加速设备的腐蚀。如果采用湿排工艺，会造成烟囱"降雨"（排放液体、固体或浆体），污染电厂周围环境。因此，在吸收塔出口必须安装除雾器。

### 579. 石灰石湿法脱硫系统如何启动？

**答：** 石灰石湿法脱硫系统的启动步骤如下：

（1）启动工艺水系统。

（2）启动吸收塔浆液循环泵系统。

（3）启动氧化风机系统。

（4）启动石灰石浆液供给系统。

（5）启动石膏浆液排放系统。

（6）启动除雾器冲洗系统。

（7）启动废水处理系统。

**580. 烟气流速对除雾器的运行有哪些影响？**

**答：**烟气流速对除雾器的运行有如下影响：

（1）通过除雾器断面的烟气流速过高或过低都不利于除雾器的正常运行。烟气流速过高易造成烟气二次带水，从而降低除雾器效率，同时流速高，系统阻力大，能耗高。

（2）通过除雾器断面的流速过低，不利于气液分离，同样不利用提高除雾器效率。

（3）如设计的流速低，吸收塔断面尺寸就会加大，投资也随之增加，因此，设计烟气流速应接近于临界流速。

**581. 吸收塔搅拌器的作用是什么？**

**答：**吸收塔搅拌器除了充分搅拌罐体中的浆液，防止吸收塔浆液池内的固体颗粒物沉淀外，还有以下作用：

（1）使新加入的吸收剂浆液尽快分布均匀（如果吸收剂浆液直接加入罐体中），加速石灰石的溶解。

（2）避免局部脱硫反应产物的浓度过高，有利于防止石膏的形成。

**582. 脱硫系统氧化空气的作用是什么？**

**答：**吸收塔浆液池注入氧化空气的主要目的是将亚硫酸钙强制氧化为硫酸钙。一方面可以保证吸收 $SO_2$ 过程的持续进行，提高脱硫效率，同时提高脱硫副产品石膏的品质；另一方面可以防止亚硫酸钙在吸收塔和石灰石浆液罐中结垢。

**583. 石膏脱水系统的作用是什么？**

**答：**石膏脱水系统的作用如下：

（1）一级脱水即石膏旋流器，先分离循环浆液中的石膏，将循环浆液中大部分石灰石和小颗粒石膏输送回吸收塔。

（2）二级脱水即脱水机，将石膏旋流器底流排出的合格的石膏浆液脱去水分。

（3）分离并排放出部分化学污水，以降低系统中有害离子（氯离子为主）浓度。

初级旋流器浓缩脱水后，副产品石膏中游离水含量为 40%～60%；真空皮带机脱水后，副产品石膏中游离水含量为 10% 左右。

### 584. 什么是液气比？

**答：**液气比是指与流经吸收塔单位体积烟气量相对应的浆液喷淋量的比值。

### 585. 液气比对石灰石-石膏法的脱硫系统有哪些影响？

**答：**液气比决定酸性气体吸收所需要的吸收表面积。在其他参数一定的情况下，提高液气比相当于增大了吸收塔内的喷淋密度，使液气间的接触面积增大，脱硫效率也增大，要提高吸收塔的脱硫效率，提高液气比是一个重要的技术手段。另外，提高液气比将使浆液循环泵的流量增大，从而增加设备的投资和能耗，同时，高液气比还会使吸收塔内压力损失增大，增加风机能耗。

### 586. 钙硫比对脱硫效率有何影响？

**答：**钙硫比是指注入的吸收剂量与吸收的 $SO_2$ 量的摩尔比，它反映单位时间内吸收剂原料的供给量，通常以浆液中吸收剂浓度作为衡量度量。在保持浆液量（液气比）不变的情况下，钙硫比增大，注入吸收塔内吸收剂量相应增大，引起浆液 pH 值上升，可增大中和反应区的速率，增加反应的表面积，使 $SO_2$ 吸收量增加，提高脱硫效率。但由于吸收剂溶解度较低，其供给量的增加将导致浆液浓度的提高，会引起吸吸收剂的过饱和凝聚，最终使反应的表面积减少，影响脱硫效率。

### 587. 吸收塔液位异常的原因有哪些？

**答：**吸收塔液位异常的原因如下：

（1）吸收塔液位计不准。

（2）浆液循环管道泄漏。

（3）各种冲洗阀关闭不严。

（4）吸收塔泄漏。

（5）吸收塔液位控制模块故障。

## 588. 吸收塔液位异常如何处理？

答：吸收塔液位异常处理方法如下：

（1）冲洗或检查校正液位计。

（2）检查修补循环管道。

（3）检查更换阀门。

（4）检查吸收塔及底部排污阀。

（5）更换液位控制模块。

## 589. 脱硫效率下降的原因有哪些？

答：脱硫效率下降的原因如下：

（1）吸收塔出口和入口的二氧化硫浓度测量不准确。

（2）循环浆液的pH值测量不准确。

（3）烟气流量增大，超出系统的处理能力。

（4）烟气中的二氧化硫浓度过高。

（5）吸收塔的pH值偏低。

（6）循环浆液流量减小。

## 590. 脱硫效率下降如何处理？

答：脱硫效率下降的处理方法如下：

（1）校准二氧化硫监测仪。

（2）校准pH计。

（3）申请锅炉降负荷运行。

（4）检查并增加石灰石浆液的投配。

（5）检查脱硫系统循环泵的运行情况。

（6）增加脱硫循环泵的运行数量。

## 591. 锅炉投油助燃对石灰石-石膏湿法脱硫系统的运行有何影响？

答：在投油助燃阶段，往往因氧量偏小或炉膛燃烧区温度偏低，导致燃油不能完全燃尽，甚至投油后还要停止部分电除尘电场的运行，这就使大量的油污和粉尘通过烟气系统进入吸收塔浆液中，油污和粉尘都是阻碍硫和钙化学反应的物质。因此，浆液 pH 值下降，脱硫效率降低。如果锅炉因燃烧恶化，投油较多，应密切关注浆液情况，防止浆液恶化，必要时申请脱硫退出运行。

**592. 脱硫设备的腐蚀原因有哪些？**

答：脱硫设备的腐蚀原因如下：

（1）化学腐蚀。即烟道之中的腐蚀性介质在一定温度下与钢铁发生化学反应，生成可溶性铁盐，使金属设备逐渐腐蚀。

（2）电化学腐蚀。即金属表面有水及电解质，其表面形成原电池而产生电流，使金属逐渐锈蚀，特别在焊缝接点处更易发生。

（3）结晶腐蚀。用碱性液体吸收 $SO_2$ 后生成可溶性硫酸盐或亚硫酸盐，液相则渗入表面防腐层的毛细孔内。若锅炉不用，在自然干燥时，生成结晶型盐，同时体积膨胀使防腐材料自身产生内应力，从而使其脱皮、粉化、疏松或裂缝损坏。闲置的脱硫设备比经常使用的脱硫设备更易腐蚀。

（4）磨损腐蚀。即烟道之中固体颗粒与设备表面湍动摩擦，不断更新表面，加速腐蚀过程，使其逐渐变薄。

## 第四节  压缩空气系统

**593. 什么是压缩空气？有哪些特点？**

答：空气具有可压缩性，经空气压缩机做机械功使本身体积缩小，压力提高后的空气叫压缩空气。压缩空气是一种重要的动力源。与其他能源比，它具有下列明显的特点：清晰透明，输送方便，没有特殊的有害性能。没有起火危险，不怕超负荷，能在许多不利环境下工作。

**594. 简述压缩空气系统构成。**

答：压缩空气系统由空气压缩机、储气罐、过滤器、干燥机、输气管道、阀门等组成。

**595. 空气压缩机如何分类？**

**答：** 按工作原理可分为两大类：

（1）容积式。容积式又可分为往复式、回旋式。活塞式、膜片式压缩机属于往复式压缩机，螺杆式、滑片式压缩机属于回旋式压缩机。

（2）动力式。动力式压缩机又可分为离心式、轴流式。

**596. 常见的空气压缩机有哪些？**

**答：** 常见的空气压缩机有螺杆式、活塞式、离心式压缩机。

**597. 容积式压缩机的工作原理是什么？**

**答：** 容积式压缩机的工作原理是压缩气体的体积，将一定量的连续气流限制于一个封闭的空间里，通过某种机械运动，使气体的体积缩小、密度增加以提高压缩空气的压力。

**598. 动力式压缩机的工作原理是什么？**

**答：** 动力式压缩机的工作原理是提高气体分子的运动速度，然后通过一定的扩压器，使气体分子具有的动能转化为气体的压力能，从而提高压缩空气的压力。

**599. 空气压缩机本体由哪些部分组成？**

**答：** 消声器和空滤器、节流阀、螺杆、断油阀、油温阀、油气分离器、最小压力阀、后冷却器、油冷却器、疏水阀等部分组成，如图6-4所示。

**600. 螺杆式空气压缩机工作原理如何？**

**答：** 压缩是通过主辅转子在一气缸内同时啮合来完成的。主转子有四个互成90°分布的螺旋形凸齿，辅转子有五个互成60°分布的螺旋形凹槽与主转子凸齿啮合。

空气入口位于压缩机气缸顶部靠近驱动轴侧。排气口在气缸底部相反的一侧。当转子在吸气口尚未啮合时，空气流入主转子凸齿和辅转子凹槽的空腔内，此时压缩循环开始。当转子与吸气口脱开时，空气被封闭在主辅转子构成的空腔内，并随啮合的转子轴向移动，当继续啮合时，更多的主转子凸齿进入辅转子的凹

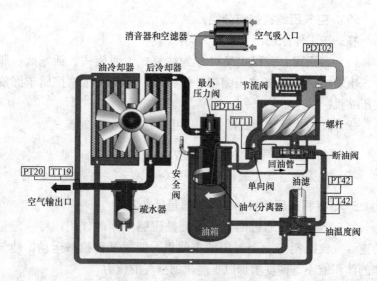

图 6-4　螺杆式空气压缩机

槽，容积减少，压力升高。喷入气缸的油用以带走压缩产生的热量和密封内部间隙。容积减少、压力升高一直持续到封闭在转子内腔中的油气混合物通过排气孔口排入油气桶内。为了生成一个连续平稳、无冲击的压缩空气流，转子上的每一容积都以极高的连续性遵循同样的"吸气-压缩-排气"循环，如图 6-5 所示。

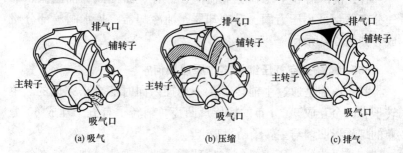

(a) 吸气　　　　(b) 压缩　　　　(c) 排气

图 6-5　螺杆式空气压缩机工作原理

**601. 压缩空气里含有哪些杂质？**

**答：** 空气压缩机排出的压缩空气里含有如下杂质：

（1）水：包括水雾、水蒸气、凝结水。

（2）油：包括油污、油蒸汽。

（3）各种固态物质：如锈泥、金属粉末、橡胶细末、焦油粒及滤材、密封材料的细末等；此外，还有多种有害的化学异味物质等。

**602. 什么是气源系统？**

**答：**由产生、处理和储存压缩空气的设备所组成的系统称为气源系统。典型的气源系统由下列部分组成：空气压缩机、后部冷却器、过滤器（包括前置过滤器、油水分离器、管道过滤器、除油过滤器、除臭过滤器、灭菌过滤器等）、稳压储气罐、干燥机（冷冻式或吸附式）、自动排水排污器、输气管道、管路阀件、仪表等。

**603. 压缩空气干燥方法有哪些？**

**答：**压缩空气可以通过加压、降温、吸附等方法来除去其中的水蒸气。可通过加热-过滤-机械分离等方法除去液态水分。冷冻式干燥机就是对压缩空气进行降温以排除其中所含水蒸气，获得相对干燥压缩空气的一种设备。

**604. 什么叫露点？它与什么有关？**

**答：**未饱和空气在保持水蒸气分压不变（即保持绝对含水量不变）情况下降低温度，使之达到饱和状态时的温度叫"露点"。温度降至露点时，湿空气中便有凝结水滴析出。湿空气的露点不仅与温度有关，而且与湿空气中水分含量的多少有关。含水量大的露点高，含水量少的露点低。

**605. 什么是"压力露点"？**

**答：**湿空气被压缩后，水蒸气密度增加，温度也上升。压缩空气冷却时，相对湿度便增加，当温度继续下降到相对湿度达100％时，便有水滴从压缩空气中析出，这时的温度就是压缩空气的"压力露点"。

**606. "压力露点"与"常压露点"有什么关系？**

**答："**压力露点"与"常压露点"之间的对应关系与"压缩比"有关，一般用图表来表示。在"压力露点"相同情况下，"压缩比"越大，所对应的"常压露点"越低。例如：0.7MPa的压缩空气压力露点为2℃时，相当于"常压露点"为−23℃。当压力提高到 1.0MPa 时，同样"压力露点"为 2℃时，对应的"常压露点"降到－28℃。

**607. 压缩空气系统定期放水有何意义？**

**答**：压缩空气系统定期放水的意义是放掉长时间运行时的积水，否则会加大空气湿度，导致气动设备进水失灵。

**608. 干燥机的干燥剂有哪些？**

**答**：干燥机一般采用硅胶、活性氧化铝、分子筛作为干燥剂。

**609. 空气压缩机储气罐的作用？**

**答**：储存一定容量的压缩空气，起到稳压作用，保证仪用压缩空气故障时短时间内得到仪用气，赢得处理时间。

**610. 为什么压缩空气中油的危害是最大的？**

**答**：在一些要求严格的地方，比如气动控制系统中，一滴油能改变气孔的状况。使原本正常自动运行的生产线瘫痪。有时，油还会将气动阀门的密封圈和柱体胀大，造成操作迟缓，严重的甚至堵塞。在由空气完成的工序中，油还会造成产品外形缺陷或外表污染。

**611. 什么叫压缩空气过滤器？**

**答**：压缩空气过滤器就是对压缩空气进行过滤、净化处理的装置，一般特指压缩空气系统管路中的高效精密过滤器。

**612. 压缩空气过滤器的工作原理是什么？**

**答**：一般过滤器滤芯由纤维介质、滤网、海绵等材料组成，压缩空气中固体的、液体的微粒（滴）经过过滤材料的拦截后，凝聚在滤芯表面（内外侧）。积聚在滤芯表面的液滴和杂质经过重力的作用沉淀到过滤器的底部再经自动排水器或人工排出。

**613. 一般类型过滤器的特点是什么？**

**答**：一般类型过滤器的特点如下：

（1）利用表面产生吸引力的吸附式（活性碳）过滤器，存在着使用周期有限、吸附剂吸收油后其吸附能力也随之降低等问题。

（2）吸收式过滤器的主要材质吸收剂，如羊毛、油毡和棉花，在将液体吸收至内部并浸满后，会失去其结构上优势而迅速失效。

（3）机械式分离器和筛网式空气过滤器，通常按 5、10、20μm 和 40μm 来分类，对于占油滴中大部分的微小颗粒是无效的。

**614. 空气压缩机空气温度高的原因及处理方法有哪些？**

**答：**空气压缩机空气温度高的原因如下：

（1）冷却水中断或系统不畅通。

（2）冷却水温高。

（3）温度设定值不正常。

（4）空气冷却器脏污或堵塞。

（5）空气冷却器内上方集气过多。

空气压缩机空气温度高的处理方法如下：

（1）空气温度高未跳闸检查并尽快保证冷却水流量充足，温度合格，排放空气冷却器上方空气。

（2）空气温度高跳闸后启动备用空气压缩机，保证压缩空气压力。

**615. 空气压缩机振动大的原因及处理方法有哪些？**

**答：**空气压缩机振动大的原因如下：

（1）电动机与空气压缩机不对中。

（2）油温低。

（3）空气压缩机本体损坏。

（4）联轴器及其部件磨损严重。

空气压缩机振动大的处理方法如下：

（1）提高油温。

（2）停运并通知点检处理。

**616. 压缩空气母管压力持续下降的原因及处理方法有哪些？**

**答：**压缩空气母管压力持续下降的原因如下：

（1）管路破裂，漏气。

（2）干燥器故障。

（3）空气压缩机故障。

压缩空气母管压力持续下降的处理方法如下：

（1）确认压力低，启动备用空气压缩机。

（2）隔离泄漏点。

（3）干燥器故障时切换干燥器。

（4）空气压缩机故障应及时启动备用空气压缩机，无备用空气压缩机时开启联络气源。

**617. 厂用压缩空气失去现象、原因及处理方法有哪些？**

**答：**厂用压缩空气失去现象如下：

（1）压缩空气压力低报警。

（2）气动调节门调节失灵，有关水位、温度无法自动调整。

（3）个别气动调节门位置发生变化。

厂用压缩空气失去现象原因：

（1）运行空气压缩机跳闸，备用空气压缩机未及时投入。

（2）运行空气压缩机出力不足。

（3）压缩空气管道严重泄漏，气压维持不住。

（4）压缩空气供气总门误关。

厂用压缩空气失去现象处理方法如下：

（1）确认压缩空气供气总门误关后，立即开启。

（2）立即启动备用空气压缩机，对压缩空气系统进行全面检查、调整。

（3）检查空气压缩机跳闸原因，迅速及时消除故障。

（4）空气压缩机全停要确保启动用小型空气压缩机能正常投入运行，立即停止干燥设备运行。

（5）全面检查系统，若有泄漏点进行隔离。压力不能维持，联系辅控开启除灰空气压缩机至仪用压缩空气联络门。

（6）根据需要就地手动调整一些重要调整门或旁路手动门，保证除氧器、凝汽器水位、汽轮机润滑油温、定子冷却水温、给水泵汽轮机润滑油温、冷氢温度、主/再热蒸汽温度、EH 油温等重要参数正常。

（7）机组无法维持运行时，紧急停机。

（8）停机后须就地操作相应的气动阀门，防止设备损坏。

第七章

# 锅 炉 燃 料

## 第一节 燃 料 特 性

**618. 什么是燃料的发热量?**

**答:** 单位数量燃料完全燃烧所能发出的热量叫燃料的发热量。

**619. 什么是高位发热量?**

**答:** 高位发热量是指 1kg 燃料完全燃烧而形成的水蒸气未凝结成水时燃料放出的热量。

**620. 什么是低位发热量?**

**答:** 低位发热量是指单位质量的煤燃烧释放出来的热量扣除其中的水分的汽化潜热。

**621. 什么是收到基?**

**答:** 收到基是指以收到状态的煤样为基准,表示符号为 ar。收到基也称应用基。

**622. 什么是干燥基?**

**答:** 干燥基是指以假想无水状态下的煤样为基准,表示符号为 d。

**623. 什么是空气干燥基?**

**答:** 空气干燥基是指以达到空气干燥状态的煤为基准,表示符号为 ad。

**624. 什么是干燥无灰基?**

**答:** 干燥无灰基是指以假想无水、无灰物质状态的煤为基准,表示符号为 daf。

**625. 什么是干燥无矿物质基?**

答：干燥无矿物质基是指以假想无水、无矿物质的煤为基准，表示符号为 dmmf。

**626. 什么是标准煤?**

答：将收到基低位发热量为 29307kJ/kg（7000kcal/kg）的原煤定义为标准煤。

**627. 工业锅炉用煤如何分类?**

答：根据煤中挥发分的含量，工业锅炉用煤可分为石煤及煤矸石、褐煤、无烟煤、贫煤和烟煤五大类。

**628. 石煤及煤矸石有何特点?**

答：石煤是一种劣质无烟煤，外观像黑色石头，密度大，质硬，含灰量高，挥发分及发热量低，难于点燃及燃烧。

煤矸石是采煤时带出的废料或原煤筛选后的副产品，发热量很低，难于单独燃烧。

石煤及煤矸石可用作沸腾炉的燃烧。

**629. 褐煤有何特点?**

答：褐煤呈棕褐色，挥发分高达 40％或更高，水分约在 20％以上，发热量低，容易着火，但有时并不容易燃烧。

**630. 无烟煤有何特点?**

答：无烟煤质硬、色黑，有光泽，挥发分少，着火困难，燃烧时有短蓝色火焰。其焦炭呈粉末状，焦结性差，灰熔点一般较低，燃烧不容易完全。无烟煤含碳量高，含氢量少，发热量较高。

**631. 贫煤有何特点?**

答：贫煤的挥发分含量及发热量介于烟煤与无烟煤之间，较难着火与燃烧，燃烧时火焰短，焦结性差。

**632. 烟煤有何特点?**

答：烟煤的挥发分及含碳量都高，容易着火及燃烧；但也有灰分高、发热量低的所谓劣质烟煤，其着火、燃烧都较困难，一般中、小锅炉难以燃用。

### 633. 煤的成分分析有哪几种?

**答:**煤的成分分析有元素分析和工业分析两种。

### 634. 什么是煤的元素分析?

**答:**煤的元素分析是对煤中的元素含量进行检测和分析(一般用质量百分数表示),包括常规的 C、H、O、N、S、Al、Si、Fe、Ca 等元素含量,还可检测煤中的痕量元素包括 Ti、Na、K 等。

### 635. 什么是煤的工业分析?

**答:**煤的工业分析是指包括煤的水分(M)、灰分(A)、挥发分(V)和固定碳(Fc)四个分析项目指标的测定的总称。

### 636. 煤的主要特性是指什么?

**答:**煤的主要特性是指煤的发热量、挥发分、焦结性、灰的熔融性、可磨性等。

### 637. 煤的发热量如何测定?

**答:**煤的发热量一般是用氧弹测热计测出的。

### 638. 煤的挥发分如何测定?

**答:**称取一定量的空气干燥煤样,放在带盖的瓷坩埚中,在 $(900\pm10)℃$ 下,隔绝空气加热 7min,以减少水分的质量占煤样质量的百分数,减去该煤样的水分含量作为煤样的挥发分。

### 639. 煤的水分如何测定?

**答:**煤的水分测定方法如下:

(1) 通氮干燥法。称取一定量的空气干燥煤样,置于 105~110℃干燥箱中,在干燥氮气流中干燥到质量恒定。然后根据煤样的质量损失计算出水分的质量分数。

(2) 空气干燥法。称取一定量的空气干燥煤样,置于 105~110℃干燥箱内,于空气流中干燥到质量恒定。根据煤样的质量损失计算出水分的质量分数。

### 640. 煤的灰分如何测定?

**答:**称取一定量的空气干燥煤样,放入马弗炉中,以一定的速度加热到（815±10）℃，灰化并灼烧到质量恒定。以残留物的质量占煤样质量的百分数作为煤样的灰分。

**641. 灰分状态变化有几种温度指标？**

答：灰分状态变化有四种温度指标：

（1）变形温度。符号 DT。

（2）软化温度。符号 ST。

（3）半球温度。符号 HT。

（4）流动温度。符号 FT。

**642. 煤灰中哪些成分属于酸性氧化物？**

答：煤灰中酸性氧化物有 $SiO_2$、$Al_2O_3$、$TiO_2$。

**643. 煤灰中哪些成分属于碱性氧化物？**

答：煤灰中碱性氧化物有 $Fe_2O_3$、$CaO$、$MgO$、$K_2O$、$Na_2O$。

**644. 煤灰化学成分对熔融温度有何影响？**

答：一般认为酸性氧化物含量越多，煤灰的熔融温度越高；碱性氧化物含量越多，灰熔融温度越低。

**645. $SiO_2$对灰熔融性有何影响？**

答：随着 $SiO_2$ 含量的提高，流动温度先减小后逐渐升高。当其含量从较低逐渐增加时，$SiO_2$ 易与其他氧化物形成共熔体，使得熔点降低，由于 $SiO_2$ 熔点较高，当达到一定值后，煤灰熔点又会上升。

**646. $Al_2O_3$对灰熔融性有何影响？**

答：当 $Al_2O_3$ 含量大于 10％时，煤灰的流动温度总趋势是随着 $Al_2O_3$ 含量的增加而逐渐增加；当 $Al_2O_3$ 含量小于 10％时，煤灰的流动温度与煤灰中其他成分有关。

**647. $Fe_2O_3$对灰熔融性有何影响？**

答：随着 $Fe_2O_3$ 含量的增加，煤灰的流动温度逐渐下降。

**648. $CaO$对灰熔融性有何影响？**

答：$CaO$ 对煤灰流动温度的影响是：随着煤灰中 $CaO$ 含量的

增加，流动温度先减小后增加。CaO 含量过高时，CaO 在煤灰中多以单体形态存在，导致其流动温度较高。

**649. 什么叫煤的可磨性系数?**

答：煤的可磨性系数是指单位质量处于风干状态的标准煤与试验煤样，以相同的入磨煤机煤炭颗粒度、在相同的磨制设备中，磨制到相同的煤粉细度所消耗的能量之比。即

$$K_{Ga} = \frac{E_0}{E}$$

式中　$K_{Ga}$——可磨性系数;

　　　$E_0$——磨制试验煤样消耗的能量;

　　　$E$——磨制标准煤样消耗的能量。

**650. 煤粉品质的主要指标有哪些?**

答：煤粉品质的主要指标有煤粉细度、均匀性和水分。

**651. 煤粉细度指的是什么?**

答：煤粉细度是指煤粉经过专用筛子筛分后，残留在筛子上面的煤粉质量占筛分前煤粉总量的百分值。用 $R$ 表示。其值越大，表示煤粉越粗。

**652. 煤粉细度对锅炉运行有何影响?**

答：煤粉细度大会使机械不完全燃烧热损失增大、排烟热损失增大、汽温升高、对流受热面磨损加剧、燃烧不稳定等。煤粉越细对燃烧越有利，但是制粉电耗和金属损耗大。

**653. 什么是煤粉的经济细度? 与哪些因素有关?**

答：煤粉的经济细度是指燃烧损失与制粉电耗之和为最小时的煤粉细度。

影响煤粉经济细度的主要因素是煤的挥发分、煤粉的均匀性和燃烧技术。

**654. 煤粉的经济细度是怎样确定的?**

答：煤粉的细度是衡量煤粉品质的重要指标。从燃烧角度希望磨得细些，以利于燃料的着火与完全燃烧，减少机械不完全燃

烧热损失，又可适当减少送风量，降低排烟热损失。从制粉角度希望煤粉磨得粗些，可降低制粉电耗和钢耗。因此，选取煤粉细度时，应使用上述两方面损失之和为最小时的煤粉细度作为经济细度。应依据燃料性质和制粉设备形式，通过燃烧调整试验来确定。

**655. 煤的挥发分对锅炉燃烧有何影响？**

答：挥发分高的煤易于着火，燃烧比较稳定，而且燃烧完全，磨制的煤粉可以粗些。缺点是易于爆燃。挥发分低、含碳量高的煤，不易着火和燃烧，则磨制的煤粉细度要求细些。

**656. 水分增加对锅炉燃烧的影响有哪些？**

答：水分增加对锅炉燃烧的影响如下：

（1）低位发热量下降。

（2）燃烧温度下降。

（3）燃烧不稳定。

（4）煤粉的燃尽度下降。

（5）锅炉运行的安全性和经济性下降。

（6）水蒸气可以提高火焰的黑度，增加辐射放热强度。

（7）排烟量增加，排烟损失增加。

（8）排烟温度上升。

（9）引风机电耗增加。

**657. 如何控制运行中的煤粉水分？**

答：通过控制磨煤机出口气粉混合物温度，可以实现对煤粉水分的控制。温度高，水分低；温度低，水分高。因此，运行中应严格按照规程要求，控制磨煤机出口温度。当原煤水分变化时，应及时调节磨煤机入口干燥剂的温度，以维持磨煤机出口干燥剂温度在规程规定的范围之内。

**658. 灰分增加对炉内燃烧的影响有哪些？**

答：灰分增加对炉内燃烧的影响如下：

（1）可燃成分下降，低位发热量下降。

(2) 煤粉的燃尽度下降，固体不完全燃烧热损失增加。

(3) 灰渣物理热损失增加。

(4) 燃烧稳定性变差。

(5) 受热面的污染和磨损加重。

(6) 结焦及过热器超温。

(7) 尾部受热面的污染会导致排烟温度显著升高。

### 659. 煤粉迅速而又完全燃烧的条件是什么？

**答：** 煤粉迅速而又完全燃烧的条件如下：

(1) 要供给足够的空气量。

(2) 炉内维持足够高的温度。

(3) 燃料和空气的良好混合。

(4) 足够的燃烧时间。

### 660. 煤粉气流的着火温度主要与哪些因素有关？它们对其影响如何？

**答：** 煤粉气流的着火温度与煤的挥发分、煤粉细度和粉气流的流动结构有关。

煤的挥发分越低，着火温度越高；反之，挥发分高则着火温度低。煤粉越粗，着火温度越高；反之，煤粉越细则着火温度越低。煤粉气流为紊流，对着火温度有一定的影响。

### 661. 煤粉在什么情况下易爆炸？

**答：** 煤粉在下列情况下易爆炸：

(1) 气粉混合物的浓度在 $0.3\sim0.6kg/m^3$ 时最容易爆炸，超出这个范围则爆炸可能性下降。

(2) 气粉混合物的含氧浓度过高爆炸的可能性就大。

(3) 煤粉越细，粉粒与氧接触面积越大爆炸的可能性就大。

(4) 气粉混合物的温度高，就会急剧加速氧化，爆炸的可能性就大。

(5) 煤粉过干燥，水分小、挥发分大，爆炸的可能性就大，挥发分小于 10% 的煤粉不会引起爆炸。

(6) 制粉系统内部有积粉着火有可能发生爆炸。

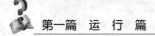

（7）原煤中有引爆物进入磨煤机引起爆炸。

**662. 煤粉自燃的条件是什么？**

答：煤粉自燃的条件如下：

（1）存放时间长，充分氧化生热，热量不能被带走。

（2）原煤挥发分大容易析出。

（3）煤粉在磨制过程中过干燥。

（4）煤粉存放的周围环境温度高。

**663. 煤粉的自燃与爆炸有什么区别？**

答：煤粉的自燃与爆炸都属于燃烧现象，都是氧化反应，所需条件大致相同，但煤粉的自燃比较缓慢，并从局部蔓延。煤粉的爆炸迅猛并在整个范围内同时进行，煤粉的自燃在堆积状态下进行，煤粉的爆炸需在悬浮状态下才能发生。制粉系统的爆炸都是在运行中发生的。

**664. 燃油的主要物理特性指标有哪些？**

答：燃油的主要物理特性指标有黏度、凝固点、闪点、燃点、比重。

**665. 燃油系统的作用有哪些？**

答：燃油系统的主要作用是大型燃煤锅炉在启停和非正常运行的过程中用来点燃着火点相对较高的煤，以及在低负荷或燃用劣质煤时造成锅炉的燃烧不稳，会直接影响整个机组的稳定运行时利用燃油来进行助燃，使锅炉的燃烧得到稳定。

**666. 什么是燃油的凝固点？**

答：燃油的凝固点是表示油品流动性的重要指标。柴油在温度降低到一定数值时会失去流动性，将盛油的试管倾斜45°，油面在1min内仍保持不变时的温度即为此油的凝固点。凝固点的高低与油中石蜡含量有关，石蜡含量少，凝固点低；石蜡含量高，凝固点高。

**667. 什么是燃油的闪点？**

答：对油加热到一定温度时，表面有油气产生，当油气与空气混合到一定浓度时可被火星点燃时的燃油温度称为闪点。

**668. 什么是燃油的燃点？**

答：燃油加热到一定温度时表面油气分子趋于饱和，与空气混合，且有明火接近时即可着火，并保持连续燃烧，此时的温度称为燃点或着火点。

**669. 什么是燃油的自燃点？**

答：油在规定加热条件下，不接近外界火源而自行着火燃烧的现象叫自燃，自燃的最低温度叫自燃点。

**670. 燃油燃烧有哪些特点？**

答：油是一种液体燃料，液体燃料的沸点低于它的着火点，它总是先蒸发而后着火。因此，液体燃料的燃烧，总是在蒸气状态下进行的，也就是说，实质上直接参加燃烧的不是液体状态的"油"，而是气体状态下的"油气"。这是所有液体燃料燃烧的共同特点。

**671. 燃油的燃烧过程分哪几个阶段？**

答：燃油的燃烧过程分为三个阶段，即加热蒸发阶段、扩散混合阶段、着火燃烧阶段。

**672. 燃料油为什么需要加热？根据什么控制加热温度？**

答：对油加热的目的主要是降低油的黏度。

根据油的黏度要求来控制加热温度。

**673. 燃油设备为什么都需要有可靠的接地？**

答：燃油是不良导体，在与空气、钢铁、布料等发生摩擦时，会产生静电，静电荷在油面上积集，能产生很高的电压。一旦放电，就会产生火花，从而有可能引起油的燃烧与爆炸。为了防止事故发生，所有贮油、输油管线和设备，都必须有可靠的接地。

**674. 燃油的强化燃烧有何措施？**

答：燃料油入炉前应事先加热，加热所达到的温度，视燃料油的种类和特性而定，油温提高以后，便于油的输送和雾化；必须提高燃料油的雾化质量,使油滴颗粒小而均匀,便于蒸发,有利于和空气的充分混合;还应注意雾化角的大小,应能根据燃料油的特性适当进行调节;雾化炬的流量密度分布应尽可能均匀;加强油雾与空气的混合,混合越强烈越好;根部送风要及时。

**675. 燃油中的灰分对锅炉有什么危害?**

**答:** 燃油中的灰分对锅炉的危害如下:

(1) 灰分对油喷嘴产生磨损,影响雾化质量。

(2) 燃油中的灰分含有钒、钠等碱金属元素,会在水冷壁、过热器、再热器等高温受热面管上形成高温黏结灰。

(3) 燃油炉的高温积灰中,有较多的五氧化二钒及由钠形成含硫酸的复盐,它们都能破坏金属表面的氧化保护膜,从而在过热器和再热器上发生高温腐蚀。

(4) 燃油中的灰分在低温受热面上沉积,除使受热面低温腐蚀加剧外,还有可能堵塞空气预热器管,严重时会因通风阻力大、风量不足而影响锅炉出力。

# 第二节 燃 煤 掺 烧

**676. 燃煤掺烧的目的是什么?**

**答:** 燃煤掺烧的目的如下:

(1) 提高劣质煤的利用率,降低燃料成本,减少发电成本。

(2) 调节燃煤的品质:

1) 调节灰分。

2) 调节硫分。

3) 调节发热量。

4) 调节挥发分。

(3) 确保燃煤质量的均衡化,稳定入炉煤与入厂煤热值差,对入炉煤的煤质更好地进行稳定调控。

**677. 煤质超出锅炉适应范围对锅炉有哪些影响?**

**答:** 煤质超出锅炉适应范围对锅炉的影响如下:

（1）锅炉出力下降。

（2）锅炉热损失增加，效率降低。

（3）燃烧不稳定，甚至熄火，燃尽程度差。

（4）锅炉炉膛结渣、受热面超温、腐蚀、磨损和增加大气污染。

### 678. 燃煤掺烧有哪些方式？

**答：**燃煤掺烧方式主要有间断性掺烧、炉外预混掺烧、分磨掺烧等。

### 679. 什么是间断性掺烧方式？

**答：**锅炉在一定时间内燃用某煤种后，再燃用另外一种煤种一定时间，如此循环燃烧的方式称为间断性掺烧方式，也称周期性掺烧方式。

### 680. 什么是炉外预混掺烧方式？

**答：**炉外预混掺烧方式是指将两种或两种以上的入厂煤预先进行掺混，再送入锅炉燃烧的方式。

### 681. 什么是分磨掺烧方式？

**答：**分磨掺烧方式是指不同入场煤由不同磨煤机磨制，并由相对应的燃烧器燃用该煤种，不同煤种在炉内边燃烧边混合的方式。

### 682. 间断掺烧有何优、缺点？

**答：**间断掺烧的优点：在电厂供煤比较困难或煤场较小、不便存放的情况下来用较为方便。

间断掺烧的缺点：煤种切换周期长，可能出现高负荷时燃烧结渣煤，在煤种切换过程出现大量落渣问题。不适合煤种特性差异较大时的煤种掺烧。

### 683. 炉外预混掺烧有何优、缺点？

**答：**炉外预混掺烧的优点：对结渣防治较为有效。在掺烧高水分褐煤时采用该方法对防止制粉系统爆炸有效，并能充分利用各磨煤机的干燥能力提高掺烧量。

炉外预混掺烧的缺点：对混煤设备和混煤控制要求较高，一般电厂实施困难。

**684. 分磨掺烧有何优、缺点？**

**答：**分磨掺烧的优点：不需专用混煤设备，易实现，掺烧比例控制灵活。煤种性能差异较大时，燃烧稳定性易掌握。

分磨掺烧的缺点：一般只能用于直吹式制粉系统。炉内混合存在不均匀的可能性。煤种差异较大时对煤场管理要求较高。

**685. 燃煤掺烧原则是什么？**

**答：**燃煤掺烧原则如下：

（1）设计燃用无烟煤的锅炉宜采用无烟煤、贫煤作为掺烧煤，也可掺烧部分烟煤，不宜以褐煤作为掺烧煤。

（2）设计燃用贫煤的锅炉宜采用贫煤、无烟煤、烟煤作为掺烧煤，不宜以褐煤作为掺烧煤。

（3）设计燃用烟煤的锅炉宜采用烟煤、贫煤、褐煤作为掺烧煤，不宜以无烟煤作为掺烧煤。

（4）设计燃用褐煤的锅炉宜采用褐煤、烟煤作为掺烧煤，不宜以无烟煤、贫煤作为掺烧煤。

（5）当不同入厂煤挥发分（$V_{daf}$）绝对值相差大于15%时应进行燃烧试验。

**686. 对入炉混煤煤质有哪些要求？**

**答：**对入炉混煤煤质有如下要求：

（1）入炉混煤灰熔融温度应大于锅炉屏底设计温度。

（2）入炉混煤灰分应满足除渣系统、除尘系统能力的要求。

（3）入炉混煤水分应满足制粉系统干燥能力的要求。

（4）入炉混煤可磨系数应满足制粉系统制粉出力的要求。

（5）入炉混煤发热量应满足制粉系统制粉出力、锅炉带负荷的要求。

（6）入炉混煤硫含量应满足脱硫系统能力的要求。

**687. 锅炉掺烧劣质煤时应采取的稳燃措施有哪些？**

**答：**锅炉掺烧劣质煤时应采取的稳燃措施如下：

（1）控制一次风量，适当降低一次风速，提高一次风温。

（2）合理使用二次风，控制适当的过量空气系数。

（3）根据燃煤情况，适当提高磨煤机出口温度及煤粉细度，控制制粉系统的台数。

（4）尽可能提高给粉机或给煤机转速，燃烧器集中使用，保证一定的煤粉浓度。

（5）避免低负荷运行。低负荷运行时，可采用滑压方式，控制好负荷变化率。

（6）燃烧恶化时及时投油助燃。

（7）采用新型稳燃燃烧器。

### 688. 掺烧低挥发分煤种有哪些注意事项？

**答**：掺烧低挥发分煤种时，要通过提高煤粉细度，煤粉浓度，一、二次风温度减小一次风速等措施保证锅炉着火安全。

### 689. 掺烧高灰分煤种有哪些注意事项？

**答**：掺烧高灰分煤种时，除注意保持着火稳定外，还要合理控制总风量，缩短锅炉"四管"检查周期，遇有停炉情况，应检查磨损情况，烟道积灰情况，结合灰分分析对磨损情况进行评定。

### 690. 掺烧高挥发分煤种有哪些注意事项？

**答**：掺烧高挥发分的煤种时，应检查燃烧器、受热面的结焦及腐蚀情况，重点是水冷壁高温腐蚀和空气预热器低温腐蚀，发现问题及时处理。

### 691. 掺烧煤泥有哪些注意事项？

**答**：煤泥不能单独入仓入炉，与其他水分不高的煤种以一定的比例混配。同一台锅炉掺烧煤泥的磨煤机不应超过两台，防止多台磨煤机同时断煤。雨天禁止掺烧煤泥。

第八章

# 锅炉启停和试验

## 第一节 锅 炉 启 停

**692. 锅炉启动前检查内容有哪些?**

**答:** 锅炉启动前检查内容如下:

(1) 影响机组启动的工作票全部收回,现场卫生符合标准,检修临时设施拆除,原设施已恢复。

(2) 各通道畅通无阻,栏杆完整,照明良好,事故照明系统正常,保温齐全,各支吊架完整、牢固。

(3) 所有热工仪表、信号、保护装置已送电。

(4) 所有电动门、调整门、调节挡板送电,显示状态与实际相符。

(5) 有关设备、系统联锁及保护试验工作结束,结果正确。

(6) 所有液位计明亮清洁,各有关压力表、流量表及保护仪表信号一次门全部开启。

(7) 管道阀门连接良好,手轮完整,标示牌齐全,介质流向标志正确。

(8) 所有吹灰器和锅炉烟温探针均退出炉外。

(9) 检查炉底水封系统、电除尘及灰渣系统。

(10) 确认脱硫系统具备投运条件。

(11) 检查脱硝系统具备投运条件。

(12) 各转动设备轴承油位正常、油质合格。

(13) 检查各电气设备绝缘合格、外壳接地线完好后送电。

**693. 锅炉禁止启动条件有哪些?**

**答:** 锅炉禁止启动条件如下:

（1）任一安全保护装置失灵。

（2）仪表及保护电源失去。

（3）主保护试验不合格。

（4）大联锁及辅机联锁试验不合格。

（5）主要调节装置失灵。

（6）主要检测仪表显示不正确或失效，主要监测参数超过极限值。

（7）仪用压缩空气系统工作不正常。

（8）火焰检测冷却风机不能正常投运。

（9）锅炉 EBV 阀及安全门试验不合格。

（10）炉膛负压及火焰监视装置不能投入。

（11）电除尘、脱硝及脱硫系统不能投入。

（12）汽水品质不合格。

（13）锅炉两侧汽包水位计均故障不能投运。

### 694. 锅炉启动分几种方式？

**答：**锅炉启动方式如下：

（1）按设备启动前的状态可分为冷态启动和热态启动。热态启动是指锅炉尚有一定的压力、温度，汽轮机的高压内下缸壁温在 150℃以上状态下的启动。而冷态启动一般是指锅炉汽包压力为零，汽轮机高压内下缸壁温在 150℃以下状态时的启动。

（2）按汽轮机冲转参数可分为额定参数、中参数和滑参数启动三种方式。额定参数和中参数启动都是锅炉首先启动，待蒸汽参数达到额定或中参数，才开始对汽轮机冲转。目前高参数、大容量的锅炉很少采用这种方式（热态例外）。滑参数启动又可分为真空法和压力法两种，就是在锅炉启动的同时或蒸汽参数很低的情况下，汽轮机就开始启动。

### 695. 简述汽包锅炉启动过程。

**答：**锅炉上水→风烟系统启动→炉膛吹扫→锅炉点火→升温升压→热态洗硅→投入汽轮机旁路→汽轮机冲转及发电机并网→升负荷。

**696. 简述直流锅炉启动过程。**

**答：** 炉前给水管路清洗→锅炉上水→冷态清洗→风烟系统启动→炉膛吹扫→锅炉点火→升温升压→热态清洗→投入汽轮机旁路→汽轮机冲转及发电机并网→升负荷→湿态转干态。

**697. 冷态启动如何保护设备？**

**答：** 冷态启动保护设备方法如下：

（1）对水冷壁的保护：在点火初期，水冷壁受热偏差大，水循环不均匀，由于各水冷壁管存在温差，故会产生一定的热应力，严重时会造成水冷壁损坏。保护措施有：

1）加强水冷壁下联箱放水，促进水循环的建立。

2）维持燃烧的稳定和均匀。

（2）对汽包的保护：点火前进水和点火升压时汽包壁温差大。保护措施有：

1）加强水冷壁下联箱放水，促进水循环的建立。

2）维持燃烧的稳定和均匀。

3）按规程规定控制进水速度和水温。

4）严格控制升温升压速度。

（3）对过热器的保护：初期控制过热器进口烟气温度，在升压过程中控制出口蒸汽温度不超限。

（4）对再热器的保护：再热器主要通过旁路流量来冷却，但采用一级大旁路系统必须控制再热器进口烟气温度，否则再热器可能超温。

（5）省煤器的保护：省煤器再循环。

**698. 锅炉启动注意事项有哪些？**

**答：** 锅炉启动注意事项如下：

（1）锅炉上水后，确认两侧云母水位计指示清晰可见，差压水位计指示正确。

（2）再热器未进汽前，炉膛出口烟气温度小于538℃。

（3）严格控制汽包上、下壁温差小于55℃及汽包金属温度变化率、锅水温升率小于规定值。

（4）油枪运行期间，应有专人检查，发现漏油、燃烧不良等现象应及时停运油枪。

（5）启动过程中，密切监视壁温，防止受热面金属超温。

（6）投用燃烧器应按先下层、后上层。对冲燃烧锅炉先前墙、后后墙的原则进行，尽可能保持对冲燃烧方式。

（7）启动过程中，严格按启动曲线逐渐升温升压。

（8）启动过程中，注意调整汽包水位在正常范围内。

（9）启动期间注意监视调整炉膛负压在正常值。

（10）锅炉启动过程中，投入空气预热器连续吹灰和脱硝系统声波吹灰，要注意监视空气预热器和脱硝系统各参数的变化，防止发生二次燃烧。

**699. 机组热态启动应注意的事项有哪些？**

答：机组热态启动应注意的事项如下：

（1）若锅炉为冷态时，则锅炉的启动操作程序应按冷态滑参数启动方式进行。

（2）汽轮机冲转参数要求主蒸汽温度大于高压内下缸内壁温度50℃，且有50℃过热度，但因考虑到锅炉设备安全，主蒸汽温度应低于额定蒸汽温度50～60℃。

（3）机组启动时，若锅炉有压力，则应在点火后方可开启一、二级旁路或向空排汽门。

（4）再热器进口蒸汽温度应不大于400℃，若一级旁路减温水不能投用，则主蒸汽温度不高于450℃。

（5）因热态启动时参数高，应尽量增大蒸汽通流量，避免管壁超温，调整好燃烧。

**700. 什么是压力法滑参数启动？**

答：压力法滑参数启动是在启动前将汽轮机电动主汽门关闭，锅炉点火产生一定压力和温度的蒸汽时，对汽轮机送汽冲转。冲转时参数一般为主蒸汽压力为0.8～1.5MPa、新蒸汽温度在250℃左右。

**701. 什么叫真空法滑参数启动？**

答：在锅炉点火前，从锅炉出口到凝汽器，蒸汽管路的所有阀门打开，启动抽气器，使锅炉的汽包、过热器、再热器及汽轮机的各汽缸均处于负压状态。锅炉点火后产生的蒸汽通入汽轮机进行暖机，当蒸汽参数达到一定值时，汽轮机被冲动旋转，并随蒸汽参数的逐渐升高而升速、带负荷。全部启动过程由锅炉进行控制。

**702. 滑参数启动有何特点？**

**答：**滑参数启动特点如下：

（1）安全性好。对于汽轮机来说，由于开始进入汽轮机的是低温、低压蒸汽，容积流量较大，而且蒸汽温度是从低逐渐升高，所以汽轮机的各部件加热均匀，温升迅速，可避免产生过大的热应力和膨胀差。对锅炉来说，低温低压的蒸汽通流量增加，过热器可得到充分冷却，并能促进水循环，减少汽包壁的温差，使各部件均匀地膨胀。

（2）经济性好。锅炉产生的蒸汽能得到充分利用，减少了热量和工质损失，缩短启动时间，减少燃料消耗。

（3）对蒸汽温度、蒸汽压力要求比较严格，对汽轮机、锅炉的运行操作要求密切配合，操作比较复杂，而且低负荷运行时间较长，对锅炉的燃烧和水循环有不利的一面。

**703. 锅炉启动前试验有哪些？**

**答：**锅炉启动前试验如下：

（1）空气预热器主辅电动机联锁试验。

（2）火燃检测风机联锁试验。

（3）脱硝稀释风机联锁试验。

（4）炉膛正、负压保护实际传动试验。

（5）汽包水位高、低保护实际传动试验。

（6）锅炉紧急泄放阀开关试验。

（7）辅机油泵联锁试验。

**704. 锅炉上水注意事项有哪些？**

**答：**锅炉上水注意事项如下：

（1）锅炉启动前应准备充足的除盐水，且水质合格。

（2）上水前应先清洗炉前给水管路。

（3）上水时间符合制造厂规定，如无规定，按夏季不少于 2h、冬季不少于 4h 执行。

（4）有炉水循环泵的锅炉，上水前必须先对炉水循环泵电动机注水，排净内部气体且保证注水水质合格。

（5）锅炉冷态上水时应控制锅炉上水温度与水冷壁管壁温度差，省煤器进、出口温差，分离器、汽包等厚壁元件内、外壁温差不超过限值。

（6）热态启动时应严格控制锅炉上水速率，防止受热面壁温差过大。

（7）自然循环汽包锅炉在不能连续上水时，应注意省煤器再循环阀的开、关时机。当锅炉上水时，省煤器再循环阀应关闭；停运上水时，省煤器再循环阀应开启，防止给水短路进入汽包中。

（8）控制循环汽包锅炉至少应有两台炉水循环泵投入运行。

### 705. 为什么锅炉上水时要规定上水温度和上水时间？

**答：**锅炉运行规程对上水温度和上水时间都有明确规定，这主要是考虑汽包的安全。

冷炉上水时，汽包壁温等于周围空气温度，当给水经省煤器进入汽包时，汽包内壁温度迅速升高，而外壁温度要随着热量从内壁传至外壁而慢慢上升。由于汽包壁较厚，外壁温度上升得很慢。汽包内壁温度高膨胀，而外壁温度低，阻止汽包内壁膨胀，使汽包内壁产生压应力，而外壁承受拉伸应力，这样汽包就产生了热应力。热应力的大小决定于内外壁温差的大小，而内外壁温差又决定于上水温度和上水速度。上水的温度高，上水速度快，则热应力大；反之，则热应力小。

因此，必须规定上水的温度和上水的速度，才能保证汽包的安全。

### 706. 锅炉启动前炉膛通风吹扫的目的是什么？

**答：**锅炉启动前炉膛通风吹扫的目的是排出炉膛内及烟道内可能存在的可燃性气体及物质，排出受热面上的部分积灰。这是因为当炉内存在可燃物质，并从中析出可燃气体时，达到一定的浓度和温度就能产生爆燃，造成强大的冲击力而损坏设备；当受热面上存在积灰时，就会增加热阻，影响换热，降低锅炉效率，甚至增大烟气的流阻。

### 707. 炉膛如何吹扫？

**答：**启动锅炉送风机、引风机后，调整锅炉总风量至 40％左右的额定风量，对炉膛及烟道通风 5～10min。

### 708. 锅炉启动使用底部蒸汽加热有哪些优点？

**答：**在锅炉冷态启动之前或点火初期，投用底部蒸汽加热有以下优点：

（1）促使水循环提前建立，减小汽包上、下壁的温差。

（2）缩短启动过程，降低启动过程的燃油消耗量。

（3）由于水冷壁受热面的加热，提高了炉膛温度，有利于点火初期油的燃烧。

（4）较容易满足锅炉在水压试验时对汽包壁温度的要求。

### 709. 使用底部蒸汽加热应注意些什么？

**答：**投用底部蒸汽加热前，应先将汽源管道内疏水放尽，然后投用。投用初期应先稍开进汽门，以防止产生过大的振动，再根据加热情况逐渐开大并开足。投用过程中应注意汽源压力与被加热炉的汽包压力的差值，特别是锅炉点火升压后更应注意其差值不得低于 0.5MPa，若达此值时要及时予以解列，防止锅水倒入备用汽源母管。

### 710. 锅炉如何点火？

**答：**锅炉点火方法如下：

（1）确认锅炉吹扫已完成。

（2）复位 MFT、OFT 信号，开启燃油跳闸阀、燃油回油阀，关闭燃油再循环阀。

（3）确认燃油母管检漏试验成功。

（4）投入油枪点火。

（5）增加投入油枪数目。

（6）制粉系投入条件满足后，启动密封风机和一次风机。

（7）启动一台磨煤机。

### 711. 锅炉如何无油点火？

**答：**锅炉无油点火方法如下：

（1）确认锅炉吹扫已完成。

（2）复位 MFT 信号。

（3）投入等离子磨煤机暖风器。

（4）启动密封风机、一次风机。

（5）磨煤机等离子拉弧。

（6）启动等离子磨煤机点火。

（7）空气预热器出口一次风温大于150℃时停止等离子磨煤机暖风器供汽，疏水保持开启。

### 712. 锅炉点火有哪些注意事项？

**答：**锅炉点火有如下注意事项：

（1）采用油枪点火时，油枪应对称投运，并定期切换油枪。

（2）若锅炉点火失败（三次点火不成功），需进行炉膛吹扫后方可重新点火。

（3）采用无油点火时，等离子磨煤机启动后，火焰检测器180s内不返回，应停运磨煤机，进行炉膛吹扫后方可重新点火。

（4）采用无油点火时，应开大等离子磨煤机暖风器供汽，尽可能提高磨煤机入口风温，保证磨煤机出口温度不低于等离子引燃要求。

### 713. 锅炉点火后有哪些操作？

**答：**锅炉点火后有如下操作：

（1）启动一台给水泵汽轮机（给水泵汽轮机不具备条件时启动电动给水泵）。

（2）维持汽包正常水位，根据锅水品质，按要求进行锅炉排污。

（3）投入一、二级旁路系统。

（4）按照运行规程相关规定，逐渐关闭锅炉汽水系统放空气门和疏水门。

（5）当锅炉负荷低于25％额定负荷时应保持空气预热器连续吹灰，当锅炉负荷大于25％额定负荷时每8h至少吹灰一次，当空气预热器烟气侧压差增大或低负荷煤、油混烧时应增加吹灰次数。

### 714. 锅炉点火后如何升温、升压？

答：锅炉点火后升温、升压方法如下：

（1）锅炉升温、升压速度按运行规程机组启动曲线规定执行。

（2）采用油枪点火时，根据机组启动曲线，逐渐投入油枪数目。磨煤机启动后，逐渐增加磨煤机煤量，减少油枪投入数量。

（3）采用无油点火时，根据机组启动曲线，逐渐增加煤量。

### 715. 锅炉升温、升压过程中应该注意什么问题？

答：锅炉升温、升压过程中应该注意如下问题：

（1）锅炉点火后应加强空气预热器吹灰。

（2）严格按照机组启动曲线控制升温、升压速度，监视汽包上下、内外壁温差不大于40℃。

（3）若再热器处于干烧时，必须严格控制炉膛出口烟气温度不超过管壁允许的温度，密切监视过热器、再热器管壁不得超温。

（4）严密监视汽包水位，停止上水时应开启省煤器再循环阀。

（5）严格控制汽水品质合格。

（6）按时关闭蒸汽系统的空气门及疏水阀。

（7）经常监视炉火及油枪投入情况，加强对油枪的维护、调整，保持雾化燃烧良好。

（8）汽轮机冲转后，保持蒸汽温度有50℃以上的过热度，过热蒸汽、再热蒸汽两侧温差不大于20℃，慎重投用减温水，防止蒸汽温度大幅度波动。

（9）定期检查和记录各部的膨胀指示，防止受阻。

（10）发现设备有异常情况，直接影响正常投运时，应汇报值长，停止升压，待缺陷消除后继续升压。

### 716. 为什么锅炉点火初期要进行定期排污？

答：锅炉点火初期要进行定期排污，排出的是循环回路底部的部分水，不但使杂质得以排出，保证锅水品质，而且使受热较弱部分的循环回路换热加强，防止了局部水循环停滞，使水循环系统各部件金属受热面膨胀均匀，减小了汽包上、下壁的温差。

### 717. 锅炉启动过程中何时投入和停用一、二级旁路系统？

**答：**锅炉冷态启动时，在汽包升至一定压力后，投入一、二级旁路系统，若锅炉尚有压力或经蒸汽加热，锅炉已起压，则应锅炉先点火，再开启一、二级旁路，当发电机并网后，可适当关小旁路调整门，在负荷为额定值的15％时，全关一、二级旁路。中压缸启动的机组，一般在切缸时全关一、二级旁路。

### 718. 锅炉启动过程中如何控制汽包壁温差在规定范围内？

**答：**锅炉启动过程中要控制汽包壁温差在规定的40℃内可采取以下措施：

（1）点火前的进水温度不能过高，速度不宜过快，按规程规定执行。

（2）进水完毕，有条件时可投入底部蒸汽加热。

（3）严格控制升压速度，特别是0～0.981MPa阶段升压速度应不大于0.014MPa/min，升温速度不大于1.5～2℃/min。

（4）应定期进行对角油枪切换，直至下排四支油枪全投时，尽量使各部均匀受热。

（5）经上述操作仍不能有效控制汽包上、下壁温差，在接近或达到40℃时应暂停升压，并进行定期排污，以使水循环增强，待温度差稳定且小于40℃时再行升压。

### 719. 为什么热态启动时锅炉主蒸汽温度应低于额定值？

**答：**热态启动时对锅炉本身来说，实际上是把冷态启动的全过程的某一阶段作为起始点。当机组停止运行后，锅炉的冷却要比汽轮机快得多。如果汽轮机处于半热态或热态时，锅炉可能已冷态，这样锅炉的启动操作基本上按冷态来进行升温、升压。为尽量满足热态下汽轮机冲转要求的参数，需投入较多的燃料量，但此时仅靠旁路系统和向空排汽的蒸汽量是不够的，使蒸汽温度上升较快，且壁温过高。又由于燃烧室和出口烟道宽度较大，炉内温度分布不均，过热器蛇形管圈内蒸汽流速不均，温度差较大，造成过热器管局部超温。为避免过热器的超温，延长其使用寿命，因此，要规定在启动过程中主蒸汽温度低于额定值 50～60℃。

### 720. 在锅炉启动初期为什么不宜投用减温水？

**答：**在锅炉启动初期，蒸汽流量较小，蒸汽温度较低，若在此时投入减温水，很可能会引起减温水与蒸汽混合不良，使在某些蒸汽流速较低的蛇形管圈内积水，造成水塞，导致超温过热，因此，在锅炉启动初期应不投或少投减温水。

### 721. 锅炉启动过程中，蒸汽温度提不高怎么办？

**答：**在机组启动过程中有时会遇到蒸汽压力已达到要求而蒸汽温度却还相差许多的问题，特别是在汽轮机冲转前往往会发生这类情况。这时可采用下列措施：

（1）部分火嘴改用上排火嘴。

（2）调整二次风配比，加大下层二次风量。

（3）提高风压、风量，增大烟气流速。

（4）开大一级旁路或向空排汽，稍降低蒸汽压力，然后增投火嘴，提高炉内热负荷。

### 722. 机组并网后锅炉有哪些操作？

**答：**机组并网后锅炉有如下操作：

（1）逐渐投运其他制粉系统。

（2）给水系统由旁路切至主路运行。

（3）逐渐退出全部油枪和等离子。

（4）第二台给水泵并入给水系统。

（5）根据脱硝系统入口温度，投入脱硝系统。

（6）投入协调系统。

（7）将空气预热器吹灰汽源倒至主汽。

### 723. 锅炉停运方式分几种？

**答：**锅炉停炉分正常停炉和事故停炉。正常停炉分为滑参数停炉和定参数停炉两种方式。

**724. 什么是滑参数停炉？**

**答：** 停炉时锅炉与汽轮机配合，在降低电负荷的同时，逐步降低锅炉参数的停炉方式称为滑参数停炉，一般只用于单元制机组。

**725. 滑参数停炉有什么优点？**

**答：** 停炉时的降温降压过程中，保持有较大的蒸汽流量，能够使汽轮机金属温度得到均匀冷却，冷却速度快。对于待检修的汽轮机，可缩短开缸时间。

充分利用余热发电，节约工质，减少了停炉过程中的热损失，热经济性高。

**726. 什么情况下采用滑参数停炉？**

**答：** 机组停机消缺、计划检修停机应采用滑参数停机方式，使停机后的汽缸金属温度降到较低的温度水平，以使机组得到最大限度的冷却，一般用于小修、大修等计划停机，使检修提前开工，缩短检修工期，锅炉随机组负荷的降低而逐渐减少燃料，保证蒸汽温度、压力平稳下降以降低汽缸温度。

**727. 什么是定参数停炉？**

**答：** 停炉过程中锅炉参数基本保持为额定的停炉方式称为定参数停炉。

**728. 定参数停炉有什么优点？**

**答：** 定参数停炉的优点是蒸汽温度、汽缸金属温度维持较高的水平，机组启动时间短。

**729. 哪些情况下应紧急停炉？**

**答：** 下列情况下应紧急停炉：

（1）达到保护动作条件，而保护拒动时。

（2）主给水、主蒸汽、再热蒸汽管道发生爆破时。

（3）水冷壁、过热器、再热器、省煤器严重泄漏或爆破，不能维持主参数（蒸汽温度、蒸汽压力、炉膛压力）正常运行时。

（4）锅炉主蒸汽温度、再热蒸汽温度 10min 突降 50℃时。

(5) 锅炉尾部烟道发生再燃烧，经处理无效，空气预热器后排烟温度上升到 200℃ 以上时。

(6) 安全门动作后不回座，蒸汽温度、蒸汽压力下降到汽轮机运行低限时。

(7) 单台空气预热器故障，盘车无效，出口烟气温度超过 250℃ 时。

(8) 热控仪表电源中断，无法进行监视、调整主要参数时。

(9) 锅炉机组范围内发生火灾，直接威胁锅炉的安全运行时。

(10) 炉膛或烟道内发生爆炸，使主要设备损坏。

(11) 锅炉严重超压达到安全门动作压力而安全门拒动。

(12) 分散控制系统故障，无法对机组主要运行参数进行控制和监视。

(13) 仪用气源失去，无法对机组阀门设备进行控制操作。

(14) 部分厂用电源失去，无法维持机组正常运行。

(15) 发生危及人身安全的情况时。

**730. 锅炉停运前准备工作有哪些？**

**答：** 锅炉停运前准备工作如下：

(1) 统计缺陷，做好停机前的准备工作。

(2) 试投锅炉各油枪，等离子拉弧试验正常。

(3) 锅炉全面吹灰一次。

(4) 停炉前记录锅炉各部膨胀一次。

(5) 汽包锅炉的事故放水阀及直流锅炉启动旁路系统处于良好的备用状态。

(6) 机组停运 7 天以上原煤斗存煤烧尽，磨煤机、给煤机存煤完全烧空。

**731. 锅炉停运注意事项有哪些？**

**答：** 锅炉停运注意事项如下：

(1) 根据滑参数停炉曲线及汽轮机要求控制降温、降压、降负荷速率。

(2) 严格控制降温、降压速度，汽包上、下壁温差应当小于规定值，否则应当放慢降压、降温速度。

（3）在滑停过程中，要保证蒸汽有50℃以上的过热度。

（4）严格控制降温、降压速度，并保持主、再热蒸汽温度一致，主、再热蒸汽温度差不超过10℃。

（5）停机过程不允许蒸汽温度大幅度地上升或下降，若蒸汽温度在10min内直线下降50℃，要立即打闸停机。

（6）停炉后注意监视排烟温度，检查尾部烟道，防止自燃。

（7）停运后的喷燃器要保留少量冷却风，以防止烧坏喷口；停炉后应加强对油喷燃器的检查，若油喷燃器仍然喷油燃烧，应检查炉前油系统确与燃油母管隔绝，并用蒸汽进行吹扫，使之熄灭。

（8）滑停过程中，当煤油混烧时，空气预热器吹灰应改为连续吹灰。

（9）停机过程中，应严密监视各受热面壁温，防止出现超温现象。

### 732. 锅炉滑参数停运如何操作？

答：锅炉滑参数停运操作方法如下：

（1）按照运行规程机组停运曲线降温、降压。

（2）根据机组负荷和煤量，逐渐停运制粉系统。

（3）负荷降至50%时，退出一台汽动给水泵。

（4）根据锅炉燃烧情况，投入油枪和等离子拉弧，投入空气预热器连续吹灰。

（5）随锅炉负荷降低，及时调整送风机、引风机风量，合理配风，保持燃烧稳定。根据负荷及燃烧情况，将有关自动控制系统退出运行或进行重新设定。

（6）通过减温水和烟气调节挡板，调整主、再热蒸汽温度。

（7）脱硝系统入口烟气温度不满足投运要求时，退出脱硝系统。

（8）锅炉蒸汽压力、蒸汽温度降至停机参数后，锅炉熄火，汽轮机打闸停机。

（9）锅炉熄火后，维持正常的炉膛压力，以30%的风量进行

221

炉膛通风，吹扫5～10min后停运送风机、引风机，关闭烟、风系统的有关挡板。

（10）保持回转式空气预热器、火焰检测冷却风机运行，待温度降低至符合要求时，停止其运行。

（11）关闭燃油供、回油手动门，关闭脱硝供氨手动门。

### 733. 如何进行紧急停炉的快速冷却？

**答：**锅炉紧急停炉后需快速冷却时，采用的方法一是加强通风，即在停炉一段时间后，启动引风机、送风机对炉膛进行通风冷却。快速冷却的另一个方法是加强换水，增加锅炉的上水、放水次数。两种方法可配合使用，但只能在紧急情况下锅炉抢修时使用，但要做好防范设备损坏的安全防范措施。

### 734. 停炉后达到什么条件锅炉才可放水？

**答：**当锅炉压力降至零，汽包下壁温度在100℃以下时，才允许将锅炉内的水放空。根据锅炉保养要求，可采用带压放水，中压炉在压力为0.3～0.5MPa、高压及以上锅炉在0.5～0.8MPa时就放水。这样可加快消压冷却速度，放水后能使受热面管内的水膜蒸干，防止受热面内部腐蚀。

### 735. 锅炉停炉后，为何需要开启过热器疏水门排汽？

**答：**锅炉停止向外供汽后，过热器内工质停止流动，但这时炉内温度还较高，尤其是炉墙会释放出热量，对过热器进行加热，有可能使过热器超温损坏。为了保护过热器，在锅炉停止向外供汽后，应将过热器出口联箱疏水门开启放汽，使蒸汽流过过热器对其冷却，避免过热器超温。排汽时间一般为30min。疏水门关闭后，如汽侧压力仍上升，应再次开启疏水门放汽，但疏水门开度不宜太大，以免锅炉被急剧冷却。

### 736. 锅炉停炉消压后为何还需要上水、放水？

**答：**自然循环式锅炉在启动时，需注意防止水冷壁各部位受热不均，出现膨胀不一致现象。锅炉停炉时，则需注意水冷壁各部分因冷却不均、收缩不一致而引起的热应力。停炉消压后，炉温逐渐降低，水循环基本停止，水冷壁内的水基本处于不流动状态，这时，水冷壁会因各处温度不一样，使收缩不均而出现温差应力。停炉消压后上水、放水的目的就是促使水冷壁内的水流动，以均衡水冷壁各部位的温度，防止出现温差应力。同时，通过上水、放水吸收炉墙释放的热量，可加快锅炉冷却速度，使水冷壁得到保护，也为锅炉检修争取到一定时间。

### 737. 停炉时汽水系统密闭的意义是什么？

答：停炉时汽水系统密闭指停炉后，严密关闭所有进水、疏水、出汽、排空、取样管、排污等，防止炉内工质及热量损失或受热面腐蚀，为再次启动或烘干提供便利。

### 738. 停炉后风烟系统密闭的意义是什么？

答：停炉后所有风机档板及喷燃器档板、炉本体烟道人孔、窥视孔严密关闭，防止冷风漏入或热烟气迅速漏出，防止锅炉冷却过快。

### 739. 冬季停炉后的防冻措施有哪些？

答：冬季停炉后的防冻措施如下：

（1）本体各部分及管道的拌热及电加热投入运行。

（2）油伴热蒸汽投入，油系统冬季尽量不安排检修。

（3）停运辅机轴承和电动机冷却水应正常循环。

（4）停运锅炉的各孔、门和挡板在不检修时应关闭，防止冷风吹入炉膛。

（5）炉顶天窗关闭。

（6）锅炉尽量干式保养，过热器管壁温度小于 20℃时应投入暖风器运行，空气预热器在暖风器投入使用后应保持运行。

（7）在短时间停炉和事故停炉时，所有辅机油站应保持运行，并加强监视。

（8）关闭门窗，保持室温不低于 5℃，经常有人通过的大门应挂门帘。

（9）采暖系统、暖风机投运正常，重点部位挂温度计检测。

**740. 锅炉停运后防腐的目的是什么？**

答：锅炉停止运行或进行检修都要进行防腐，这是因为：

（1）锅炉停止后，汽水系统管路内表面及汽水设备的内表面往往因受潮而附着一层水膜，当外界空气大量进入内部时，空气中的氧便溶解在水膜中，使水膜饱含溶解氧，引起金属表面氧化腐蚀。

（2）金属内表面上有沉积物或水渣，这些物质具有吸收空气中湿分的能力，使金属表面产生水膜，由于金属表面电化学的不均匀性而发生电化学腐蚀。

（3）沉积物中含有盐类物质，会溶解在金属表面的水膜中而产生腐蚀，这种腐蚀为垢下腐蚀。

**741. 锅炉停炉保养方法有哪些？**

答：锅炉停炉后保养方法分为干态保养和湿态保养。

（1）湿态保养：联氨法、氨液法、保持给水压力法、蒸汽加热法、碱液化法、磷酸三钠和亚硝酸混合溶液保护法。

（2）干态保养：烘干法（热炉放水）、干燥剂法。

**742. 锅炉停炉后的保护方式有何规定？**

答：锅炉停炉后的保护方式有如下规定：

（1）锅炉停用时间少于 2 天，不采取任何保护方法。

（2）锅炉停用时间在 3～5 天内，对省煤器、水冷壁和汽水分离器采取加药湿态保养，对过热器部分采取干燥保护。

（3）锅炉停用时间大于 5 天以上，锅炉的省煤器、水冷壁、过热器、再热器等采取热炉放水、余热烘干、充气加缓蚀剂保护。

**743. 什么是氮或充气相缓蚀剂保护？**

答：氮或充气相缓蚀剂保护是采用向锅炉内充入氮气或气相缓蚀剂，将氧从锅炉的水容积中驱赶出来，使金属表面保持干燥和与空气隔绝，从而达到防止金属腐蚀的目的。保养防腐前必须对锅炉的保养条件进行一次全面的检查，特别要检查各阀门的严密性，否则会影响保养防腐效果。充氮防腐时，氮气压力一般保持 0.02～0.049MPa，使用的氮气或气相缓蚀剂纯度大于 99.9%。

锅炉充氮或气相缓蚀剂保护期间，应经常监视压力的变化并定期进行取样分析，及时补充。

### 744. 什么是余热烘干法？

**答**：自然循环锅炉正常停炉后，待汽包压力降至 $0.5 \sim 0.8$ MPa 时，开启放水门进行锅炉带压放水，压力降至 $0.15 \sim 0.2$ MPa 时，全开空气门、对空排气门、疏水门，对锅炉进行余热烘干。

### 745. 什么是压力防腐法？

**答**：锅炉停炉后，汽包压力保持在 $0.3$ MPa 以上，防止空气进入锅炉，汽包压力降至 $0.3$ MPa 时，应点火升压或投入水冷壁下联箱蒸汽加热。在整个保养期间，要保证锅水品质合格。这种方法操作简单，有利于再启动，适用于较短期的备用锅炉。

### 746. 什么是溶液保护法？

**答**：溶液保护法是用具有保护性的水溶液充满锅炉，借此杜绝空气中的氧进入锅内。常用的水溶液有二甲基酮肟、联氨（氨液）、碱液（氢氧化钠或磷酸三钠）、磷酸三钠和亚硝酸钠混合溶液等。采用此法进行保养前，应检查所有有关阀门及汽水系统其他附件的严密性，以免泄漏，当锅炉充满保护性溶液后，应关闭所有阀门。

## 第二节 锅 炉 试 验

### 747. 大小修后的锅炉应进行哪些试验？

**答**：大小修后的锅炉应进行的试验如下：锅炉水压试验、锅炉风压试验、一次风调平及风量标定试验、二次风量标定试验、冷态空气动力场试验、锅炉效率试验、空气预热器漏风试验等。

### 748. 锅炉水压试验有哪几种？水压试验的目的是什么？

**答**：锅炉水压试验分为工作压力试验、超压试验两种。
水压试验的目的是检验承压部件的强度及严密性。一般在承压部件检修后，如更换或检修部分阀门、锅炉管子、联箱等，以及锅炉的中、小修后都要进行工作压力试验；而新安装的锅炉、大修后的锅炉及大面积更换受热面管的锅炉，都应进行工作压力 1.25 倍的超压试验。

**749. 简述锅炉水压试验的范围。**

**答：** 锅炉水压试验的范围如下：

（1）省煤器、水冷壁及过热器部分。即给水泵出口至汽轮机主汽门前或过热器出口堵板（阀）前。

（2）再热器部分。即再热器冷段堵板阀后至再热器热段堵板（阀）前。

（3）锅炉本体部分的管道附件。

（4）汽包就地水位计只参加工作压力水压试验，不参加超压水压试验。

**750. 锅炉水压试验要求有哪些？**

**答：** 水压试验应包括下列要求：

（1）水压试验应使用合格除盐水，上水温度与金属壁温的差值符合制造厂规定要求。

（2）水压试验应制定专用的试验方案，环境温度低于 5℃ 时应有防冻措施。

（3）水压试验应有准确的压力指示：汽包锅炉以汽包就地压力表指示为准，直流锅炉以过热器出口压力表指示为准，且有两只以上不同取样源的压力表投运，并进行校对；压力表精度须高于 0.5 级。

（4）过热器出口安全阀、再热器出口安全阀在压力升至整定压力额定蒸汽压力前应将阀体压死；压力控制阀的信号阀应在水压前予以关闭。

（5）超压水压试验时锅炉应具备工作压力下的水压试验条件，需要重点检查的薄弱部位保温已拆除；不参加超压试验的部件已解列，避免安全阀开启的措施已采取。

（6）超压试验对各承压部件的检查应在升压至规定压力值维

持 5min 再降至工作压力后进行。

（7）水压试验的升压、降压速率应符合制造厂的规定。

## 751. 水压试验合格的标准是什么？

答：（1）常规水压试验合格标准：

1）受压元件金属壁和焊缝没有任何水珠和水雾的泄漏痕迹。

2）关闭进水门，停运升压后，过热系统 5min 内降压不超过 0.5MPa，再热系统 5min 内降压不超过 0.25MPa。

（2）超压水压试验的合格标准：

1）受压元件金属壁和焊缝没有水珠和水雾的泄漏痕迹。

2）受压元件无明显的残余变形。

## 752. 锅炉水压试验水质有何要求？

答：水压试验用水为精处理除盐水。

## 753. 锅炉水压试验时为什么要求水温应在一定范围内？

答：锅炉水压试验时要求水温在一定范围内的原因如下：

（1）水压试验时水温一般在 30～70℃ 范围内，以防止引起汽化或出现过大的温差应力，或因温度高的热膨胀，致使一些不严密的缺陷不宜发现。

（2）水温应保持高于周围环境露点温度，以防止承压元件表面结露，使检查工作难以分辨是露珠还是因不严密渗水所形成的水珠。

（3）合金钢承压元件水压试验时的水温，应该高于所用钢材的低温脆性转变温度，防止在实验过程中承压部件因冷脆出现裂纹。

## 754. 为什么超压水压试验时应将安全阀解列？

答：超压水压试验的试验压力为汽包额定工作压力 1.25 倍，而安全阀的最高动作压力：当 0.8MPa＜p（额定蒸汽压力）≤ 5.9MPa 时，为 1.06 倍额定汽包工作压力；p＞5.9MPa 时，为 1.08 倍额定汽包工作压力。也就是说，如果超压水压试验时安全阀不解列，安全阀必然会在水压升到试验压力之前动作。锅炉水压升不到所需的试验压力，超压水压试验无法进行。

超压水压试验时将安全阀解列后，因误操作或操作不当，锅炉的水压最高仅为流量为零时离心式给水泵的出口压力，不会无限制地升高。因为汽包的强度裕量较小，所以在安全阀解列的情况下做超压水压试验时，要特别加强监视和小心操作，防止锅炉水压超过 1.25 倍汽包工作压力而造成对汽包的损坏。

**755. 水压试验时如何防止锅炉超压？**

答：水压试验是一项关系锅炉安全的重大操作，必须慎重进行。

(1) 进行水压试验前应认真检查压力表投入情况。

(2) 向空排汽、事故放水门电源接通，开关灵活，排汽、放水管系畅通。

(3) 试验时应有总工程师或其指定的专业人员在现场指挥，并由专人控制升压速度，不得中途换人。

(4) 锅炉起压后，关小进水调节门，控制升压速度不超过 0.3MPa/min。

(5) 升压至锅炉工作压力的 70% 时，还应适当放慢升压速度，并做好防止超压的安全措施。

**756. 锅炉水压试验有哪些注意事项？**

答：锅炉水压试验有如下注意事项：

(1) 水压试验过程中，要有专人负责升压，严防超压。压力要以汽包就地压力表指示为准，控制室内专人监视 DCS 压力。就地压力表应设专人监视，在接近试验压力时应降低升压速度以防超压；控制室人员和就地人员经常联系，当控制室和就地压力指示差别大时，应由热工人员校核确定。

(2) 水压试验过程中必须统一指挥，升压和降压时要得到现场指挥的许可才能进行。

(3) 水压试验前，汽轮机侧应做好主蒸汽、再热蒸汽管道的隔绝措施，防止汽轮机进水。水压试验时，加强汽轮机缸温监视。超水压试验时各高压加热器应解列。

（4）在水压试验过程中，如发现超压，则可开启连续排污扩容器、定期排污扩容器的电动门和再热器入口疏水阀或过热器疏水门等快速泄压。

（5）为防止与水压试验相关的低压系统超压，除应可靠隔离外，还应开启有关疏水阀。

（6）在水压试验过程中，当达到超压压力时，不许人员到现场检查，待压力降至额定压力以下时方可进行检查。锅炉进行超水压试验时，严禁非试验人员进入现场。

（7）在水压试验过程中，压力升降要均匀、平稳，严格控制升压速度，防止超过规定压力。调节进水量应缓慢均匀，以防发生水冲击。

（8）升压过程中不得冲洗压力表管和取样管。

（9）在进行省煤器、水冷壁及过热器水压试验过程中，应严密监视再热器压力情况，防止再热器起压、超压。

### 757. 如何进行锅炉水压试验？

**答：**进行锅炉水压试验方法如下：

（1）水压试验按先低压后高压的顺序进行，先进行再热器系统的水压试验，然后进行省煤器、水冷壁和过热器系统的水压试验。

（2）再热器水压试验结束，应关闭进水阀，再热器自然泄压后，再对省煤器、水冷壁和过热器进行水压试验。

（3）一次汽系统进行水压试验时，锅炉进水后，当各空气门中有水连续溢出时将其关闭。

（4）在锅炉升压前，必须检查汽包壁温不低于 21℃，升压速度不大于 0.3MPa/min。

（5）当压力升至最高允许工作压力的 10% 左右时，暂停升压，进行初步检查，如无异常方可继续升压。

（6）当升压至安全门最低整定压力的 80% 时，暂停升压，用压紧装置将汽包、过热器安全门压紧后，再继续升压。

（7）当升压至工作压力或设计压力时，关闭进水阀 5min，记录压力下降值，然后再微开进水阀保持工作压力或设计压力，进行全面检查。

（8）如进行超压试验，应解列汽包水位计，待检查工作正常后，继续升压至超压试验压力，然后关闭进水阀，保持 5min，记录压力下降值后维持压力稳定进行全面检查。

（9）开启连续排污或疏水门以 0.3～0.5MPa/min 的降压速度降压。当降至工作压力时，进行全面检查。

（10）水压试验结束后，恢复投入汽包水位计。当压力降至 0.2MPa 时，开启空气阀和疏水阀进行放水，联系检修解除安全门压紧装置。

（11）水压试验结束后，恢复各弹簧支吊架，恢复各隔绝的系统和防护措施。

（12）如锅炉准备投运且水质合格，可将汽包放水至点火水位，过热器、主蒸汽管道、再热器应将疏水放尽。

**758. 什么是机、炉、电大联锁试验？**

**答：** 机、炉、电大联锁是汽轮机、锅炉、发电机三大主设备的联锁保护，其可靠动作对于机组安全至关重要。

**759. 大联锁试验包括哪些？**

**答：** 大联锁试验包括汽轮机跳锅炉、锅炉跳汽轮机、汽轮机跳发电机、定子冷却水流量低跳汽轮机、润滑油压力低跳汽轮机、发电机跳汽轮机试验。

**760. 如何进行汽轮机联跳锅炉试验？**

**答：** 汽轮机挂闸，由热控人员强制负荷大于 50MW，所有磨煤机开关在试验位合闸，开启磨煤机出口门，启动给煤机，开启过热、再热减温水电动门，开启脱硝供氨关断门，一次风机在开关试验位合闸，检查燃油供回油手动门关闭，开启供回油电磁阀；开启各段抽汽止回门，关闭机前疏水门，汽轮机打闸，检查锅炉 MFT 动作，一次风机、磨煤机、给煤机联跳，磨煤机出口门、减温水电动门、脱硝供氨关断门、燃油供回油电磁阀联关。检查抽汽止回门联关、机前疏水门联开。

**761. 如何进行锅炉联跳汽轮机试验？**

**答：** 进行锅炉跳汽轮机试验时，汽轮机挂闸，锅炉手动

MFT，由热控人员强制汽包水位高三值，检查汽轮机跳闸。

**762. 锅炉风压试验的目的是什么？**

**答：**锅炉风压试验的目的是检查炉膛、风烟及制粉系统的严密性，减少运行中的漏风、漏灰、漏粉，改善周围环境，提高锅炉机组运行的经济性。锅炉炉墙、炉顶及风烟、制粉设备和系统大面积更换改造后，必须进行风压试验。

**763. 锅炉风压试验的条件是什么？**

**答：**锅炉风压试验的条件如下：

(1) 一、二次风道及烟道安装完毕。

(2) 锅炉一、二次风机及引风机安装完毕，经分步试运合格。

(3) 锅炉烟风系统、燃烧系统、灰渣系统的风门挡板安装完毕。

(4) 所有风门开关灵活、指针正确。

(5) 空气预热器、冷热风道、烟道等内部检查合格，所有人孔、试验孔全部封闭。

**764. 如何进行锅炉风压试验？**

**答：**启动送风机、引风机、一次风机，调节风机进口挡板使炉膛压力达到约+500Pa，一次风压力约 8kPa，并保持试验压力。在风压稳定后进行检查，风压试验前做过渗透实验的焊口做一般性的检查，安装焊口及安装法兰重点检查。全部检查均在外部进行，采取听声、手感、火焰、烟雾的方法检查，对漏风不明显的部位，可用肥皂泡的方法检查，所有漏风部位做明显标记，专人统计漏风部位并及时处理。

**765. 一次风调平试验的意义是什么？**

**答：**由于同台磨煤机的各粉管走向、行程各不相同，造成沿程阻力的偏差，这一偏差若不予以消除，将造成同层各燃烧器出口流速、煤粉均匀性的偏差，从而影响炉内正常的空气动力工况及稳定燃烧，导致热负荷不均，严重时甚至破坏正常的水循环。因此，一次风调平试验是锅炉启动前的一项重要工作，同时也是进行空气动力场试验的前提。

**766. 如何进行一次风调平试验？**

**答：** 在一定的工况下（磨煤机接近额定通风量），由标定过的靠背管测量煤粉管道风速，根据测试结果调整磨煤机各煤粉管道上的缩孔，风速过高的煤粉管道关小对应的缩孔，风速过低的煤粉管道开大对应的缩孔，使各煤粉管道风速基本相同。调整缩孔时应注意保证煤粉管道风速不低于煤粉输送要求的最低风速。

**767. 一次风调平试验合格的标准是什么？**

**答：** 各一次风管最大风量相对偏差（相对平均值的偏差）不大于±5%。

**768. 一次风风量测量装置标定试验的目的是什么？**

**答：** 一次风风量测量装置标定试验的目的是测量磨煤机的一次风量，并选择合适的一次风与煤粉的比例，对于磨煤机的运行及煤粉的燃烧都有重要的意义。在标定风量装置的同时检查各一次风管道的风量、风速是否均匀。

**769. 一次风风量测量装置标定试验方法如何？**

**答：** 在每根输粉管的恰当位置开一个测孔，共 20 个测孔，用以测量流过输粉管的风量。试验条件满足后，用标准毕托管测量磨煤机输粉管各测量点的气流动压及测量截面的静压和温度，同时测出风量测量装置的差压，因为磨煤机入口一次风流量加密封风量等于磨煤机出口 4 根输粉管风量之和，在不同的工况下进行试验可求得此风量测量装置的校正系数。

**770. 什么是空气动力场？**

**答：** 空气、燃料和燃烧产物在锅炉炉膛内的运动工况称为空气动力场。

**771. 良好的空气动力场有何表现？**

**答：** 良好的空气动力场表现在：

（1）从燃烧中心区有足够的热烟气回流燃烧器出口，喷入炉膛燃料能迅速着火，保持稳定的着火前沿。

（2）燃料和空气的分布适宜，着火后能得到充分的空气供应，并达到均匀地扩散混合，以便迅速燃尽。

（3）炉膛内火焰充满度良好，形成良好燃烧中心。要求炉膛内气流无偏斜、不冲刷炉墙、各燃烧器射流不应发生剧烈干扰和冲撞。

## 772. 空气动力场不良对锅炉有何影响？

答：空气动力场不良对锅炉的影响如下：

（1）在安全方面的影响：

1）引起蒸汽超温，壁温超限。

2）火焰中心扩散后造成飞边，引起水冷壁冲刷爆管。

3）着火距离长，会造成锅炉熄火和放炮事故。

4）着火距离短，燃烧器喷口结焦损坏，影响炉膛的水冷壁安全。

（2）在经济方面的影响：造成燃烧不完全现象。

## 773. 什么是冷态空气动力场试验？

答：在冷态下，按一定的要求对炉膛进行通风，观测其流动规律，这就是所谓的冷态空气动力场试验。

## 774. 冷态空气动力场试验的目的是什么？

答：冷态空气动力场试验的目的如下：

（1）确定燃烧系统的配风均匀程度：如旋流燃烧器的大风箱配风均匀性，四角切圆燃烧器各一、二、三次风系统的配风均匀性，各风门挡板的风量特性等。

（2）确定燃烧器及燃烧系统的阻力特性。

（3）确定燃烧器的流体动力特性：探索新型燃烧器的流动规律，一、二风的混合情况，旋流燃烧器回流区的大小及回流量变化情况，四角燃烧器的切圆大小等。

（4）确定三次风的作用、布置位置、角度和风速等。

（5）确定影响炉膛充满度的各种因素。

（6）研究造成炉内结焦的空气动力场机理。

（7）研究降低炉膛出口因烟气残余旋转而造成的烟气速度、温度偏差的各种措施。

（8）摸索合理的运行方式。

（9）研究在非正常运行工况下的空气动力工况：如四角燃烧中缺角运行、不对称停运燃烧器的影响、停运个别旋流燃烧器的方式。

### 775. 冷态空气动力场试验方法有哪些？

**答**：冷态空气动力场试验方法有火花示踪法（烟花示踪法）、纸屑法、飘带法、速度测量等。

### 776. 何谓火花示踪法（烟花示踪法）？

**答**：火花示踪法（烟花示踪法）是用自身发光的固体颗粒连续给入射流，在有外界光源的情况下，这些发光的颗粒可以显示出清晰而连续的流线，以达到观察的目的。

### 777. 何谓飘带法？其缺点是什么？

**答**：飘带法是空气动力场试验中最简单的一种方法，可用长飘带显示气流方向，用短飘带判断微风区、回流区，用飘带网观察某一截面的全面气流情况。

飘带法的缺点是在微风区用飘带指示气流方向的敏感性差，若飘带过长，则指示气流方向的准确性就较差。此外，对全貌做逐点记录时，工作量较大。

### 778. 冷态空气动力场试验观测内容有哪些？

**答**：冷态空气动力场试验观测内容如下：

（1）旋流燃烧器观测内容：

1）射流形式为开式气流还是闭式气流。

2）射流扩散角、回流区的大小和回流速度。

3）射流的旋转情况以及出口气流的均匀性。

4）一、二次风的混合特性。

5）调节部件对以上诸射流特性的影响。

（2）四角布置的直流燃烧器观测内容：

1）射流射程以及沿轴线速度衰减情况。

2）四角射流所形成的切圆大小和位置。

3）射流偏离燃烧器几何中心线的情况。

4）一、二次风混合特性，如一、二次风气流离喷口的混合距离，以及各射流的相对偏离程度。

5）喷口倾斜角变化对射流混合距离及其相对偏离程度的影响等。

（3）炉膛气流的主要观测内容：

1）火焰或气流在炉内的充满程度。火焰充满度越大，炉膛利用程度就越高，炉内停滞区及涡流区就越小。

2）观察炉内气流动态，气流是否冲刷炉墙，气流在炉膛断面上的分布均匀性、是否有偏斜现象。

3）各种气流相互干扰情况，如燃烧器射流间的相互影响和三次风对燃烧器主射流的影响等。

### 779. 什么是锅炉热效率？

答：锅炉热效率是指锅炉有效利用热量占锅炉输入热量的百分比。

### 780. 锅炉热效率试验的方法有几种？

答：锅炉热效率试验有两种方法，即输入-输出热量法和热损失法，对于大型锅炉推荐采用热损失法。

### 781. 输入-输出热量法进行锅炉效率试验的测量项目有哪些？

答：输入-输出热量法进行锅炉效率试验的测量项目如下：

（1）燃料量。

（2）燃料发热量及工业分析。

（3）进入系统的燃料和空气温度。

（4）过热蒸汽、再热蒸汽及其他蒸汽的流量、压力和温度。

（5）给水和减温水流量、压力和温度。

（6）外来雾化蒸汽和热源的工质流量、压力和温度。

（7）泄漏与排污流量。

（8）汽包内压力及水位。

### 782. 热损失法进行锅炉效率试验的测量项目有哪些？

答：热损失法进行锅炉效率试验的测量项目如下：

（1）燃料量及脱硫剂量。

（2）燃料分析。

(3) 脱硫剂分析。

(4) 燃油雾化蒸汽流量、压力和温度。

(5) 空气预热器进、出口烟气成分。

(6) 空气预热器进、出口烟气温度。

(7) 省煤器出口烟气成分。

(8) 省煤器出口烟气温度。

(9) 进入系统边界的燃料和空气温度。

(10) 大气干、湿球温度和压力。

(11) 飞灰、沉降灰和炉渣量。

(12) 飞灰、沉降灰和炉渣温度。

(13) 飞灰、沉降灰和炉渣可燃物含量。

(14) 飞灰、沉降灰和炉渣中钙、碳酸盐（以 $CO_2$ 计）含量。

(15) 石子煤量及发热量。

(16) 辅助设备功率消耗。

**783. 提高锅炉效率的途径有哪些?**

**答:** 提高锅炉效率的途径如下:

(1) 降低排烟热损失: 防止受热面结焦与积灰, 合理使用燃烧器, 控制送风机入口风温, 注意给水温度的影响, 避免入炉风量过大, 注意制粉系统运行的影响。

(2) 降低机械不完全燃烧热损失: 合理调整煤粉细度, 控制适当的过量空气系数, 重视燃烧调整。

(3) 保证锅炉燃煤质量。

(4) 减少汽水损失: 保证锅炉的给水品质, 提高汽水分离装置的安装与检修质量, 运行中保持锅炉负荷、水位、蒸汽压力等参数稳定, 使锅炉汽水分离装置在正常情况下运行。

(5) 坚持锅炉小指标管理。

**784. 影响锅炉排烟热损失的主要因素有哪些?**

**答:** 影响锅炉排烟热损失的主要因素有排烟温度、排烟量。排烟温度越高、排烟量越大, 则排烟热损失越大。

**785. 影响 $q_3$、$q_4$、$q_5$、$q_6$ 的主要因素有哪些?**

**答:** $q_3$ 为化学不完全燃烧热损失, 主要影响因素有炉内过量空气系数、燃料的挥发分、炉膛温度、燃料与空气混合情况和炉膛结构等。

$q_4$ 为机械不完全燃烧热损失，主要影响因素是燃料的性质、煤粉细度、燃烧方式、炉膛结构、锅炉负荷、炉内空气动力工况以及运行操作情况等。

$q_5$ 为散热损失，主要影响因素是锅炉容量、锅炉负荷、炉墙面积、周围空气温度、炉墙结构等。

$q_6$ 为灰渣物理热损失，主要影响因素是燃料灰分、炉渣份额以及炉渣温度。一般液态排渣炉的排渣量和排渣温度均大于固态排渣炉。

### 786. 什么是空气预热器漏风率？

答：空气预热器漏风率是漏入某段烟道烟气侧的空气质量占该段烟道烟气质量的百分率。

### 787. 空气预热器漏风率如何计算？

答：空气预热器漏风率经验公式为

漏风率＝(空气预热器出口氧量－空气预热器入口氧量)/(21－空气预热器入口氧量)×90％。

### 788. 什么是空气预热器漏风系数？

答：空气预热器漏风系数是烟气通道出、进口处烟气的过量空气系数之差，或空气通道进、出口处空气量差值与理论空气量之比。

### 789. 空气预热器漏风试验的目的是什么？

答：空气预热器漏风试验的目的是考核空气预热器漏风性能，为空气预热器检修提供一定依据。

### 790. 如何进行空气预热器漏风试验？

答：机组负荷稳定后，在 A、B 空气预热器进、出口烟道内，按等截面网格法的原则划分测点，试验时将从烟道 8 个测点处抽取的烟气样，引入烟气自动分析仪分析烟气 $O_2$ 含量，每点每 15min 测量 1 次共测量两次。再根据空气预热器漏风率计算公式计算出空气预热器漏风率。

第九章

# 锅炉热工联锁保护

## 第一节 热工控制调节系统

**791. 什么是分散控制系统（DCS）？**

**答**：DCS 为分散控制系统的英文（Distributed Control System）简称。DCS 指控制功能分散、风险分散、操作显示集中。它是采用分布式结构的智能网络控制系统即利用计算机技术对生产过程进行集中监视、操作、管理和分散控制。作为一种纵向分层和横向分散的大型综合控制系统，它以多层计算机网络为依托，将分布在全厂范围内的各种控制设备的数据处理设备连接在一起，实现各部分信息的共享的协调工作，共同完成控制、管理及决策功能。

**792. 比例调节的作用是什么？**

**答**：比例调节的作用是偏差一出现，就及时调节，但调节作用同偏差量是成比例的，调节终了会产生静态偏差（简称静差）。

**793. 积分调节的作用是什么？**

**答**：积分调节的作用是只要有偏差，就有调节作用，直到偏差为 0，因此，它能消除偏差。但积分作用过强，又会使调节作用过强，引起被调参数超调，甚至产生振荡。

**794. 微分调节的作用是什么？**

**答**：微分调节的作用是根据偏差的变化速度进行调节，能提前给出较大的调节作用，大大减少了系统的动态偏差量及调节过程时间。但微分作用过强，又会使调节作用过强，引起系统超调和振荡。

**795. 什么叫微分先行的 PID 调节器？**

**答**：微分先行的 PID 调节器实际是测量值先行，它可以减少测量信号的滞后，有利于提高调节品质。

**796. 热工保护的主要作用是什么？**

**答：**热工保护的主要作用是当机组在启动和运行过程中发生了危及设备安全的危险工况时，使其能自动采取保护或联锁措施，防止事故扩大，从而保护机组设备的安全。

**797. 锅炉控制系统包含哪些内容？**

**答：**锅炉控制系统包括模拟量控制系统、辅机顺序控制系统，以及锅炉燃烧管理系统。

**798. 锅炉模拟量闭环控制系统有哪些？**

**答：**锅炉模拟量闭环控制系统有燃料控制系统、二次风量控制系统、炉膛压力调节系统、蒸汽温度控制系统、给水控制系统、磨煤机控制系统。

**799. 燃料控制系统的作用有哪些？**

**答：**燃料控制系统的作用是由燃料主控系统发出燃料指令，改变进入炉膛的燃料量，以保证主蒸汽压力稳定。

**800. 二次风量控制系统的作用是什么？**

**答：**二次风量控制系统的作用是通过对送风机动叶的调节，控制进入炉膛的二次风量，保持最佳过量空气系数，以达到最佳燃烧工况。

**801. 炉膛压力调节系统的作用是什么？**

**答：**炉膛压力调节系统的作用是通过对引风机静叶或动叶的调节，控制从炉膛抽出的烟气量，从而保持炉膛压力在设定值。

**802. 给水控制系统的作用是什么？**

**答：**给水控制系统的作用是调节锅炉的给水量，以适应机组负荷的变化，保持汽包水位稳定或者保持在不同锅炉负荷下的最佳燃水比。

**803. 什么叫汽包水位三冲量？**

**答：**所谓冲量，是指调节器接受的被调量的信号。汽包水位三冲量给水调节系统由汽包水位测量筒及变送器、蒸汽流量测量装置及变送器、给水流量测量装置及变送器、调节器、执行器等组成。

在汽包水位三冲量给水调节系统中，调节器接受汽包水位、蒸汽流量和给水流量三个信号，三冲量给水控制系统如图 9-1 所示。其中，汽包水位是主信号，任何扰动引起的水位变化，都会使调节器输信号发生变化，改变给水流量，使水位恢复到给定值；蒸汽流量信号是前馈信号，其作用是防止由于"虚假水位"而使调节器产生错误的动作，改善蒸汽流量扰动时的调节质量；蒸汽流量和给水流量两个信号配合，可消除系统的静态偏差。当给水流量变化时，测量孔板前后的差压变化很快并及时反应给水流量的变化，因此，给水流量信号作为介质反馈信号，使调节器在水位还未变化时就可根据前馈信号消除内扰，使调节过程稳定，起到稳定给水流量的作用。

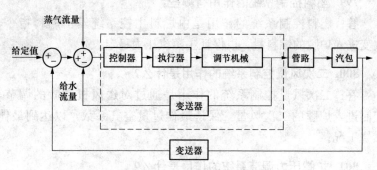

图 9-1　三冲量给水控制系统

### 804. 磨煤机控制系统包括哪些?

**答:** 磨煤机控制系统包括磨煤机出口温度控制系统、磨煤机风量控制系统、磨煤机煤位控制系统等。

### 805. 简述辅机顺序控制系统的作用。

**答:** 辅机顺序控制系统，一般都以某一辅机为主，在启停过程中与它相关的设备按一定的逻辑或顺序进行动作，以保证整个机组安全启停。

### 806. 辅机顺序控制系统包含哪些内容?

**答:** 辅机顺序控制系统包括送风机启停顺序控制系统、引风机顺序控制系统、空气预热器顺序控制系统、一次风机顺序控制系统、磨煤机顺序控制系统、锅炉汽水顺序控制系统。

### 807. 燃烧管理系统(BMS)主要功能有哪些?

**答:** 燃烧管理系统(BMS)主要功能如下:

(1) 点火前炉膛吹扫。

(2) 油燃烧器自动控制。

(3) 煤燃烧器自动控制。

(4) 二次风挡板联锁控制。

(5) 火焰监视。

(6) 有关辅机的启停和保护。

(7) 主燃料跳闸。

(8) 减负荷控制。

(9) 联锁和报警。

(10) 首次跳闸原因记忆。

(11) 与上位机通信。

### 808. 什么是协调控制系统(CCS)?

**答:** 协调控制系统(CCS)指将锅炉-汽轮发电机组作为一个整体进行控制,通过控制回路协调锅炉、汽轮机在自动状态下运行给锅炉、汽轮机的自动控制系统发出指令,以适应负荷变化的需要,尽最大可能发挥机组的调频、调峰能力,它直接作用的执行级是锅炉燃料控制系统和汽轮机控制系统。

### 809. 机组在CCS协调下,闭锁负荷增的条件有哪些?

**答:** 机组在CCS协调下,有下列情况之一者闭锁负荷增:

(1) 负荷指令超过负荷设定的高限。

(2) 燃料指令在最大。

(3) 送风机或引风机指令在最大。

(4) 给水泵指令在最大。

(5) 负荷"保持"。

**810. 机组在 CCS 协调下，闭锁负荷减的条件有哪些？**

答：机组在 CCS 协调下，有下列情况之一者闭锁负荷减：

（1）负荷指令低于负荷设定的低限。

（2）燃料指令在最小。

（3）送风机或引风机指令在最小。

（4）给水指令在最小。

（5）负荷"保持"。

**811. 协调控制系统的运行方式有哪几种？**

答：协调控制系统有如下运行方式：

（1）协调控制方式。

（2）汽轮机跟随锅炉。

（3）锅炉跟随汽轮机。

（4）全手动方式。

**812. "机跟炉"与"炉跟机"运行方式有何特点？各用于什么工况？**

答：单元制机组的"机跟炉"运行方式具有蒸汽压力稳定，但适应负荷能力差的特点，而"炉跟机"运行方式则正好相反，具有适应负荷能力强，而蒸汽压力波动大的特点。前者适应于炉侧有故障的工况，后者适应于机侧有故障的工况。

**813. 单元制机组运行时，在哪些情况下采用"机跟炉"运行方式？**

答：单元制机组运行时，在下列情况下采用"机跟炉"运行方式：

（1）汽轮机主控制处于"自动"，锅炉主控处于"手动"时。

（2）汽轮机主控制处于"自动"，投入锅炉主控"自动"时。

（3）协调控制方式下发生锅炉 RB 时。

（4）协调控制方式下按"汽轮机跟踪"键时。

（5）协调控制方式下发生"燃料-给水""燃料-风量"比例失调时。

**814. 单元制机组运行时，在哪些情况下采用"炉跟机"运行方式？**

答：单元制机组运行时，在下列情况下采用"炉跟机"运行方式：

（1）锅炉主控处于"自动"方式。

（2）机组控制不在"机跟炉"方式。

（3）机组控制不在协调控制方式。

**815. 燃烧过程自动调节系统的被调量和调变量分别是什么？**

答：燃烧过程自动调节系统有三个被调量：主蒸汽压力、过量空气系数和炉膛负压，相应的调节变量为燃料量、送风量和引风量。上述三个被调量分别由主蒸汽压力、送风和炉膛负压三个调节系统进行调节和控制，三者之间关系密切，共同组成燃烧过程自动调节系统。

**816. 造成电动执行器振荡的原因有哪些？**

答：造成电动执行器振荡的原因主要有以下几个方面：

（1）电动执行器伺服放大器的不灵敏区太小。

（2）电动执行器的制动器间隙调整不当或磨损严重，使伺服电动机惰走太大，应定期进行检查和调整。

（3）调节器参数整定不当一般是因比例带设置太小，系统增益较大，这对有中间被调参数（或称导前参数）的系统更为明显。出现这种情况时，应重新整定调节器参数。

**817. 气动阀门定位器有哪些作用？**

答：气动阀门定位器有如下作用：

（1）消除执行器薄膜和弹簧的不稳定性及各可动部分的干摩擦影响，提高调节阀的精确度和可靠性，实现准确定位。

（2）增大执行器的输出功率，减小调节信号的传递滞后，加快阀杆移动速度。

（3）改变调节阀的流量特性。

**818. 测量误差产生的原因有哪些？**

答：测量方法不完善、计量工具不准确、外界环境条件的影响、被测量对象不稳定、计量工作人员的观测能力和技术素质欠佳等都是产生测量误差的原因。

**819. 如何减少系统误差？**

**答**：提高测量仪器的等级，改进测量的方法，尽可能地改善测量的环境，减少环境对测量的影响。

## 第二节　锅炉主要联锁保护

**820. 什么是炉膛安全监控系统（FSSS）？**

**答**：炉膛安全监控系统（FSSS）指对锅炉点火和油枪进行程序自动控制，防止锅炉炉膛由于燃烧熄火、过压等原因引起炉膛爆炸而采取的监视和控制措施的自动系统。其包括燃烧器控制系统（BCS）和燃料安全系统（FSS）。

**821. 什么是燃烧器控制系统（BCS）？**

**答**：燃烧器控制系统（BCS）是指根据指令或锅炉负荷变化的要求，按照规定的操作顺序和条件启（投）、停（切）锅炉点火系统和（或）燃烧器的控制系统。在中间储仓式制粉系统中是单个或成对地投切燃烧器；在直吹式制粉系统中是一台磨煤机及辅助设备的启停。

**822. 什么是燃料安全系统？**

**答**：燃料安全系统的功能是在锅炉点火前和跳闸停炉后对炉膛进行吹扫，防止可燃物在炉膛堆积。在检测到危及设备、人身安全的运行工况时，启动主燃料跳闸（MFT），迅速切断燃料，紧急停炉。

**823. 什么是 MFT？**

**答**：MFT 是指锅炉主燃料跳闸，指保护信号指令动作或由人工操作后控制系统自动将锅炉燃料系统切断，并且联动相应的系统及设备，使整个热力系统安全地停运，以防止故障的进一步扩大。

**824. MFT 逻辑控制系统有哪些基本要求?**

**答:** MFT 逻辑控制系统的基本要求如下:

(1) 监视锅炉启动过程和正常运行过程,启动步骤和操作方法要适当并按规定的程序进行。

(2) 当设备和人身安全受到危害时,按适当的程序停用最少的设备。

(3) 当锅炉自动停炉后,要指出引起停炉的第一原因,以保证在对该原因进行处理后再次启动。

(4) 使一些必要的停炉设备集中在一个系统中。

(5) MFT 测量元件和电路必须独立于其他控制系统。

(6) 对维护工作要有保护措施。

(7) 炉膛安全监控系统在运行中不允许手动退出,对系统的所有操作都要有自动记录。

(8) 对锅炉运行过程中产生的对 FSSS 的干扰和系统电源要有保护措施。

**825. 锅炉 MFT 条件有哪些?**

**答:** 锅炉 MFT 条件如下:

(1) 手动 MFT。

(2) 汽轮机跳闸。

(3) 送风机全停。

(4) 引风机全停。

(5) 空气预热器均跳闸。

(6) 任一套煤粉系统投运,且无油枪投运时,一次风机全停。

(7) 火焰检测器风压低低。

(8) 炉膛压力高高。

(9) 炉膛压力低低。

(10) 汽包水位高高。

(11) 汽包水位低低。

(12) 总风量小于 30%。

(13) 全炉膛无火。

(14) 全燃料丧失。

（15）点火三次失败。

（16）脱硫系统循环浆液泵全停与锅炉排烟温度高。

**826. 设置总风量低保护的目的是什么？**

**答**：设置总风量低保护的目的是使吹扫更充分，避免可燃物沉积在炉膛中，防止锅炉爆炸。

**827. 设置全炉膛灭火保护的目的是什么？**

**答**：锅炉运行时，由于锅炉负荷过低、燃料质量下降、风量突增或突减及操作不当等原因，都容易造成锅炉灭火。灭火有甩负荷、炉膛"放炮"的危险。锅炉由灭火到"放炮"往往只经历几十秒，甚至只有十几秒，在这极短的时间内，运行人员要做出正确判断并及时处理是相当困难的，因此，锅炉燃烧系统必须装设可靠的灭火保护装置。

**828. 设置炉膛压力保护的目的是什么？**

**答**：锅炉炉膛在燃烧事故发生时造成的破坏现象有两种。一种是炉膛内可燃混合物发生爆炸力超过炉膛结构强度而造成的向外爆炸事故；另一种是平衡通风的锅炉，由于炉膛负压过大，炉膛内、外气体压差剧增，超过结构强度而造成的内压坏事故。炉膛压力保护的作用就是在这两种情况下防止设备损坏。

**829. 设置点火三次失败保护的目的是什么？**

**答**：锅炉多次点火失败，燃料在炉膛内堆积，再次点火有可能引起爆燃，必须重新吹扫后才能再次点火，因此，设置了多次点火失败保护。

**830. 设置汽包水位高保护的目的是什么？**

**答**：锅炉严重满水时，造成蒸汽大量带水，蒸汽品质恶化，蒸汽含盐量增加，造成汽轮机叶片积盐，甚至导致汽轮机水冲击等，因此，需要设置汽包水位高保护。

**831. 设置汽包水位低保护的目的是什么？**

**答**：汽包水位过低，锅炉水循环被破坏，甚至锅炉发生干烧爆管，因此，需要设置汽包水位低保护。

**832. 设置汽轮机跳锅炉保护的目的是什么？**

答：汽轮机跳闸后，如高、低压旁路未开启，锅炉再热器会干烧，在炉膛温度超过允许干烧温度的情况下，再热器可能出现大面积过热爆管，因此设置汽轮机跳锅炉保护。

**833. 锅炉 MFT 保护中全部火焰失去的判断条件是什么？**

答：锅炉 MFT 保护中全部火焰失去的判断条件是所有磨煤机火焰检测信号失去 3/4，所有油层火焰检测信号失去 3/4。

**834. 锅炉 MFT 保护中失去全部燃料的判断条件是什么？**

答：锅炉 MFT 保护中失去全部燃料的判断条件是所有给煤机全停或所有磨煤机全停，所有油角阀全关或油跳闸阀关。

**835. 锅炉 MFT 动作现象有哪些？**

答：锅炉 MFT 动作现象如下：

（1）MFT 动作报警，光字牌亮。

（2）MFT 首出跳闸原因指示灯亮。

（3）锅炉所有燃料切断，炉膛灭火，炉膛负压、烟气温度下降。

（4）相应的跳闸辅机报警。

（5）蒸汽流量、蒸汽压力、蒸汽温度急剧下降。

（6）机组功率下降。

**836. MFT 如何复位？**

答：在锅炉吹扫条件满足后，进行锅炉吹扫，当吹扫完成时，MFT 自动复位，此时可复位 MFT 首出。

**837. MFT 动作时联动哪些设备？**

答：MFT 动作时联动如下设备：

（1）一次风机停。

（2）燃油快关阀关闭，燃油回油阀关闭，油枪电磁阀关闭，过热减温水关闭，再热减温水关闭。

（3）磨煤机、给煤机全停。

（4）电除尘停运。

（5）脱硝系统停运。

**838. 什么是 OFT?**

**答**：OFT 是指油燃料跳闸（oil fuel trip），其功能是当燃油系统出现故障或锅炉 MFT 时，迅速切断燃油的供油，防止事故的进一步扩大，OFT 发生后，燃油跳闸阀、调节阀和回油阀迅速关闭，所有油枪迅速退出。

**839. OFT 跳闸条件是什么?**

**答**：OFT 跳闸条件如下：

（1）手动 OFT。

（2）MFT。

（3）油母管压力低低。

（4）燃油进油快关阀全关。

**840. OFT 动作联动哪些设备?**

**答**：OFT 动作联动如下设备：

（1）关闭燃油进油快关阀。

（2）关闭燃油回油快关阀。

（3）关闭燃油回油调节阀。

（4）关闭所有油枪油角阀。

（5）关闭所有油枪吹扫阀。

（6）退出所有油枪、点火枪。

**841. 锅炉吹扫的允许条件有哪些?**

**答**：锅炉吹扫的允许条件如下：

（1）所有磨煤机均停。

（2）所有给煤机均停。

（3）所有火焰检测器无火。

（4）两台空气预热器运行。

（5）汽包水位正常。

（6）无 MFT 信号。

（7）两台一次风机均停。

（8）所有油角阀均关，燃油跳闸阀已关。

（9）总风量大于 25% 额定风量。

（10）总风量低于 40％额定风量。

（11）任一台送风机与任一台引风机运行。

（12）火焰检测冷却风压力正常。

（13）炉膛压力正常。

**842. 什么是辅机故障减负荷（RB）?**

**答**：辅机故障减负荷（RB），是针对机组主要辅机故障采取的控制措施，即当主要辅机（如给水泵、送风机、引风机）发生故障机组不能带满负荷时，快速降低机组负荷。

**843. 简述 RB 动作过程。**

**答**：当主要辅机（如给水泵、送风机、引风机）发生故障机组不能带满负荷时，触发 RB 动作逻辑：锅炉自动切除部分磨煤机，汽轮机根据不同类型的 RB 条件，降至不同目标负荷。

## 第三节　锅炉辅机联锁保护

**844. 空气预热器跳闸条件有哪些?**

**答**：空气预热器跳闸条件如下：

（1）空气预热器上轴承温度大于 85℃。

（2）空气预热器下轴承温度大于 85℃。

（3）空气预热器电动机故障。

**845. 空气预热器辅助电动机联启条件是什么?**

**答**：空气预热器辅助电动机联启条件是主电动机跳闸，延时 5s。

**846. 空气预热器跳闸联动哪些设备?**

**答**：空气预热器跳闸联跳对应侧引风机、送风机，联关空气预热器烟气侧、一次风侧、二次风侧出、入口挡板。

**847. 空气预热器跳闸为什么要联跳对应送风机、引风机?**

**答**：空气预热器跳闸后，空气预热器已停转，如通入烟气和冷风，空气预热器有可能变形，因此，空气预热器跳闸要联跳对应送风机、引风机，联关空气预热器烟气侧、一次风侧、二次风侧出、入口挡板。

**848. 引风机启动允许条件有哪些？**

**答：** 引风机启动允许条件如下：

（1）任意一空气预热器已运行。

（2）引风机出口挡板开启。

（3）引风机入口挡板关闭。

（4）引风机动叶已关（小于5%的位置）。

（5）空气通道已建立（空气预热器烟气侧、一次风侧、二次风侧出、入口挡板开启，送风机动叶开度大于5%）。

（6）任意一轴承冷却风机运行。

（7）油箱内的温度正常。

（8）润滑油压力正常。

（9）控制油压力正常。

（10）油箱油位正常。

（11）任意一润滑油泵运行。

（12）任意一引风机冷却水泵运行。

（13）引风机电动机轴承温度小于70℃。

（14）引风机轴承温度小于70℃。

（15）引风机电动机绕组温度小于100℃。

**849. 引风机跳闸条件有哪些？**

**答：** 引风机跳闸条件如下：

（1）引风机推力轴承温度大于110℃。

（2）引风机非驱动端轴承温度大于110℃。

（3）引风机驱动端轴承温度大于110℃。

（4）引风机电动机轴承温度大于80℃。

（5）引风机润滑油压小于0.05MPa。

（6）空气预热器全停。

（7）同侧空气预热器跳闸。

（8）同侧送风机跳（两台引风机运行时）。

（9）炉膛压力低于－3.5kPa。

**850. 炉膛压力过低为什么要联跳引风机?**

**答:** 炉膛压力过低要联跳引风机是为了保护炉膛和烟道，防止负压过大导致炉膛和烟道内爆。

**851. 送风机启动允许条件有哪些?**

**答:** 送风机启动允许条件如下:

（1）任一油泵运行。

（2）液压油压力正常。

（3）润滑油压力正常。

（4）风机轴承温度小于70℃。

（5）电动机绕组温度小于100℃。

（6）电动机轴承温度小于70℃。

（7）入口动叶关闭。

（8）出口挡板关闭。

（9）同侧空气预热器运行。

（10）同侧空气预热器二次风出、入口挡板开。

（11）至少有一台引风机在运行，且炉膛压力正常。

**852. 送风机跳闸条件有哪些?**

**答:** 送风机跳闸条件如下:

（1）送风机轴承温度大于85℃。

（2）送风机电动机轴承温度大于95℃。

（3）空气预热器全停。

（4）同侧空气预热器跳闸。

（5）引风机全停。

（6）同侧引风机停止且另一侧引送风机均运行。

（7）炉膛压力高于+3.0kPa。

**853. 炉膛压力过低为什么要联跳送风机?**

**答:** 炉膛压力过低联跳送风机是为了保护炉膛和烟道，防止正压过大导致炉膛和烟道外爆。

**854. 引风机跳闸为什么要联跳送风机?**

**答**：引风机跳闸后如果不及时停运对应的送风机会造成炉膛压力快速升高，通过调整运行的引风机、送风机无法快速将炉膛压力调整至正常值。锅炉正压运行，轻者造成环境污染，严重时从炉膛不严密处喷火造成附近电缆着火，再运行引风机过负荷等系列不良后果。因此，联跳对应送风机对机组安全有利。

**855. 送风机跳闸为什么要联跳引风机?**

**答**：送风机跳闸后如果不及时停运对应的引风机会造成炉膛压力快速降低，轻则炉膛压力低锅炉 MFT，严重时肯导致炉膛内爆，因此送风机跳闸要联跳引风机。

**856. 一次风机启动允许条件有哪些?**

**答**：一次风机启动允许条件如下：

(1) 同侧空气预热器运行。

(2) 任一油泵运行。

(3) 润滑油压正常。

(4) 风机轴承温度小于 70℃。

(5) 电动机轴承温度小于 70℃。

(6) 电动机绕组温度小于 100℃。

(7) 出口挡板关闭。

(8) 入口静叶关闭。

(9) 同侧空气预热器一次风出入口挡板打开。

(10) 至少一台引风机和送风机运行。

**857. 一次风机跳闸条件有哪些?**

**答**：一次风机跳闸条件如下：

(1) 锅炉 MFT。

(2) 一次风机轴承温度大于 85℃。

(3) 一次风机电动机轴承温度大于 90℃。

(4) 两台密封风机全停，延时 300s。

**858. 油层启动允许条件有哪些?**

**答**：油层启动允许条件如下：

（1）回油快关电磁阀开。

（2）供油跳闸阀开。

（3）油母管压力正常。

（4）泄漏试验合格或旁路。

（5）吹扫蒸汽压力正常。

（6）火检探头冷却风压力正常。

（7）无锅炉 MFT 信号。

（8）任一油枪已经运行或任一给煤机已经投入运行或锅炉吹扫完成。

**859. 煤层投运允许条件有哪些？**

答：煤层投运允许条件如下：

（1）锅炉无 MFT 条件。

（2）任意一台一次风机运行。

（3）任意一台磨运行或任一油层运行。

（4）二次风温度大于 177℃。

**860. 给煤机启动允许条件有哪些？**

答：给煤机启动允许条件如下：

（1）给煤机入口闸板门打开。

（2）给煤机出口闸板门打开。

（3）给煤机密封风门打开。

**861. 给煤机跳闸条件有哪些？**

答：给煤机跳闸条件如下：

（1）MFT 动作。

（2）RB 动作

（3）磨煤机跳闸。

（4）给煤机电动机故障。

（5）给煤机 ACC 跳闸（变频器跳闸）。

（6）给煤机出口堵煤。

**862. 磨煤机启动允许条件有哪些？**

答：磨煤机启动允许条件如下：

(1) 煤层允许投入条件具备。

(2) 磨煤机点火能量具备。

(3) 磨煤机磨碾压差正常。

(4) 磨煤机齿轮箱油泵任一台运行。

(5) 磨煤机齿轮箱润滑油压力正常。

(6) 磨煤机齿轮箱润滑油温度正常。

(7) 密封风机在运行。

(8) 一次风量正常。

(9) 磨煤机出口温度正常。

(10) 磨煤机入口一次风快关门已开。

(11) 磨煤机入口冷、热一次风挡板已开。

(12) 磨煤机出口门全开。

(13) 磨煤机惰化完成或惰化电动门已经关闭。

(14) 密封风、一次风压差正常。

(15) 给煤机出、入口门及密封风挡板开。

### 863. 磨煤机跳闸条件有哪些?

**答:** 磨煤机跳闸条件如下:

(1) 锅炉 MFT 动作。

(2) RB 动作。

(3) 一次风机全停。

(4) 磨煤机出口门 2/4 关闭。

(5) 出口温度高。

(6) 磨碾差压低。

(7) 磨煤机润滑油压低。

(8) 磨煤机润滑油温高。

(9) 磨煤机油泵全停。

(10) 磨煤机磨辊轴承温高。

(11) 电动机轴承温度高。

(12) 运行中失去 3/4 火焰检测信号。

(13) 给煤机跳闸延时 6min。

(14) 磨煤机等离子断弧(磨煤机在等离子方式运行时),四取二。

第十章

# 超 超 临 界 锅 炉

## 第一节 锅 炉 特 性

**864. 什么是超超临界机组?**

**答:** 一般把汽轮机进口蒸汽压力高于 27MPa 或蒸汽温度高于 580℃的机组称为超超临界机组。

**865. 超超临界机组有何优点?**

**答:** 超超临界机组有如下优点:

(1) 热效率高。超超临界机组净效率可达 45% 左右。

(2) 污染物排放量减少。由于采取脱硫、脱硝、低氮燃烧以及安装高效除尘器等措施,污染物排放浓度大幅度降低,可达到超净排放标准。

(3) 单机容量大。超超临界机组容量一般在百万千瓦级的水平。

**866. 简述超超临界锅炉结构。**

**答:** 以东方锅炉厂超(超)临界锅炉为例,超超临界锅炉保护方法如下:

(1) 锅炉采用单炉膛 π 形布置方式、尾部双烟道、全钢架、全悬吊结构。

(2) 炉膛采用内螺纹管螺旋管圈+混合联箱+垂直管水冷壁。

(3) 过热器为辐射对流式,再热器纯对流布置。过热器采用水/煤比和喷水调温,再热器采用尾部烟气调节挡板+事故喷水调温。

(4) 旋流式低 $NO_x$ 燃烧器,前后墙布置,对冲燃烧。

**867. 为什么超临界直流炉需要设置启动系统?**

**答:** 亚临界循环炉有一个体积很大的汽包对汽水进行分离,

255

汽包作为分界点将锅炉受热面分为蒸发受热面和过热受热面两部分。直流炉是靠给水泵的压力，使锅炉中的水、汽水混合物和蒸汽一次通过全部受热面。

亚临界循环炉在点火前锅炉上水到汽包低水位，锅炉点火后，水冷壁吸收炉膛辐射热，水温升高后产生蒸汽，蒸汽由于比体积低，汽水混合物沿着水冷壁上升到汽包，水循环建立。随着燃料的增加，蒸发量增大，水循环加快，因此，启动过程中水冷壁冷却充分，运行安全。

超临界直流锅炉由于没有汽包，水在锅炉管中加热、蒸发和过热后直接向汽轮机供汽。在启动前必须由锅炉给水泵建立一定的启动流量（25%BMCR）和启动压力，强迫工质流经受热面。如果没有启动系统，水冷壁的安全得不到保证。

**868. 简述超超临界启动系统的组成。**

**答**：超超临界启动系统的组成如下：

（1）不带循环泵的启动系统：由内置式汽水分离器、储水罐、储水罐水位调节阀等组成。

（2）带循环泵的启动系统：由内置式汽水分离器、储水罐、储水罐水位调节阀、再循环泵、再循环泵流量调节阀等组成。

**869. 什么是分离器出口过热度？**

**答**：分离器出口过热度是指分离器出口蒸汽温度与分离器在该压力下的饱和温度的差值。

**870. 什么是直流锅炉中间点温度？有什么意义？**

**答**：直流锅炉运行中，为了维持锅炉过热蒸汽温度的稳定，通常在过热区段取一温度测点，将它固定在某一数值，称其为中间点温度。

直流锅炉把分离器出口作为中间点，在纯直流运行后，分离器出口处于过热状态，这样在分离器干态运行的整个范围内，中间点具有一定的过热度，而且该点靠近开始过热点，使中间点蒸汽温度变化的时滞小，对过热蒸汽温度调节有利。

**871. 贮水罐水位调节阀（361 阀）有何作用？**

**答**：在直流锅炉启动停过程，贮水罐水位调阀（361 阀）用于控制贮水罐水位，配合锅炉上水和系统冷态清洗。

**872. 361 阀暖阀管路有何作用？**

**答**：361 阀暖阀管路有如下作用：

(1) 使 361 阀及其管道处于热备用状态。

(2) 防止 361 阀开启时造成热冲击。

(3) 使 361 阀前后温度一致，防止因温差大而造成阀门卡涩。

**873. 带循环泵的启动系统有何优点？**

**答**：带循环泵的启动系统由于配置了再循环管路，可缩短启动时间，回收启动过程中的热量和工质。

**874. 不带循环泵的启动系统有何优点？**

**答**：不带循环泵的启动系统结构简单，投资少，运行控制和维护均比带循环泵的启动系统简单。

**875. 为什么螺旋水冷壁结构适合变压运行及调峰？**

**答**：螺旋水冷壁结构适合变压运行及调峰的原因如下：

(1) 在炉膛周界尺寸一定的条件下，下部采用根数相对较少的螺旋水冷壁，低负荷时，更易保证水冷壁管中足够的质量流速。

(2) 内螺纹管的采用，极大地减少了低负荷时发生膜态沸腾的可能性。

(3) 中间混合联箱的采用改善了低负荷时汽水两相流量分配不均的问题，同时，进一步减小了各水冷壁管的热偏差。

# 第二节 锅 炉 启 停

**876. 超超临界锅炉启动注意事项有哪些？**

**答**：超超临界锅炉启动注意事项如下：

(1) 再热器未进蒸汽前，炉膛出口烟气温度小于 538℃。

(2) 冷态启动时应监视水冷壁管间温差不大于 50℃，水冷壁出口工质温升速度不大于 1.5℃/min，避免温度变化率大导致水冷壁及护板损坏。

（3）在蒸汽流量低于 10%BMCR（锅炉最大蒸发量）运行期间，烟气温度大于 538℃时应确认烟温探针自动退出，若自动未退出应手动方式退出。

（4）启动期间，应在锅炉上水前、上水后，分离器压力至 1.0、6.0、10.0、13.0、16.0MPa 时记录各膨胀指示器一次，检查锅炉本体膨胀均匀，发现异常应立即停止升温、升压，并采取相应措施予以消除。

（5）在升温、升压过程中应加强对各受热面金属温度及工质温度的监视，谨慎控制中间点温度，通过调节水煤比和减温水，控制主蒸汽温度和再热蒸汽温度在设定值范围内。

（6）锅炉在湿态与干态转换区域运行时，应尽量缩短其运行时间，并应注意保持给水流量的稳定，严格按升压曲线控制升压速度，防止锅炉受热面金属温度的波动。

（7）在启动过程中，过热器减温器后过热度大于 10℃、再热减温器后过热度大于 20℃，谨慎投用再热器事故减温水。

（8）油枪运行期间，应有专人检查，发现漏油、燃烧不良等现象及时停运油枪。

（9）投用燃烧器应按先下层、后上层；先前墙，后后墙的原则进行，尽可能保持对冲燃烧方式。在冷态启动时，首先投最底层燃烧器，给炉膛下部提供热量以提升压力和维持较低的蒸汽温度；热态启动时，首先投中间层的燃烧器以维持蒸汽温度。磨煤机启停前对应的所有油枪必须投运，油枪停运时应单个独立操作，不允许自动操作。

（10）启动过程中，严格按启动曲线逐渐升温、升压。

**877. 超超临界锅炉上水有哪些主要操作？**

**答：**（1）检查省煤器入口管放水门、锅炉底部水冷壁下水分配头放水门、螺旋水冷壁出口混合联箱疏水门、水平烟道出口联箱疏水门关闭。

（2）检查锅炉所有减温水调节门、截止门及放水、放空气门均已关闭，启动系统暖管管路出/入口截止门、调节门关闭。

（3）检查省煤器出口联箱放空气门、螺旋水冷壁出口混合联箱放空气门、垂直水冷壁出口联箱放空气门、锅炉主/再热汽系统所有疏水门、放空气门及分离器出口母管放空气门开启。

（4）冷态启动时，上水水温应控制在 21～70℃。

（5）当除氧器给水水质 Fe 含量小于 $100\mu g/L$，启动电动给水泵或汽动给水泵，开启电动给水泵出口电动阀或汽动给水泵出口电动阀，高压加热器水侧注水，注水结束关闭注水阀，高压加热器水侧投入。开启给水旁路调节阀前后电动阀，逐渐开启给水旁路调节阀，锅炉上水。以约 10%BMCR（约 200t/h）的流量向锅炉上水，直到储水箱中水位升到正常水位区间（8～10m）。如锅炉要进行冷态清洗或启动，则应继续上水使储水箱中水位升到高水区间（12.7～16.7m），并开启 361 阀 A 来控制水位。锅炉疏水扩容器见水后，试运疏水泵及相关设备。

（6）锅炉储水箱见水后，省煤器出口联箱放气阀、螺旋水冷壁及垂直水冷壁出口混合联箱放气阀依次关闭，打开 361 阀前电动阀门，开启 361 阀前母管疏水门。

（7）上水时间：夏季不小于 2h，冬季不小于 4h。

（8）锅炉上水完毕，全面记录锅炉膨胀值，准备冷态清洗。

### 878. 超超临界锅炉如何进行开式冷态清洗？

**答：**在冷态清洗期间，为了减少进入给水系统中的氧气，除氧器要通入蒸汽除氧，保证除氧器温度在 80℃左右。锅炉上水时打开高压加热器旁路阀，采用不通过高压加热器的方式上水，维持给水流量为 25%BMCR。上水完成后，关闭省煤器出口联箱放气阀。采用变流量清洗，给水经省煤器、炉膛水冷壁和水冷壁出口混合联箱到分离器和储水箱，再经储水箱水位调节管线排至疏水扩容器，清洗水排向机组排水槽。启动系统的两个储水箱水位调节阀，在全开时的通流能力分别为 20%BMCR 和 41%BMCR，冷态清洗应尽可能采用大的流量以缩短清洗时间。如果疏水扩容器出口水质达到相应的水质标准则冷态冲洗结束。

**879. 超超临界锅炉开式冷态清洗合格标准是什么？**

答：超超临界锅炉开式冷态清洗合格标准是水质指标 Fe 小于 500μg/L，pH 值小于或等于 9.5。

**880. 超超临界锅炉如何进行闭式冷态清洗？**

答：开式冷态冲洗结束后，进行闭式冷却冲洗。启动疏水扩容器疏水泵，通过疏水扩容器水位调整门，将清洗水排至排汽装置。注意监视排污降温池液位。当储水箱水质优于相应的指标值时，闭式冷态清洗结束。

**881. 超超临界锅炉闭式冷态清洗合格标准是什么？**

答：超超临界锅炉闭式冷态清洗合格标准是水质指标 Fe 小于 100μg/L，pH 值为 9.3～9.5。

**882. 超超临界锅炉热态冲洗流程是什么？**

答：超超临界锅炉热态冲洗流程是给水系统→省煤器→水冷壁→启动分离器→储水箱→疏水扩容器→排汽装置或机组排水槽。

**883. 超超临界锅炉如何进行热态冲洗？**

答：超超临界锅炉进行热态冲洗的方法如下：

(1) 当水冷壁介质温度达到 150℃时，锅炉进入热态清洗阶段，当机组冷态清洗将给水的温度提高到热态清洗的温度时，热态清洗的时间可以缩短，热态清洗时控制给水流量约为 20%BMCR。

(2) 由于水中的沉积物在 190℃时达到最大，所以调整锅炉燃料量，升温至 190℃（顶棚出口）时应进行水质检查，检测水质时停止锅炉升温、升压。

(3) 当储水箱出口给水含铁量小于 500μg/L 时，锅炉疏水回收至排汽装置。

(4) 当储水箱出口给水含铁量小于 100μg/L 时，锅炉热态清洗合格。

**884. 超超临界锅炉如何湿态转干态运行？**

答：超超临界锅炉湿态转干态运行方法如下：

（1）负荷在 $25\%\sim30\%$ECR（额定工况）之间时锅炉在干湿态转换区域。

（2）锅炉转干态运行时，为保证转换的平稳进行，首先应保证给水流量不变，再增加燃料量。

（3）随着燃料量的增加，分离器出口中间点温度出现过热度，温度控制器参与调节，使给水流量增加，从而达到燃料和给水量的平衡。

（4）当锅炉转直流后，储水箱水位调节阀全关，关闭储水箱水位调节阀至疏水扩容器电动阀。$40\%$BMCR 开启储水箱水位调节阀暖管电动阀，进行暖管。

（5）当分离器入口蒸汽过热度达到 $15\sim20℃$，继续增加燃料量时相应增加给水流量并维持合适的水煤比，必须严格按启动曲线控制主蒸汽升温、升压速度。

### 885. 湿态转换为干态运行注意事项有哪些?

**答**：湿态转换为干态运行注意事项如下：

（1）转干态过程中密切监视储水箱的水位，控制过热度。

（2）转直流过程中，严密监视锅炉各受热面温度在正常范围内。

（3）维持给水量，防止水量波动。

（4）转为直流运行后，及时关闭储水箱溢流调节阀，保证分离器压力的稳定。

（5）转为直流运行后，应快速升负荷至 $40\%$ECR 以上，防止干态、湿态工况反复转换。

### 886. 超超临界锅炉如何干态转湿态运行?

**答**：超超临界锅炉干态转湿态运行的方法如下：

（1）在干湿态转换前，应确认储水箱水位调节管线暖管充分及储水箱水位调节阀暖阀充分。

（2）当锅炉负荷降到 $30\%$ECR 左右、压力在 9.5MPa 左右时，维持给水量不变，缓慢减少燃料量，监视过热度缓慢下降，当过热度降至 0 时，储水箱开始见水，随着储水箱水位的上升锅炉转入湿态运行。

（3）当储水箱水位大于3.5m后，储水箱水位调节阀前电动阀打开，启动系统准备投运。随着机组负荷降低，不能将给水流量减少到使其低于炉膛保护所需的最小流量，此时，过热器减温器仍在运行以维持设定的温度值。当从分离器分离出来的水汇集到储水箱后，储水箱水位开始升高，自动打开储水箱水位调节阀进行调节，将水位控制在正常水位1.4～13m之间。

（4）确认疏水排放系统运行正常，疏水回收到排汽装置。

### 887. 超超临界锅炉如何停运？

**答：** 超超临界锅炉停运方法如下：

（1）按机组停机曲线降压、降温。

（2）根据机组负荷和煤量，逐渐停运制粉系统。

（3）负荷降至50%时，退出一台汽动给水泵。

（4）根据锅炉燃烧情况，投入油枪和等离子拉弧，投入空气预热器连续吹灰。

（5）随锅炉负荷降低，及时调整送风机、引风机风量，合理配风，保持燃烧稳定。根据负荷及燃烧情况，将有关自动控制系统退出运行或进行重新设定。

（6）通过减温水和烟气调节挡板，调整主、再热蒸汽温度。

（7）当负荷降到30%左右时，锅炉转湿态运行。

（8）脱硝系统入口烟气温度不满足投运要求时，退出脱硝系统。

（9）锅炉蒸汽压力、蒸汽温度降至停机参数后，锅炉熄火，汽轮机打闸停机。

（10）锅炉熄火后，维持正常的炉膛压力，以30%的风量进行炉膛通风，吹扫5～10min后停运送风机、引风机，关闭烟、风系统的有关挡板。

（11）保持回转式空气预热器、火焰检测冷却风机运行，待温度降低至符合要求时，停止其运行。

（12）关闭燃油供、回油手动门，关闭脱硝供氨手动门。

## 第三节 运 行 调 整

**888. 超超临界锅炉过热蒸汽温度调整的方法有哪些？**

**答**：过热器的蒸汽温度是由水煤比和两级喷水减温来控制的。水煤比的控制温度取自设置在过热器出口联箱上的温度测点、设置在汽水分离器前的水冷壁出口联箱上的三个温度测点（中间点温度），作为温度修正。

**889. 超超临界锅炉主蒸汽温度高的原因有哪些？**

**答**：超超临界锅炉主蒸汽温度高的原因如下：

（1）煤水比失调。

（2）减温水系统故障或自动失灵，减温水流量不正常减少。

（3）过热器处发生可燃物在燃烧。

（4）燃料结构或燃烧工况变化。

（5）炉膛火焰中心抬高。

（6）炉膛严重结焦。

（7）受热面泄漏、爆破。

（8）给水温度升高或风量过大。

**890. 超超临界锅炉再热蒸汽温度调整的方法有哪些？**

**答**：正常运行时，再热蒸汽出口温度通过调整低温再热器和省煤器烟道出口的烟气调节挡板来调节。对于煤种变化的差异带来的各部分吸热量的偏差，通过调整烟气分配挡板的开度，可稳定地控制再热蒸汽温度。异常或事故情况下，可通过再热器喷水来调节再热蒸汽温度。

**891. 超超临界锅炉蒸汽压力如何调整？**

**答**：蒸汽压力调整的同时也是调整机组负荷的过程，根据外界电负荷的需求，及时调整燃料量、给水量，改变锅炉蒸发量，维持蒸汽压力在负荷对应的定压或滑压曲线范围内。

蒸汽压力的调整主要采取增减燃料量的方法来进行，调节燃料量时应平稳、缓慢，同时注意燃料量、风量、风煤比、煤水比的协调操作。操作时注意保持燃料量与负荷相适应，注意掌握调整提前量，防止造成蒸汽压力波动大。

**892. 直流锅炉与汽包炉在加减负荷和蒸汽温度调节过程时有什么区别？**

答：受汽包水容积的作用，汽包炉在调节过程中不需要严格保持给水与燃料量的固定比例。当给水与燃料只有一个变化时，只能引起锅炉出力或汽包水位的变化，而对过热蒸汽温度的影响不大。这是因为汽包炉的过热器受热面是固定的，过热器入口处蒸汽参数（饱和蒸汽）变化不大。

在直流炉中，负荷变化时，应同时变更给水和燃料量，并严格保持其固定比例，否则给水或燃料量的单独变化或给水与燃料量不按比例同时变化都会导致过热蒸汽温度的大幅度变化。这是因为直流炉的加热、蒸发和过热三段的分界点有了移动，即三段受热面面积发生变化，因而必然会引起过热蒸汽温度变化。严格保持燃料量与给水量的固定比例是直流锅炉与汽包炉在调节上最根本的区别。

**893. 简述超超临界锅炉正常运行时对燃烧调整的要求。**

答：（1）燃烧器的配风比率、风速、风温等应符合设计要求。正常运行时，需保持炉内燃烧稳定，火焰呈光亮的金黄色，火焰不偏斜，不刷墙，具有良好的火焰充满度。

（2）锅炉负荷变化时，及时调整风量、煤量以保持蒸汽温度、蒸汽压力的稳定。增负荷时，先增加风量，后增加给煤量。减负荷时，先减给煤量，后减风量，其幅度不宜过大，尽量使同层煤粉量一致。负荷变化幅度大，调给煤量不满足要求时，采用启、停磨煤机的办法。

（3）正常运行时，同一层标高的前后墙燃烧器应尽量同时运行，不允许长时间出现前、后墙燃烧器投运层数差为两层及以上运行方式。

（4）维持炉膛负压正常。为减少漏风，锅炉运行过程中，炉膛各门孔应处于严密关闭状态。

**894. 超超临界锅炉给水转干态后给水流量如何修正?**

**答**：超超临界锅炉给水转干态后给水流量参照燃水比跟踪燃料量，用中间点温度对给水流量进行修正。

**895. 超超临界锅炉给水调节的内容有哪些?**

**答**：超超临界锅炉给水调节的内容如下：

（1）锅炉启动或停机过程中，当负荷低于 30％BMCR 时，在湿态情况下，汽水分离器及贮水罐就相当于汽包，给水调节主要是通过给水调节阀和 361 阀控制贮水罐水位。

（2）在进行主给水旁路和主路的切换时，应密切注意减温水流量、给水流量及中间点温度的变化，防止蒸汽温度大幅波动。

（3）投退油枪、启停磨煤机、开关高、低压旁路和汽轮机调节门时应缓慢，相互协调好，防止虚假水位造成储水箱水位大幅波动。

（4）在湿态工况下，如遇磨煤机突然跳闸、高、低压旁路突然自开、关等异常，储水箱水位大幅波动自动调整不及时，应立即切除给水自动，手动调整给水流量，保证给水流量和储水箱水位。

（5）转干态运行后，给水自动尽量不要切手动调整，如自动失灵必须切手动时，因给水泵转速升降有速率限制，故改变给水泵转速要缓慢，防止过调。在给水调整的过程中，应保持锅炉的负荷与燃水比的对应关系，防止燃水比失调造成参数的大幅度波动。

（6）当锅炉负荷较低时，调整减温水应注意防止减温水量过大造成省煤器入口水量过低，MFT 保护动作。

**896. 超超临界锅炉水冷壁温度如何控制?**

**答**：启动或低负荷过程中，湿态工况时，由于水冷壁流速相对较低，燃料量变化大，易造成水冷壁超温，故增加燃料量不可速度过快。启动磨煤机前后应保持总煤量基本不变，稳定 5min 观察储水箱水位（过热度）、水冷壁温度、过热器、再热器蒸汽温度和壁温无异常后再增加煤量。增加燃料量时，应台阶式增加，每次的增加量以不超过 10t/h 为宜，稳定 5min，观察储水箱水位（过热度）、水冷壁温度、过热器/再热器蒸汽温度和壁温无异常后再增加煤量。

在直流工况下，升降负荷时要注意根据分离器出口过热度和水冷壁温度及时调整煤水比，维持分离器出口过热度在 20～30℃ 之间，水冷壁温度在允许范围内，不得缺水运行。

分离器出口过热度和水冷壁温度异常升高，给水自动调整不过来，立即切手动增加给水，降低燃料量，但调节幅度不可过大，注意观察分离器出口过热度和水冷壁温度，一旦有下降趋势立即减小给水，保证分离器出口过热度大于 10℃，同时注意一级减温器前过热蒸汽温度有一定过热度，防止给水进入过热器造成蒸汽温度突降和汽轮机进水。

**897. 超超临界锅炉高温氧化皮产生的机理是什么？**

**答：** 在高温环境下，水蒸气管道内会出现水分子中的氧与金属元素反应，称为蒸汽氧化。其化学方程式为

$$3Fe + 4H_2O \rightarrow Fe_3O_4 + 4H_2 \uparrow$$
$$Fe_3O_4 + Fe \rightarrow 4FeO$$
$$3FeO + H_2O \rightarrow Fe_3O_4 + H_2 \uparrow$$

当金属温度大于 570℃ 时，铁的氧化速度会大大地增加，超（超）临界机组的蒸汽温度大都在该温度附近。

**898. 高温氧化皮脱落的条件是什么？**

**答：** 氧化皮的脱落有两个主要条件：

（1）氧化层达到一定厚度，通常不锈钢为 0.1mm，铬钼钢为 0.2～0.5mm。

（2）温度变化幅度大，速度快，频率高。

**899. 高温氧化皮脱落的原因是什么？**

**答：** 氧化皮的脱落主要是由于氧化皮与金属基体的热膨胀系数不一样造成的。SA-213TP347H 钢材的膨胀系数在（16～20）×$10^{-6}$/℃，而氧化铁的膨胀系数在 9.1×$10^{-6}$/℃。由于热膨胀系数相差一倍，在温度升高时，氧化皮受拉应力，温度快速降

低时，氧化皮受压应力，所以温度剧烈或反复变化时很易产生裂纹以至于脱落。相对于珠光体钢和马氏体钢（热膨胀系数为 $12 \times 10^{-6} \sim 14 \times 10^{-6}/℃$）热膨胀系数与氧化皮比较接近，脱落的概率相对少，这就是为什么 TP347H 氧化皮更容易脱落的原因。

**900. 高温氧化皮聚积的原因是什么？**

答：脱落的氧化皮在 U 形弯的底部停滞，由于机组启动时蒸汽流量较少，无法将其带走。脱落的氧化皮不断地积聚，到一定数量时，即使负荷较高时，也无法将其带走。

停炉冷却过程中，部分蒸汽凝结成水，积于 U 形管底部，淹没了脱落的氧化皮，随着 U 形管底部积水的逐渐蒸发，氧化皮一层紧贴一层，积聚成核状。

**901. 如何从运行调整方面防止高温氧化皮的生成？**

答：因为氧化皮的生成与温度有密切的关系，所以锅炉运行中要严格控制过热器、再热器受热面的蒸汽和金属温度。主蒸汽温度和再热蒸汽温度应控制在设计温度 $\pm 5℃$ 范围内。锅炉设计资料中都给出了各级受热面的金属温度报警值，运行中要严格按照该温度控制，严禁超温运行。

加强对受热面的热偏差监视和调整，防止受热面局部长期超温。锅炉运行中两侧汽温偏差应控制在 $5 \sim 10℃$ 范围内，温度偏差过大，可能造成局部超温，使之产生氧化皮。

**902. 防止氧化皮脱落的措施有哪些？**

答：防止氧化皮脱落的措施如下：

（1）运行过程中应当避免大的负荷波动。

（2）主、再热蒸汽温度在 $570 \sim 600℃$ 区间时，应控制蒸汽温度平稳变化，防止温度突变。

（3）启、停炉时，严格控制启停炉速度。

**903. 防止氧化皮沉积的措施有哪些？**

答：防止氧化皮沉积的措施如下：

（1）锅炉启动前水冲洗。

（2）对过热器、再热器及其管道系统进行疏水。

（3）必要时可以采取化学清洗，或再次进行吹管。

## 第四节 异 常 处 理

**904. 超超临界锅炉分离器温度高的处理方法有哪些？**

**答：** 超超临界锅炉分离器温度高的处理方法如下：

（1）机组协调故障造成煤水比失调应立即解除协调，根据汽水分离器温度上升速度和当时需求负荷，迅速降低燃料量或增加给水量。为防止加剧系统扰动，当煤水比失调后应尽量避免煤和水同时调整，当煤水比调整相对稳定后再进一步调整负荷。

（2）给水泵跳闸或其他原因造成 RUN BACK，控制系统工作在协调状态工作不正常，造成分离器温度高应立即解除协调，迅速将燃料量降低至 RUN BACK 要求值 50%，待分离器温度开始降低时再逐渐减少给水流量至燃料对应值。

（3）机组升、降负荷速度过快应适当降低速度。在手动情况下升、降负荷为防止分离器温度高应注意监视分离器温度变化并控制燃料投入和降低的速度。大范围升、降应分阶段进行调整。

（4）当锅炉启动过程中或制粉系统跳闸等原因需要投入油枪时应注意油枪投入的速度不能过快，防止分离器温度高。

（5）当炉膛严重结焦、积灰、煤质严重偏离设计值、燃烧系统非正常工况运行等原因，超出协调系统设计适应范围时，可对给水控制系统的中间点温度进行修正或将给水控制切为手动控制。及早清理炉膛和受热面的结焦和积灰，当燃煤发生变化时燃料工作人员要提前通知运行人员调整燃烧。

**905. 超超临界锅炉采用等离子点火水冷壁为什么容易超温？**

**答：** 超超临界锅炉采用等离子点火水冷壁容易超温的原因如下：

（1）等离子点火输入热在 10% 以上，初始输入热量大是造成超温的主要原因。

（2）启动时由于投入再循环，给水流量低，且省煤器入口工质温度相对高，等离子投入后，输入热量大，如控制不好极易造成超温。没有再循环的启动系统，因给水流量大，温度低，基本不出现超温问题。

（3）燃烧器投运不同，可能引起超温。投下层燃烧器，会使炉内吸热多，引起水冷壁超温。

（4）一次风量大，风温低，煤粉粗都可能引起超温。

（5）煤水比控制不当，燃料量投入过多。

（6）对于超超临界锅炉，个别管子超温，可能是管子节流孔圈或节流短管堵塞问题。

### 906. 超超临界锅炉水冷壁超温如何处理？

**答：**超超临界锅炉水冷壁超温处理方法如下：

（1）适当提高水煤比，增加给水流量，降低水冷壁出口温度。

（2）控制启动时升温速度，燃料投入要缓慢，波动小。

（3）适当提高火焰中心，减少炉内吸热，降低水冷壁出口温度。如尽量投运上层燃烧器、提高一次风速、降低磨煤机出口风温、增大 OFA 风量等。

（4）运行时保证两侧不出现烟气温度、蒸汽温度偏差，每层燃烧器的风量、煤量均匀。

（5）一次风各粉管风、粉量均匀。

（6）对旋流式燃烧器，减少旋流强度，内二次风开大，增加直流风。

### 907. 超超临界锅炉后屏过热器壁温高的原因有哪些？

**答：**超超临界锅炉后屏过热器壁温高的原因如下：

（1）燃烧推迟，火焰中心提高，使后屏辐射吸热增加，壁温升高、超温。

（2）配风不合理，风、煤粉分配不均，造成炉膛烟气温度偏差，使后屏某侧壁温超温。

（3）负荷变化率过快，水煤比失调。

### 908. 超超临界锅炉给水流量突降或中断如何处理？

**答：**超超临界锅炉给水流量突降或中断的处理方法如下：

（1）给水泵故障，备用给水泵未能投运时，立即手动启动备用给水泵。

（2）有关阀门被误关时，应设法手动开启。

（3）给水自动装置不正常时，应手动维持给水流量，维持正常水煤比。

（4）主蒸汽压力过高导致给水降低时，通过减少燃料量或开大调节门降低主蒸汽压力，增大给水流量。

（5）当给水流量增加后，应减少燃料量，使燃料量与给水流量相适应，并检查风量自动正常。控制锅炉的蒸汽压力、蒸汽温度正常，并设法提高给水流量，尽快恢复机组正常出力。

（6）当给水流量低于保护值，且达到 MFT 动作条件时，MFT 动作；若 MFT 未动作时，应立即手动 MFT。

### 909. 超超临界锅炉汽动给水泵跳闸如何处理？

答：超超临界锅炉汽动给水泵跳闸的处理方法如下：

（1）确认跳闸给水泵汽轮机中、低压主汽门、调节门关闭，四段抽汽进汽及冷段进汽电动门已关闭，给水泵汽轮机转速下降。

（2）确认电动给水泵组联锁启动，否则手启电动给水泵，快速提高电动给水泵转速，防止给水流量过低，检查运行汽动给水泵正常。

（3）检查跳闸汽动给水泵出口电动门、中间抽头电动门关闭，最小流量阀开启，停运汽动给水泵前置泵。

（4）检查 RB 保护动作正常，否则手动 RB。

（5）调整水煤比，控制汽水分离器出口蒸汽过热度在 $2 \sim 6 \, ℃$ 之间，控制主、再热蒸汽温度不超限。

（6）若两台汽动给水泵跳闸，电动给水泵不能投入，给水流量低锅炉 MFT，按 MFT 动作处理。

（7）若汽动给水泵跳闸后出口电动门、中间抽头电动门未关严，立即就地手动摇关，保持入口电动门、最小流量阀开启。

（8）若汽动给水泵倒转，处理无效，立即将运行给水泵打闸，锅炉 MFT，关闭锅炉上水电动门。

（9）事故处理过程中注意加强给水流量、中间点温度、主/再热蒸汽温度、受热面壁温、除氧器水位等参数的监视、调整。

**910. 超超临界锅炉送风机跳闸如何处理？**

**答：**超超临界锅炉送风机跳闸的处理方法如下：

（1）单侧送风机跳闸，RB 保护动作正常，否则手动 RB。

（2）立即解除运行送风机自动，加大风机出力，调整风量。

（3）立即手动减少给水量，保证分离器出口过热度在 5℃以上，注意控制炉膛负压、蒸汽温度、煤水比正常。

（4）协调切至手动方式，降负荷至 50%～60%额定负荷。

（5）燃烧不稳时投入点火油枪、等离子稳燃。

（6）注意监视运行送风机不超额定电流，或根据运行送风机出力（氧量）带负荷。加强对运行风机的检查，防止运行送风机过流跳闸。

（7）各主要参数控制正常，蒸汽温度、蒸汽压力、煤水比、两侧烟温差控制在规定范围内。

**911. 超超临界锅炉引风机跳闸如何处理？**

**答：**超超临界锅炉引风机跳闸的处理方法如下：

（1）单侧引风机跳闸，检查对侧送风机联跳，RB 保护动作正常，否则手动 RB。

（2）立即解除运行引风机、送风机自动，手动加大出力，调整炉膛负压和风量正常。

（3）立即手动减少给水量，保证分离器出口过热度在 5℃以上，注意控制炉膛负压、蒸汽温度、煤水比正常。

（4）协调切至手动方式，降负荷至 50%～60%额定负荷。

（5）燃烧不稳时投入点火油枪、等离子稳燃。

（6）注意控制运行送风机、引风机不超额定电流，加强对运行送风机、引风机的运行监视、检查。

（7）各主要参数控制正常，蒸汽温度、蒸汽压力、煤水比、两侧烟气温度差控制在规定范围内。

**912. 一次风机跳闸如何处理？**

**答：**一次风机跳闸的处理方法如下：

（1）单侧一次风机跳闸，RB 保护动作，否则手动 RB。

（2）立即解除运行一次风机自动，加大风机出力，调整一次风压至正常，维持 3 台底层磨煤机运行。

（3）解除机组协调，手动控制负荷在 50％左右。

（4）燃烧不稳时，投入点火油枪、等离子点火装置拉弧稳燃。

（5）加强运行磨煤机状态监视、调整，增加排渣频次，防止堵磨。

（6）注意监视运行一次风机不超额定电流，或根据运行磨煤机状态，调整煤量、负荷。

（7）事故处理过程中，注意停磨速度，防止磨煤机堵煤或一次粉管堵塞，造成事故扩大。

（8）监视脱硝装置入口烟气温度，防止脱硝装置退出运行。

（9）控制蒸汽温度、蒸汽压力、煤水比、两侧烟气温度差等主要参数在规定范围内。

第二篇

# 设 备 篇

# 第十一章 制 粉 系 统

## 第一节 磨 煤 机

**913. 简述 MBF 磨煤机的结构。**

**答：** MBF 磨煤机主要部件有减速器、基座段（包括磨盘、磨环、刮板）、磨煤段（包括分段式磨煤罩壳、磨辊、磨辊枢轴、张紧器组件）和分离器段，如图 11-1 所示。

**914. 简述 ZGM 型磨煤机的结构。**

**答：** ZGM 型磨煤机主要由以下部分构成：台板基础、电动机、联轴器、减速机、轴承、机座、排渣箱、机座密封装置、传动盘及刮板装置、磨环及喷嘴环、磨辊装置、压架装置、铰轴装置、拉杆加载装置、加载油缸、分离器、分离器栏杆、密封管路系统、防爆蒸汽系统、高压油管路系统、润滑油系统、高压油站、稀油站、磨辊密封风管。

**915. 简述 HP 磨煤机的结构。**

**答：** HP 磨煤机主要由以下部分构成：行星齿轮箱、磨碗、叶轮装置、磨辊装置、分离器体、出口文丘里和多孔出口装置，如图 11-2 所示。

**916. 磨煤机中冷却水的作用有哪些？**

**答：** 冷却水系统在生产、制造等行业被广泛使用，其主要用途就是降温，保持设备或易升温部位在一个稳定的温度范围内工

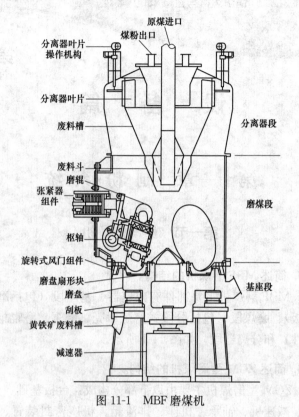

分离器叶片操作机构
煤粉出口
原煤进口
分离器叶片
废料槽
分离器段
废料斗
磨辊
张紧器组件
磨煤段
枢轴
旋转式风门组件
磨盘扇形块
磨盘
基座段
刮板
黄铁矿废料槽
减速器

图 11-1　MBF 磨煤机

作，避免由于温度高造成设备或部件的烧损。

**917. 造成磨煤机电流大或摆动大的原因有几种？如何处理？**

**答：**造成磨煤机电流大或摆动大的原因如下：

(1) 耳轴卡涩转动不灵活。

(2) 加载力过大。

(3) 联轴器找中心偏差大。

(4) 减速机齿轮或轴承损坏。

(5) 磨煤机内部积渣过多。

(6) 回粉量大。

(7) 原煤中煤矸石过多。

造成磨煤机电流大或摆动大的处理方法：检查石子煤中是否

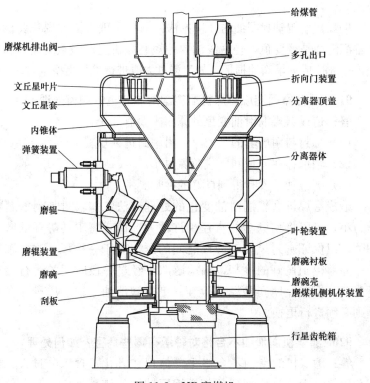

图 11-2 HP 磨煤机

（图中标注，从左上顺时针）给煤管、多孔出口、折向门装置、分离器顶盖、分离器体、叶轮装置、磨碗衬板、磨碗壳、磨煤机侧机体装置、行星齿轮箱、刮板、磨碗、磨辊装置、磨辊、弹簧装置、内锥体、文丘星套、文丘星叶片、磨煤机排出阀

含有较大直径的煤矸石，取粉样检查煤粉细度是否过细，检查弹簧加载间隙是否过小、液压加载力是否符合设计要求，复查联轴器找中心情况，偏差要符合相关要求，使用千斤顶将耳轴顶起检查是否能够自然回落，如不能自然回落说明耳轴活动受限，应进行检修，排除以上问题后检查减速机齿轮和轴承，如有问题需返厂维修。

**918. 磨煤机磨辊轴封漏油的原因是什么？如何处理？**

**答：** 磨煤机磨辊轴封漏油的原因如下：

（1）轴封质量不佳。

（2）装配过程中造成轴封损坏。

（3）轴封与耐磨环的紧力不够。

（4）轴承箱冷却效果不好造成轴承箱内部热量过大，产生正压。

磨煤机磨辊轴封漏油的处理方法：一旦发现有漏油现象要检查磨辊润滑油是否变色，轻微渗油要缩短磨煤机定期检查时间，以免漏泄过大造成轴承断油损坏，如渗漏过大应进行检修更换轴封。

**919. 什么原因造成磨煤机磨辊润滑油变色？如何处理？**

**答：**造成磨辊润滑油变色的原因主要有 3 个：

（1）轴封与耐磨套的紧力小，沿轴封进入煤粉。

（2）轴承存在质量问题或游隙过小。

（3）磨辊轴承没有得到良好的冷却。

造成磨煤机磨辊润滑油变色的处理方法：如轴封与耐磨套的紧力小，可以将耐磨套的直径少许增大，检查磨辊动静环的密封间隙，以保证密封风在动静环之间的压力高于一次风，这样轴承箱才能够得到良好的冷却，轴承游隙小经过一段时间的运行会有所改变，但在此期间要经常检查并更换润滑油，轴承质量存在问题则必须进行更换。

**920. 磨煤机润滑油不合格对轴承有哪些危害？如何处理？**

**答：**磨煤机润滑油不合格主要体现在乳化、含水分过大、机械杂质等，无论是哪种现象都会缩短轴承的使用寿命，对设备的稳定运行构成威胁。

磨煤机润滑油不合格的处理方法：乳化或含水量过大必须进行更换，机械杂质可以通过滤油将杂质过滤干净。

**921. 液压油不合格对整个液压系统和加载系统的影响有哪些？如何处理？**

**答：**液压油不合格会使油温升高，机械杂质或灰尘会造成部件磨损、卡涩，流通性差，导致加载力低，对液压缸造成磨损，导致液压缸内漏或外漏。

液压油不合格的处理方法：为避免以上问题存在应定期对液压油进行滤油和检验，乳化、钙化、含水多的油脂必须更换，以减少油脂不合格对设备的损害。

**922. 磨煤机排渣口堵塞的原因有几种？如何处理？**

答：磨煤机排渣口堵塞的原因如下：

（1）排渣口堵有异物（铁板、铁丝、钢筋等）。

（2）排渣不及时导致渣室内部结焦，焦块堵塞排渣口。

（3）风道口处的积渣经过长时间高温形成焦块，在磨煤机的振动下滑落至渣室，堵塞排渣口。

磨煤机排渣口堵塞的处理方法：使用大锤在外部进行敲击，如堵塞不严重即可通过振动疏通，如堵塞严重需要停止磨煤机运行，在磨煤机内部进行清理，并将渣室内的积渣全部清理干净，以免短时间内再次发生排渣口堵塞。

**923. 造成磨煤机气动插板门无法关闭的原因有几种？如何处理？**

答：造成磨煤机气动插板门无法关闭的原因如下：

（1）气缸内部活塞密封串气。

（2）气缸电磁阀损坏。

（3）压缩空气进气门关闭。

（4）插板没有开到位，没有接触到开限位。

（5）插板门卡涩。

（6）压缩空气压力低。

造成磨煤机气动插板门无法关闭的处理方法：更换气缸活塞密封圈，更换电磁阀，检查压缩空气门，调整限位开关，处理卡涩或更换插板门，调整压力。

**924. 什么原因造成磨煤机排渣时煤粉过多？如何处理？**

答：造成磨煤机排渣时煤粉过多的原因如下：

（1）磨辊不转，轴承损坏。

（2）煤质湿度过大，给煤量大，干燥效果不好。

（3）一次风量低。

（4）输粉管路受阻。

（5）煤质原因。

造成磨煤机排渣时煤粉过多的处理方法：磨辊不转、轴承损坏，磨煤机电流会降低，原煤湿度过大应减小给煤量，提高热风温度加大干燥力，一次风量的高低直接影响煤粉的输送，应根据不同的煤种进行相对调节，输粉管路受阻回粉量必然增大，从 SIS 画面中的参数即可看出，一旦发生应减少给煤量，加大磨煤机的通风量，对管路进行吹扫，直至压力正常后方可增加给煤量，煤质原因主要体现在原煤中含有较多的河沙和石子，经过碾磨后比重要远高于煤粉，这些沙粉一直在磨煤机内漂浮，对一次风形成了阻力，同时磨煤机出口压力降低，密封风差压升高，应停止磨煤机运行，对磨盘上的积沙进行清理，更换煤种。

**925. 磨煤机弹簧加载力过大或过小对碾磨有何影响？如何处理？**

**答：**磨煤机弹簧加载力能提高碾磨效果，提高磨煤机出力，但会造成磨煤机电动机电流增大，制粉单耗上升，磨损速度加快；加载力过小会导致碾磨力下降，会发生磨煤机出力下降、给煤量偏大，还会造成排渣量增大。

磨煤机弹簧加载力过大或小的处理方法：新大修的磨煤机由于磨辊与磨盘接触面积大，加载间隙不宜过小，应控制在 1.5～2mm，随着运行时间的增长对加载间隙进行调整，这样既能够提高出力也能降低单耗，磨损速度也能够得到控制。

**926. 煤粉细度通常用 $R_{90}$ 来表示，$R_{90}$ 是什么意思？**

**答：**煤粉细度是指煤粉中不同直径的颗粒所占质量的百分率。通常按规定方法用标准筛进行筛分。可用留在筛子上的剩余煤粉量与总煤粉量的百分比表示，也可用通过筛子的煤粉量与总煤粉量的百分比表示。意思是煤粉通过孔径为 $90\,\mu m$ 的筛子的概率为 $88\%$～$90\%$。

**927. 造成磨煤机出口差压高的原因是什么？**

**答：**当煤量过小、风量过大时，造成磨煤机通风量过大，风在磨煤机内部没有阻力，也就会造成磨煤机出口差压升高。

**928. 造成液压加载系统加载压力低的原因是什么？如何处理？**

**答：**造成液压加载系统加载压力低的原因如下：

（1）油泵出力不足或发生故障。

（2）液压缸发生内漏。

（3）比例阀、换向阀、分配阀卡涩或分配不均。

（4）回油量过大或有外漏现象。

造成液压加载系统加载压力低的处理方法：检查液压油泵出力是否在设计值，达不到设计值的及时进行更换；检查比例阀、换向阀、分配阀有无卡涩或分配不均现象，进行清洗或更换；检查是否有回油量过大和外漏现象，检查液压缸是否有内漏现象，有内漏的及时进行更换。

**929. 原煤的质量对制粉系统有何影响？**

**答：**原煤质量的好坏直接影响到磨煤机的出力和磨损量，煤质可磨度高会大幅降低磨煤机的磨损延长运行周期，同时磨煤机单耗也会下降，煤质差、可磨度低磨煤机的磨损量会增大，缩短磨煤机的运行周期，同时磨煤机的单耗也会上升。

**930. 磨煤机定加载和变加载的区别在哪里？**

**答：**定加载是通过人工调节弹簧的压缩力来实现加载力，煤层厚度的变化直接影响到磨煤机的碾磨效果。而变加载则不需要人为调节，根据给煤量的变化加载系统将通过液压缸活塞上部压力来调节加载力，碾磨效果更佳。

**931. 磨煤机磨辊不转或辊皮与轴承转动不同步的主要表现有哪些？如何处理？**

**答：**磨煤机磨辊不转动首先磨煤机电流会降低 10～15A，会有大量煤粉排出；辊皮与轴承转动不同步也就是通常说的辊皮转套，磨煤机电流有较强的摆动，转套严重时磨煤机筒体内会发出咚咚的响声，由于转套该磨辊处于不工作状态，碾磨力下降同时有煤粉排出。

磨煤机磨辊不转或辊皮与轴承转动不同步的处理方法：由于辊皮转套，轴承箱与辊皮转动不同步，也就导致辊皮和轴承箱的磨损，当此类缺陷发生必须对轴承箱和辊皮进行更换。

**932. 磨煤机液压加载系统中比例阀、分配阀、换向阀的作用是什么？**

答：比例阀是一种输出量与输入信号成比例的液压阀。它可以按给定的输入信号连续、按比例地控制液流的压力、流量和方向；分配阀起到连接和平均分配量的作用；换向阀是利用阀芯对阀体的相对运动，使油路接通、关断或变换油流的方向，从而实现液压执行元件机器驱动机构的启动、停止或变换运动方向。

**933. 磨煤机长时间不排渣对磨煤机有何危害？**

答：磨煤机长时间不排渣会导致磨煤机电流增大、刮板磨损、风道口堵塞，造成风量下降，渣室温度高、长时间不排渣会在渣室内结焦，堵塞排渣口，最终导致磨煤机被迫停运。

**934. 造成磨煤机出力不足的原因有哪些？如何处理？**

答：造成磨煤机出力不足的原因如下：

（1）碾磨部件的间隙大和磨损量大。

（2）加载力小造成碾磨下降。

（3）风煤比搭配不均。

（4）煤粉分离器挡板关闭。

（5）输粉管路堵塞。

（6）原煤质量差。

造成磨煤机出力不足的处理方法：间隙过大应调整间隙，如磨损量过大应进行大修；加载力过小应调整加载间隙；根据煤种对风煤比和实际运行情况进行调节；确定分离器挡板处于开启状态；火焰检测器不稳或熄灭，出口压力降低说明输粉管路有堵塞现象，应进行吹扫；原煤质量差会造成碾磨质量下降，应及时更换煤种。

**935. 刮板排渣系统易发生的故障有哪些？如何处理？**

答：刮板排渣系统易发生的故障如下：

（1）斗提机卡涩。

（2）刮板机卡涩。

（3）斗提机下料管堵塞。

刮板排渣系统易发生的故障处理方法：斗提机卡涩清理卡涩

杂物或焦块；刮板机卡涩检查刮板链条的销子是否串出，卡涩在箱体连接处，将销子重新安装、焊接；下料口堵塞均由于石子煤焦块集中或由大焦块导致，只需清理即可。

**936. 造成磨煤机负压排渣系统吸力不足的原因有哪些？如何处理？**

**答：** 造成磨煤机负压排渣系统吸力不足的原因如下：

（1）管路有漏点。

（2）除尘器布袋堵塞。

（3）设备故障。

（4）皮带打滑。

造成磨煤机负压排渣系统吸力不足的处理方法：焊补管路漏点，清理除尘器布袋，对设备进行检修，调节皮带张紧或更换皮带。

## 第二节　给　煤　机

**937. 简述 EG2490 型给煤机结构。**

**答：** EG2490 型给煤机由耐压壳体、照明灯、输送机构、称重机构、煤层调节器、清扫刮板、进煤管、落煤口等组成。如图 11-3 所示。

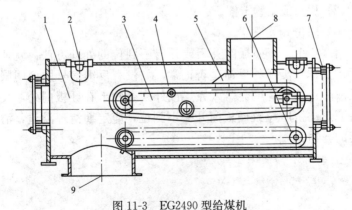

图 11-3　EG2490 型给煤机

1—耐压壳体；2—照明灯；3—输送机构；4—称重机构；5—煤层调节器；

6—清扫刮板；7—检修门；8—进煤管；9—落煤口

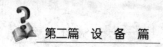

**938. 给煤机皮带跑偏对给煤机运行有何危害？原因是什么？如何处理？**

答：给煤机皮带跑偏是指皮带仍然在主动辊筒的驱动辊筒上运行，但不在两个辊筒的中心线上，发生左右偏移的现象。皮带的偏移会导致原煤下料时撒落到皮带以外，撒落到上下皮带中间，在驱动辊的带动下卷入从动辊，从而使皮带鼓包，如遇有大煤块还会导致皮带划损甚至设备跳闸。

有三种原因会导致皮带跑偏：第一种是皮带使用时间较长，虽然没有损坏但已形成喇叭口状；第二种是长时间没有调整，皮带紧力减小；第三种是辊筒轴承损坏或轴磨损，造成皮带不能平行受力，导致跑偏。

给煤机皮带跑偏的处理方法：如没有原煤撒落现象应即刻调整，如已有原煤落入从动辊之间则应停运给煤机进行清理和调整皮带，轴承或轴有磨损应进行检修，皮带应定期更换以免发生喇叭口现象。

**939. 什么原因造成给煤机上、下插板门关闭或开启不到位？如何处理？**

答：给煤机上、下插板门关闭或开启不到位一般有三种原因：

（1）执行机构发生故障。

（2）原煤或杂物卡涩。

（3）限位开关损坏。

给煤机上、下插板门关闭或开启不到位的处理方法：就地检查手动操作限位开关反馈是否正常，如没有反馈信号则说明限位开关故障；插板滑道会落入原煤或外来杂物卡在插板门处，反复开关原煤被挤压导致插板门开关不到位，应定期清理滑道，清除卡涩的异物。

# 第十二章

# 转 机 设 备

## 第一节 一 次 风 机

**940. 一次风机的特点有哪些?**

答:一次风机的特点如下:

(1) 一次风用于输送煤粉,要求具有较高的压力,因此,一次风机均具有较高的转速。

(2) 一次风仅用于提供燃料燃烧初期所需空气,流量较小。因此,对于轴流一次风机叶片偏短,而对于离心风机,叶轮宽度较小。

(3) 一次风机多为离心风机与双级动叶可调轴流风机。

**941. 离心式一次风机的优、缺点有哪些?**

答:离心式一次风机的优点:结构简单,成本低,效率高。

离心式一次风机的缺点:体积大,噪声大,低负荷运行时效率低。

**942. 轴流式一次风机的优、缺点有哪些?**

答:轴流式一次风机的优点:体积小,质量轻,通过动叶调节在低负荷区域效率较高,调节范围广、反应速度快。

轴流式一次风机的缺点:结构复杂,检修维护量大,初始投资高,风机不稳定区域明显。

**943. 简述轴流式一次风机各部位的作用。**

答:轴流式一次风机各部位的作用如下:

(1) 进气箱:主要作用是改变气流方向,同时收敛进气室,改变气流流动状况,使气流在进入集流器之前更为均匀。

(2) 集流器(整流罩):主要作用是使气流加速,降低流动损失,使气流能均匀地充满可调前导叶。

（3）叶轮（转子）：将机械能转化为动能，通过叶轮对气体做功获得所需的动能和静压能。且通过调整叶片开关角度，可进一步改善风机性能和提高风机效率。

（4）后导叶：主要作用是改变经叶轮流出的气流方向，克服气体流动损失。气体经过后导叶扩压整流后，使气体轴向流出，提高了局部负荷效率。

（5）扩压器：主要作用是随着通流面积的增大，气体逐渐减速，将气体的动能转变为所需的静压能。

（6）调整机构：由液压缸及伺服阀组成，用于调节转子上叶片的开度，从而使风机在各个负荷区域均具有较高的效率。

**944. 提高离心风机在不同负荷情况下风机效率的措施有哪些?**

**答**：提高离心风机在不同负荷情况下风机效率的措施：对一次风机电动机加装变频器，保持风机入口调节挡板全开，通过调整电动机转速达到调整出力的目的。

**945. 离心式一次风机振动超标的主要原因有哪些?**

**答**：离心式一次风机振动超标的主要原因如下：

（1）叶片质量不对称或一侧部分叶片磨损严重。

（2）叶片附有不均匀的积灰或叶片脱落。

（3）翼形叶片被磨穿。

（4）灰粒钻进叶片内。

（5）叶片焊接不良。

（6）平衡重量与位置不相符或位置移动后未找动平衡。

（7）双引风机两侧进的烟气量不均匀。

（8）地脚螺栓松动。

（9）对轮中心未找好。

（10）轴承间隙调整不当或轴承损坏。

（11）轴刚度不够、共振、轴承基础稳定性差和电动机振动偏大。

**946. 轴流式一次风机振动超标的原因有哪些?**

**答**：轴流式一次风机振动超标的原因如下：

（1）转子不平衡。

（2）地脚螺栓松动。

（3）转子轴弯曲。

（4）联轴器中心超标。

（5）轴承损坏。

（6）基础松动。

（7）电动机自振。

（8）油膜振荡。

（9）风机失速或喘振。

（10）风机叶片磨损。

（11）风道突然堵塞。

**947. 转子静不平衡和动不平衡分别指的是什么?**

**答：** 静不平衡：转动机械转子的重心位于转动轴线一侧，使得转子在静止时，中心线各侧重力不平衡，称为转子静不平衡。

动不平衡：经过静平衡校验的转子，因为所加上或减去的质量不一定能和转子原来的不平衡质量恰好在垂直于转轴的同一平面上。在高速下旋转时往往仍发生振动，称为动不平衡现象。

**948. 强制循环润滑和油浴润滑的优、缺点各是什么?**

**答：** 强制循环润滑的优点：

（1）采用外部冷油器，冷却效果好。

（2）便于油质监测及滤油工作的开展。

（3）通过调节润滑油流量，可以维持轴承箱油位恒定。

（4）采用外置油箱，润滑油储量大，安全性好。

强制循环润滑的缺点：

（1）系统复杂，油泵及冷油器的可靠性直接影响设备的正常运行。

（2）油管路存在漏油的可能，检修、维护量大。

（3）润滑油流量调节不当，易造成轴承箱漏油。

油浴润滑的优点：系统简单，可靠性高，检修、维护量小。

油浴润滑的缺点：

（1）油浴润滑主要靠散热进行冷却，冷却效果偏差。

（2）运行中不易监测油质，且无法进行滤油工作。

**949. 一次风机出力低的原因有哪些？**

答：一次风机出力低的原因如下：

（1）进气温度高，使密度减小。

（2）进气压力变化。

（3）出口或入口管道风门、滤网堵塞。

（4）叶片磨损。

（5）集流器与叶轮、后盘与机壳间隙均增大。

（6）转速变化。

（7）动叶调节装置失灵。

（8）风机失速或喘振。

（9）并联运行风机发生"抢风"现象。

（10）联轴器损坏。

**950. 何为风机的临界转速？**

答：风机转子在运转中都会发生振动，转子的振幅随转速的增大而增大，到某一转速时振幅达到最大值（也就是平常所说的共振），超过这一转速后振幅随转速增大逐渐减少，且稳定于某一范围内，这一转子振幅最大的转速称为风机转子的临界转速。

**951. 如何判断风机振动是受迫振动还是基础共振？**

答：当风机转速发生变化时，如果振动时迅速减小或消失，则风机振动属于受迫振动；如果风机振动承受转速变化但并不消失，则风机振动属于基础共振。

**952. 风机联轴器找中心的目的是什么？**

答：联轴器找正的目的是使两转轴的中心线在一条直线上，以保证转子的运转平稳，不振动。

**953. 离心式一次风机的大修项目有哪些？**

答：离心式一次风机的大修项目如下：

（1）清理机壳，检查机壳磨损及腐蚀情况。

(2) 修补或更换磨损的叶轮、叶片。

(3) 检查紧固风机轴承箱地脚螺栓。

(4) 检修轴承（包括更换滚珠轴承及更换润滑油）。

(5) 检查主轴是否弯曲，检查轴颈的状况。

(6) 检查对轮，修理和更换磨损件。

(7) 轴承冷却水系统检修。

(8) 风机叶轮静平衡校验。

(9) 对轮找中心。

(10) 检修风门挡板及转动装置。

## 954. 双级轴流式一次风机的大修项目有哪些？

**答：**双级轴流式一次风机的大修项目如下：

(1) 风机轮毂部分检修：检查更换叶片轴衬套、叶片轴承，更换密封圈，检查滑靴及导向环。

(2) 风机调节部分检修：检查液压缸、旋转油封，检查调节轴轴承，风机叶片角度重新设定。

(3) 风机主轴承箱清理。

(4) 风机进气箱内部检查、清理。

(5) 风机失速探头检查、清理。

(6) 风机与电动机联轴器对中。

(7) 风机现场动平衡（如需要）。

(8) 风机叶片探伤（叶片根部和紧固螺纹部位）。

(9) 风机出口挡板加润滑脂，开关传动。

(10) 风机润滑油系统、液压油系统检修。

(11) 风机冷却水系统检修。

(12) 电动机回油改为前后轴承单路回油。

(13) 风机出口挡板检修，加润滑脂，配合传动。

(14) 电动机、液压缸、旋转油封找正。

## 955. 一次风机主轴承合格标准是什么？

**答：**一次风机主轴承合格标准如下：

(1) 轴承型号：

1) 定位轴承 23226CC/W33。径向游隙为 120～160μm。

2) 推力轴承 29328E。

3) 非定位段径向轴承 NU326。径向游隙为 60～105μm。

（2）轴承不得有以下缺陷，否则要进行更换：

1) 轴承间隙超过标准。

2) 轴承内外套存在裂纹或轴承内外套存在重皮、斑痕、腐蚀锈痕、且超过标准。

3) 轴承内套与轴颈松动。

（3）新轴承需经过全面检查（包括金相探伤检查），符合标准方可使用。精确测量检查轴颈与轴承内套孔，并符合下列标准方可进行装配：

1) 轴颈应光滑、无毛刺，圆度差不大于 0.02mm。

2) 轴承内套与轴颈之配合为紧配合，其配合紧力为 0.01～0.04mm。

**956. 一次风机和电动机轴承的温度合格范围是什么？**

**答：**风机轴承温度要求不高于 80℃，电动机轴承温度要求不高于 100℃。

**957. 一次风机主轴承与主轴的配合属于哪种？间隙范围为多少？**

**答：**一次风机轴承与主轴属于过盈配合，紧力要求为 0.02～0.05mm；轴承与轴承箱属于间隙配合，间隙要求为 0.05～0.1mm。

**958. 双级动叶可调轴流一次风机轴承润滑油流量及调节方法有哪些？**

**答：**电动机侧流量为 6～8L/min，风机侧流量为 12～16L/min。

调整方法：

（1）通调节油泵出口溢流阀定值，调整润滑油总流量。

（2）通过调整油量分配阀，使电动机侧及风机侧流量达到要求范围。

**959. 一次风机允许启动的油温及设置最低启动油温的目的是什么?**

**答:** 一次风机启动油温不低于 25℃。设置最低允许启动油温的目的主要是润滑油在低温状态下时,黏度及油压变大,容易造成油管路漏油;流动性及润滑性能变差,易因回油不畅造成轴承箱及电动机轴瓦漏油。

**960. 动叶可调一次风机调节油压合格范围是多少? 润滑油压的合格范围是多少?**

**答:** 动叶可调一次风机调节油压正常范围为 0.7~7MPa(正常运行时 2~4MPa),最大不得超过 7MPa;润滑油压力为 1~2MPa,润滑油总流量不得小于 9L/min。

**961. 导致动叶可调一次风机调节失效的原因有哪些?**

**答:** 导致动叶可调一次风机调节失效的原因如下:

(1) 调节油油压偏低。

(2) 油管路堵塞。

(3) 执行器与伺服装置连接杆脱开。

(4) 伺服装置故障。

(5) 液压缸密封损坏。

(6) 叶柄轴承润滑失效或轴承损坏。

(7) 油管路或伺服装置漏油。

(8) 轮毂内滑块损坏。

**962. 何为风机的喘振? 喘振的现象有哪些?**

**答:** 风机的喘振是指风机运行在不稳定的工况区时,会产生压力和流量的脉动现象,即流量有剧烈的波动,使气流有猛烈的冲击,风机本身产生强烈的振动,并产生巨大噪声的现象。

风机喘振的现象:

(1) 流量急剧波动、风压摆动。

(2) 产生气流撞击。

(3) 风机强烈振动。

(4) 噪声增大。

**963. 离心式一次风机叶轮的检查项目有哪些?**

**答:** 离心式一次风机叶轮的检查项目如下:

(1) 风机解体后,先清除叶轮上的积灰、污垢,再仔细检查叶轮的磨损程度,叶轮和轴的配合情况,以及焊缝是否有脱焊情况,并注意叶轮与外壳有无摩擦痕迹,若组装时位置不正或风机运行中因热膨胀等原因,均会使该处发生摩擦。

(2) 对于叶轮的局部磨损处,可用铁板焊补,铁板的厚度不要超过叶轮未磨损前的厚度,大小应适中。对于叶轮的焊缝磨损或脱焊,可进行焊补或挖补。小面积磨损采用焊补,较大面积磨损则采用挖补。

(3) 补焊时,焊补重量应尽量相等,并采取对称焊补,以减小焊补后叶轮变形及重量不平衡。挖补时,挖补块应开坡口,较厚时应开双面坡口以保证焊补质量。挖补块的每块重量相差不超过 30g,并应对挖补块进行配重。

(4) 挖补后,叶轮不允许有严重变形或扭曲。挖补后的焊缝应平整、光滑,无沙眼、裂纹、凹陷。焊缝强度应不低于原材料的强度。

(5) 叶轮与轴的定位螺栓不得松动、脱落。

(6) 叶轮磨损超过厚度 1/3 时应更换。

**964. 轴流式一次风机叶轮的检查项目有哪些?**

**答:** 轴流式一次风机叶轮的检查项目如下:

(1) 叶片的检查。检查内容有:

1) 对叶片一般进行着色探伤检查,主要检查叶片工作面有无裂纹及气孔、夹砂等缺陷。

2) 叶片的轴承是否完好,其间隙是否符合要求。若轴承内外套、滚珠有裂纹、斑痕、磨蚀锈痕、过热变色和间隙超过标准时,应更换新轴承。

3) 全部紧固螺钉有无裂纹、松动,重要的螺钉要进行无损探伤检查,以保证螺钉的质量。

4) 叶片转动应灵活、无卡涩现象。

(2) 叶柄的检查。检查内容有:

1) 叶柄表面应无损伤,叶柄应无弯曲变形,同时还要进行无损探伤检查，叶柄应无裂纹等缺陷，否则应更换。

2）叶柄孔内的衬套应完整、不结垢、无毛刺，否则应更换。

3）叶柄孔中的密封环是否老化脱落，老化脱落应更换。

4）叶柄的紧固螺帽、止退垫圈是否完好，螺帽是否松动。

（3）轮毂的检查。检查内容有：

1）轮毂应无裂纹、变形。

2）轮毂与主轴配合应牢固，发现轮毂与主轴松动应重新进行装配。

3）轮毂密封片的磨损情况，密封片应完好，间隙应符合要求，密封片磨损严重时须更换。

**965. 轴流式一次风机叶片与机壳间隙合格范围是多少？作用是什么？**

答：轴流式一次风机叶片与机壳间隙合格范围是 2.4～3.6mm。

作用是减少空气的漏流，提高风机效率，但间隙过小容易在运行中发生碰撞，影响安全性。

**966. 简述离心式一次风机叶轮更换步骤。**

答：离心式一次风机叶轮更换步骤如下：

（1）吊住叶轮，使其在卸除轴盘螺钉或铆钉后不致甩落。

（2）卸下螺钉或割掉铆钉头冲出铆钉，用榔头震击取出叶轮。

（3）装新叶轮时应对正轮盘与轴盘的铆钉或丝孔。旋紧四个螺钉使轴盘贴紧或夹紧。

（4）铆钉直径大于 8mm 的要热铆，加热温度为 1000～1100℃（樱红色）。终锻温度不低于 50℃，环境不低于 10℃。

（5）铆钉加热达到温度后，迅速置入铆孔，下面用顶具拖住，上面用铆枪或铆锤罩结实。铆接时必须对称铆接，以免受热不均。

（6）铆接完毕后用小锤敲击铆钉头，判断铆接松紧，以响声清脆为好，否则须取下重铆。

**967. 风机联轴器找中心的方法有哪些？**

答：风机联轴器找中心的方法如下：

（1）找正时一般以转动机械为基准（如风机、泵），待转动机械固定后，再进行联轴器的找正。

（2）调整电动机，使两联轴器端面间隙在一定范围内，端面间隙大小应符合有关技术规定。

（3）对联轴器进行初步找正。

（4）用一只联轴器螺栓将两只联轴器连接起来，再装找正夹具和量具（百分表）。旋转联轴器，每旋转 90°，用塞尺测量一次卡子与螺钉间的径向、轴向间隙或从百分表上直接读出，并做好记录。一般先找正联轴器平面，后找正外圆。

（5）通过计算确定电动机各底脚下垫片的厚度，通过多次调整垫片，使联轴器中心符合要求。

**968. 如何消除风机的显著静不平衡和剩余静不平衡？**

答：第一步，找转子显著不平衡：

（1）将转子分成 8 等份或 16 等份，标上序号。

（2）使转子转动（力的大小、转动的圈数多少，都无关系），待其静止时记录其最低位置。如此连续 3～5 遍。

（3）再按反方向使其转动 3～5 遍，观察、记录其最低位置。

（4）如果多次试验结果表明静止时的最低点都在同一位置，则此点即为转子的显著不平衡点。

（5）找出显著不平衡点后，可在其相反方向试加平衡质量（可用黄泥或腻子），再用前述方法进行试验，直至转子在任何位置均可停止时，即告结束。

第二步，找转子剩余不平衡：

（1）将转子分成 6～8 等份，标上序号。

（2）回转转子，使每两个与直径相对应的标号（如 1-5、2-6、3-7、4-8）顺次位于水平面内。

（3）将适当重物固定在与转子中心保持相当距离的各个点内，调整重物重量直至转子开始在轨道上回转为止。称准并记下重物的重量。

按照同样的方法，顺次重复上述（1）、（2）、（3）项的试验，找出每点所加重量并画出如图 12-1 所示的曲线。

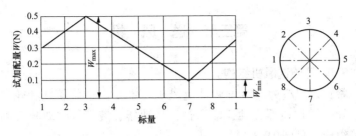

图 12-1 风机转子找静平衡

（4）根据曲线可以求出转子不平衡位置（$W_{min}$）。为了使转子平衡，必须在直径相对位置内（即 $W_{max}$）加装一平衡重量。平衡重量数值为

$$Q = 1/2 \ (W_{max} - W_{min})。$$

**969. 简述三点法找动平衡法的步骤。**

**答：** 三点法找动平衡法与两点法的方法基本相同，用同一试加质量 $m$，按一定的加重半径依次试加在互为 $120°$ 的三个方位上，测得三个振动值为 $A_1$、$A_2$、$A_3$。见图 12-2。

作图与计算方法如下：

以 $O$ 为圆心，取适当的比例以 $A_1$、$A_2$、$A_3$ 为半径画三段弧 $A$、$B$、$C$，用选择法在 $A$、$B$、$C$ 三个

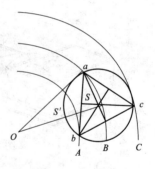

图 12-2 风机转子找动平衡

弧上分别取 $a$、$b$、$c$ 三点，使三点间距离彼此相等。连接 $ab$、$bc$、$ca$ 得等边三角形，并作三角形三个角的平分线交于 $S$ 点，连接 $OS$，以 $S$ 为圆心、$Sa$（$Sa = Sb = Sc$）为半径，作圆 $S$ 交 $OS$ 于 $S'$，$S'$ 点即平衡重量应加的位置。从图 12-2 中看出，它在第一次和第二次加试块的位置之间，且更靠近第二次加试块的位置 $b$ 点。

平衡质量 $m_a$ 计算式为

$$m_a = (OS/Sa) \ m$$

## 第二节 送 风 机

**970. 简述送风机结构。**

答：送风机为动叶可调轴流风机，主要由进气箱、叶轮、机壳、导叶、扩压器、轴、轴承箱、联轴器、液压缸、动叶可调机构等组成，见图12-3。

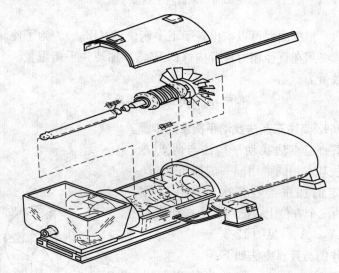

图 12-3 送风机结构

**971. 送风机的特点有哪些?**

答：送风机要求有较大的流量，而压力要求并不高，因此，送风机多为单级动叶可调轴流风机。

**972. 轴流式送风机的大修项目有哪些?**

答：轴流式送风机的大修项目如下：

（1）风机轮毂部分检修：检查更换叶片轴衬套、叶片轴承，更换密封圈，检查滑靴及导向环。

（2）风机调节部分检修：检查液压缸、旋转油封，检查调节轴轴承，风机叶片角度重新设定。

（3）风机主轴承箱清理。

（4）风机进气箱内部检查清理。

（5）风机失速探头检查清理。

（6）风机与电动机联轴器对中。

（7）风机现场动平衡（如需要）。

（8）风机叶片探伤（叶片根部和紧固螺纹部位）。

（9）风机出口挡板加润滑脂，开关传动。

（10）风机润滑油系统、液压油系统检修。

（11）风机冷却水系统检修。

（12）电动机回油改为前后轴承单路回油。

（13）风机出口挡板检修，加润滑脂，配合传动。

（14）电动机、液压缸、旋转油封找整。

**973. 送风机主轴承的形式及型号是什么？轴承合格标准是什么？**

**答：** 送风机主轴承的形式及型号：

（1）定位轴承 7334BCBM。

（2）推力轴承 6334M。径向游隙为 20～61μm。

（3）为非定位端径向轴承 NU334MC3。径向游隙为 120～170μm。

轴承合格标准：

（1）轴承不得有以下缺陷，否则要进行更换：

1）轴承间隙超过标准。

2）轴承内外套存在裂纹或轴承内外套存在重皮、斑痕、腐蚀锈痕，且超过标准。

3）轴承内套与轴颈松动。

（2）新轴承需经过全面检查（包括金相探伤检查），符合标准方可使用。精确测量检查轴颈与轴承内套孔，并符合下列要求方可进行装配：

1）轴颈应光滑、无毛刺，圆度差不大于 0.02mm。

2）轴承内套与轴颈之配合为紧配合，其配合紧力为 0.01～0.04mm。

**974. 导致动叶可调送风机调节失效的原因有哪些?**

答: 导致动叶可调送风机调节失效的原因如下:

(1) 调节油油压偏低。

(2) 油管路堵塞。

(3) 执行器与伺服装置连接杆脱开。

(4) 伺服装置故障。

(5) 液压缸密封损坏。

(6) 叶柄轴承润滑失效或轴承损坏。

(7) 油管路或伺服装置漏油。

(8) 轮毂内滑块损坏。

(9) 执行器故障或行程过快。

# 第三节 引 风 机

**975. 引风机的特点有哪些?**

答: 引风机的特点如下:

(1) 引风机具有大流量的特点,其中"三合一"引风机具有相当高的压头。

(2) 引风机运行的环境为高温、高灰的烟气,引风机的叶轮及后导叶等部件应采取防磨措施,所使用的密封件等应能在高温环境下长期运行。

**976. 静叶可调式引风机的优、缺点有哪些?**

答: 静叶可调式引风机的优点:

(1) 结构简单,检修方便,维护量小。

(2) 叶轮易于采取防磨措施,使用寿命长。

静叶可调式引风机的缺点: 相比动叶可调轴流风机,调节范围小,效率偏低。

**977. 静叶可调式引风机各部位的作用是什么?**

答: 静叶可调式引风机各部位的作用如下:

(1) 进气箱: 主要作用是改变气流方向,同时收敛进气室,改变气流流动状况，使气流在进入集流器之前更为均匀。

集流器1：主要作用是使气流加速，降低流动损失，使气流能均匀地充满可调前导叶。

（2）可调前导叶：主要作用是使气流在进入叶轮前产生负预旋，可调节风量、风压，改善风机性能和提高风机调节效率。

集流器2：主要作用是使气流进一步加速，降低流动损失，使气流能均匀地充满叶轮。

（3）叶轮（转子）：将机械能转化为动能，通过叶轮对气体做功获得所需的动能和静压能。与可调前导叶配合，可进一步改善风机性能和提高风机效率，其效率可达到78%～86%。

（4）后导叶：主要作用是改变经叶轮流出的气流方向，克服气体流动损失。气体经过后导叶扩压整流后，使气体轴向流出，提高了局部负荷效率。

（5）扩压器：主要作用是随着通流面积的增大，气体逐渐减速，将气体的动能转变为所需的静压能。

### 978. 双级动叶可调轴流式风机的优、缺点有哪些？

**答：**双级动叶可调轴流式风机的优点：

（1）风机效率高。

（2）风机转速较低，叶片不易磨损。

（3）启动惯量小，电动机寿命长。

（4）风机主轴承受力小，轴承寿命长。

（5）占地面积小，系统阻力小。

双级动叶可调轴流式风机的缺点：结构复杂，检修、维护量大。

### 979. 双级动叶可调轴流式引风机各部位的作用有哪些？

**答：**双级动叶可调轴流式引风机各部位的作用如下：

（1）进气箱：主要作用是改变气流方向，同时收敛进气室，改变气流流动状况，使气流在进入集流器之前更为均匀。

（2）集流器（整流罩）：主要作用是使气流加速，降低流动损失，使气流能均匀地充满可调前导叶。

（3）叶轮（转子）：将机械能转化为动能，通过叶轮对气体做功获得所需的动能和静压能。且通过调整叶片开关角度，可进一步改善风机性能和提高风机效率。

（4）后导叶：主要作用是改变经叶轮流出的气流方向，克服气体流动损失。气体经过后导叶扩压整流后，使气体轴向流出，提高了局部负荷效率。

（5）扩压器：主要作用是随着通流面积的增大，气体逐渐减速，将气体的动能转变为所需的静压能。

（6）调整机构：由液压缸及伺服阀组成，用于调节转子上叶片的开度，从而使风机在各个负荷区域均具有较高的效率。

### 980. 轴流式引风机振动超标的原因有哪些？

**答：** 轴流式引风机振动超标的原因如下：

（1）叶轮上的沉积和剥落层。

（2）叶轮磨损、不平衡。

（3）轴承间隙过大。

（4）轴承磨损、过早的轴承失效。

（5）联轴器没校正。

（6）地基下沉，机件松动。

### 981. 引风机出力低的原因有哪些？

**答：** 引风机出力低的原因如下：

（1）排烟温度升高，烟气密度减小。

（2）进气压力变化。

（3）引风机出、入口挡板门未开到位。

（4）叶片磨损。

（5）叶片开关不同步。

（6）动叶调节装置失灵。

（7）风机失速或喘振。

（8）并联运行风机发生"抢风"现象。

（9）联轴器损坏。

### 982. 引风机联轴器找中心的目的是什么？

**答：** 引风机联轴器为弹性膜片联轴器，且采用了中间轴。由于引风机运行时烟气温度较高，风机本体及中间轴会有较大的膨胀量，引风机联轴器找正的目的是保证风机在热态运行时，风机侧联轴器、电动机侧联轴器、中间轴三者的中心线偏差在标准范围内，保证风机振动值不超过要求值（振速值小于 4.6mm/s）。

**983. 简述静叶可调式引风机的解体步骤。**

答：静叶可调式引风机的解体步骤如下：

（1）确认风机转子停止转动，风机电动机停电后方可进行解体工作。

（2）搭设脚手架，拆除转机上部机壳保温。

（3）拆除机壳软连接及连接螺栓，用吊车将上半机壳吊下。

（4）拆开对轮联轴器护罩，用手拉葫芦固定中间轴，取下风机侧联轴器与中间轴连接短接。

（5）松开风机侧联轴器与叶轮连接螺栓，取下联轴器。

（6）拆除叶轮与轴承箱连接螺栓，拔下叶轮后用天车将叶轮吊下。

（7）拆除轴承箱护罩及轴承箱与后机壳连接螺栓，用天车将轴承箱吊下。

**984. 简述双级轴流式引风机的大修项目。**

答：双级轴流式引风机的大修项目如下：

（1）风机本体检查项目：清洁外机壳；检查导叶及支撑肋的磨损；清洁风道；检查膨胀节状态；紧固膨胀节螺栓；油站的清洁、检查和换油；冷却密封风机（如果有），清洁进口栅网和叶轮；调节执行机构/伺服马达；风机和电动机之间的联轴器找正；检查叶轮间隙。

（2）动叶片检查项目：清除污垢，清除卡涩；叶根螺栓锈蚀情况；检查磨损（进、出口边）；检查有无破损或裂纹。

（3）叶轮轴承检查：从每个叶轮上拆下两个叶片轴承检查，以决定其他轴承是否需要拆卸；轴承、滑块和调节盘的磨损；垫圈的状态；润滑油或脂的状态；检查叶片轴及曲柄（拐臂）有无裂缝；有配合面的元件做尺寸检查和圆周、平面运动的检查；更换失效密封和辅件。

（4）伺服装置检修：清除油缸中油污；检查磨损（控制边缘、

油缸密封件、轴承）；检查有配合面的元件（检查尺寸、圆周及平面运动）；检查油管路；更换密封和辅件。

（5）主轴承检查项目：检查轴承的疲劳和磨损；检查有配合面的元件（尺寸、圆周及平面运动）；更换失效密封和辅件。

（6）调节装置检查：检查控制杆、摇杆及限位块状态和轴承磨损情况。

**985. 双级动叶可调引风机主轴承的拆卸步骤有哪些？**

**答：** 双级动叶可调引风机主轴承的拆卸步骤如下：

（1）液压方式拆卸毂盘。

（2）拆下轴承座两端的剖分端盖和集油环。

（3）拆下轴套。

（4）拆下固定端（单件）轴承盖。

（5）将轴承垂直放置，浮动端（伺服马达端）向下。

（6）拔出主轴（包含固定端圆柱滚子轴承、角接触轴承、浮动端圆柱滚子轴承内圈）。提示：淬过火的轴承环对冲击敏感，不能用锤直接敲击就位。

（7）拆下浮动端轴承盖（单件）。

（8）拆下浮动端滚子轴承外圈。

（9）松开并拆下带槽的压紧螺母。

（10）拆除滚子和角接触球轴承内圈和隔环。

**986. 导致动叶可调引风机调节失效的原因有哪些？**

**答：** 导致动叶可调引风机调节失效的原因如下：

（1）调节油油压偏低。

（2）油管路堵塞。

（3）执行器与伺服装置连接杆脱开。

（4）伺服装置故障。

（5）液压缸密封损坏。

（6）叶柄轴承润滑失效或轴承损坏。

（7）油管路或伺服装置漏油。

（8）轮毂内滑块损坏。

（9）执行器故障或行程过快。

### 987. 静叶可调式引风机叶轮的检查项目有哪些?

答：静叶可调式引风机叶轮的检查项目如下：

（1）叶片的检查。检查内容有：

1）对叶片一般进行着色探伤检查，主要检查叶片根部焊缝有无裂纹及气孔、夹砂等缺陷。

2）叶片表面防磨涂层应完好。

（2）轮毂的检查。检查内容有：

1）轮毂应无裂纹、变形。

2）轮毂与主轴配合应牢固，发现轮毂与主轴松动应重新进行装配。

3）轮毂密封片的磨损情况。密封片应完好，间隙应符合标准，密封片磨损严重时须更换。

### 988. 轴流式引风机叶轮的检查项目有哪些?

答：轴流式引风机叶轮的检查项目如下：

（1）叶片的检查。检查内容有：

1）对叶片一般进行着色探伤检查，主要检查叶片工作面有无裂纹及气孔、夹砂等缺陷。

2）叶片的轴承是否完好，其间隙是否符合标准。若轴承内外套、滚珠有裂纹、斑痕、磨蚀锈痕、过热变色和间隙超过标准时，应更换新轴承。

3）全部紧固螺栓有无裂纹、松动，重要的螺栓要进行无损探伤检查，以保证螺栓的质量。

4）叶片转动应灵活、无卡涩现象。

5）叶片表面防磨涂层应完好。

（2）叶柄的检查。检查内容有：

1）叶柄表面应无损伤，叶柄应无弯曲变形，同时叶柄还要进行无损探伤检查，应无裂纹等缺陷，否则应更换。

2）叶柄孔内的衬套应完整、不结垢、无毛刺，否则应更换。

3）叶柄孔中的密封环是否老化脱落，老化脱落则应更换。

4) 叶柄的紧固螺帽，止退垫圈是否完好，螺帽是否松动。

（3）轮毂的检查。检查内容有：

1) 轮毂应无裂纹、变形。

2) 轮毂与主轴配合应牢固，发现轮毂与主轴松动应重新进行装配。

3) 轮毂密封片的磨损情况。密封片应完好，间隙应符合标准，密封片磨损严重时须更换。

## 第四节 空气预热器

**989. 空气预热器驱动电动机的种类及其作用有哪些？**

**答：** 空气预热器驱动电动机的种类及其作用如下：

（1）气动驱动电动机：盘车、减少电动机启动时的启动电流、检查空气预热器内无摩擦，当主辅电动机都故障时启动气动马达可以防止空气预热器烟气侧受热变形。

（2）辅助电动驱动电动机：预热、做主辅机切换实验、备用。

（3）主驱动电动机：驱动空气预热器转动。

**990. 回转式空气预热器热段传热元件检修工艺要点和质量要求是什么？**

**答：** 回转式空气预热器热段传热元件检修工艺要点如下：

（1）在入口烟道上部开孔，装上起吊设备。手动盘车，使需要更换的传热元件的仓格正处于起吊设备正下方。

（2）拆下相应的径向密封装置，将旧传热元件从仓格中吊出，检查、清理并修理组件，符合标准方可继续使用，若需要更换，则准备、检查、安装合格的新传热元件。

（3）用起吊设备将新传热元件放入相应的仓格内，将径向密封装置装好，更换完成后，转动转子，使下一个需要更换的仓格处于起吊设备正下方。

（4）如此重复，更换完传热元件后重新恢复烟道入口上方的开孔。

回转式空气预热器热段传热元件检修质量要求如下：

（1）波形板与定位板之间应保证通流面积，无堵灰、结垢、锈迹，磨损不大于 1/2。

（2）传热元件组件横截面两角为 90°，对角不大于 180°。与仓格横向误差不大于 2mm、纵向误差不大于 1.5mm。

### 991. 回转式空气预热器试运转的要求有哪些？

**答：**回转式空气预热器检修工作结束，至少手动盘车一周，无异常情况后进行试运转（试运转时间不少于 2h），观察、检查下列项目：

（1）检查转子的转动方向是否正确。

（2）传动装置工作正常，运行平稳，没有异声。

（3）驱动电流一般稳定在额定电流的 50% 左右，波动值应少于 ±0.5A。

（4）轴承温度按制造厂的规定执行，无规定的按滚动轴承温度不许超过 80℃、滑动轴承温度不许超过 65℃ 控制。

（5）如装有离合器，其离合性能应良好。

（6）转子的轴向、径向跳动一般不大于设备厂家所求标准。

### 992. VN 型空气预热器的设计特点是什么？

**答：**受热面回转式 VN 型空气预热器的设计特点如下：

（1）用中心驱动装置代替周边驱动装置，用一个布置在空气预热器外壳外面的主轴上安装中心传动减速箱取代齿轮机构和相关的减速箱，以提高传动系统的可靠性和减少维护要求。

（2）采用适合运行条件的高效换热元件代替旧的传热元件，用不同的传热元件组合来提高传热元件的性能，并减少传热元件上的积灰和腐蚀。

（3）将旧转子改成 48 个扇形区，保证任何时候扇形密封挡板下总有两块完整的径向密封条，产生迷宫式的密封效果，减少空气通过密封条向烟气的泄漏。转子上每一个径向隔板都装有单叶密封条，并取消各挡板的滑动密封条和调节机构。轴向密封条固定在转子外侧。

### 993. 什么原因造成空气预热器卡涩？

**答：**造成空气预热器卡涩的原因如下：

(1) 密封片间隙调整不当，没有预留膨胀间隙。

(2) 支撑磨损、脱落。

(3) 吹灰器磨损脱落。

(4) 温度变化过快，膨胀不均。

**994. 什么原因造成空气预热器减速机联轴器损坏？**

**答：**造成空气预热器减速机联轴器损坏的原因如下：

(1) 联轴器存在自身缺陷。

(2) 联轴器找中心偏差大。

(3) 联轴器在安装过程中损坏。

**995. 造成空气预热器电动机、减速机振动大的原因有哪些？如何处理？**

**答：**造成空气预热器电动机、减速机振动大的原因如下：

(1) 联轴器找中心偏差大。

(2) 电动机轴承损坏。

(3) 电动机底角螺栓松动。

(4) 减速机地脚螺栓松动。

(5) 减速机有故障。

空气预热器电动机、减速机振动大的处理方法：重新对联轴器进行找中心，检查电动机轴承，检查电动机和减速机底角螺栓，检查减速机轴承、齿轮。

## 第五节 密封风机

**996. 密封风机在设计上有什么特点？**

**答：**密封风机主要作用是为磨煤机提供高压冷风，以起到密封作用。因此，密封风机在设计上具有高压头、低流量等特点。

**997. 密封风机的工作原理如何？**

**答：**当电动机转动时，风机的叶轮随着转动。叶轮在旋转时产生离心力将空气从叶轮中甩出，空气从叶轮中甩出后汇集在机壳中，由于速度慢、压力高，空气便从风机出口排出流入管道。

当叶轮中的空气被排出后，就形成了负压，吸气口在冷一次风的气压作用下又被压入叶轮中。因此，叶轮不断旋转，空气也就在风机的作用下，在管道中不断流动，如图 12-4 所示。

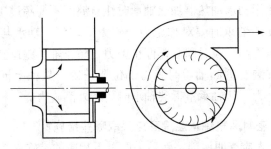

图 12-4　离心式通风机工作原理

### 998. 密封风机轴承箱轴封漏油处理方法有哪些？

答：密封风机轴封漏油是比较常见的缺陷之一，轴封漏油虽一时不会威胁风机安全，但污染环境，不利于文明生产，又造成浪费。一般发现轴封漏油，可以用以下几种方法进行处理：

（1）检查、更换轴封，根据经验，羊毛毡略放大一点，压进之前先浸油，完全浸湿后压得更紧，可以消除漏油或使情况好转。

（2）检查润滑油质好坏，油质不好会造成回油孔堵塞或孔径缩小，回油孔就不能流回油或回油很慢，多余的油存积在羊毛毡垫子上，也会造成轴封漏油，这时需停风机疏通回油孔。

（3）检查油位是否过高，校对油位线，一般正常油位与轴承最下方滚珠的中心线重合、最高油位刚好浸没滚珠、最低油位不低于滚珠直径下起 1/3 处。

（4）接触迷宫油封的动、静环因磨损间隙增大，或因安装不当造成间隙过大。一般动环与轴颈是密封全接触，静环与动环下部接触上部留有 0.05～0.10mm 间隙。

（5）检查呼吸阀是否堵塞。

### 999. 密封风机轴承装配注意事项有哪些？

答：密封风机轴承装配注意事项如下：

（1）密封风机轴承规格型号为：3624 双列调心滚子轴承对应现使用的轴承新规格型号 22324 双列调心滚子轴承。

（2）装配前将轴承箱、主轴、轴承清理并用面团粘干净。

（3）用内、外径千分尺，塞尺，压铅丝法。测量轴承内径与轴的过盈量及轴承游隙、顶部和侧面间隙。

（4）使用轴承加热器加热轴承时注意温度不要超过 100℃。

（5）安装轴承时要对称施力，施力要均匀，轴承与轴肩接触后要待轴承冷却一段时间后再停止施力，防止轴承跑位。

（6）安装及拆卸轴承时施力部位要正确，从轴上拆装轴承时要在内圈施力，从轴承室拆装轴承时要在外圈施力。

**1000. 密封风机轴承温度高应采取哪些措施？**

**答：** 首先应查明原因，然后采取以下相应的措施：

（1）油位低或油量不足时，应适量加油；油位过高或油量过多时，应将油放至正常油位。

（2）油质不合格时，应换合格油，换油时最好停止运行后更换，放掉不合格的油质，并把油室清理干净后再填加新油。若风机不能停止时，应采取边放油、边加油的方法，直至油质合格为止。

（3）轴承有缺陷或损坏时，应及时检修或更换；如冷却水不足或中断，尽快恢复冷却水或疏通冷却水管路，使冷却水畅通。

**1001. 密封风机振动大的原因是什么？**

**答：** 密封风机振动大的原因如下：

（1）风机与电动机找中心偏差过大。

（2）轴承损坏或与主轴配合间隙过大。

（3）主轴发生弯曲。

（4）地脚螺栓松动或断裂。

（5）叶轮质量不平衡。

（6）出口门未开或风道堵塞。

（7）基础或机座的刚性不够或不牢。

（8）叶轮与主轴配合间隙过大引起的振动。

**1002. 密封风机集流器找正的方法有哪些？**

**答：** 密封风机集流器找正的方法如下：

（1）将轴承箱就位固定。

（2）找正机壳与主轴及叶轮的间隙并固定，应符合相关技术规定。

（3）集流器与叶轮配合间隙一般为：集流器喇叭口插入叶轮深度为 5～10mm，圆周配合间隙为 3～6mm 且四周均匀。

（4）集流器的安装质量对风机的出力影响较大，在风机安全的情况下尽量取相关技术要求的下限。

### 1003. 密封风机电动机找正的方法有哪些?

**答：**密封风机电动机找正的方法如下：

密封风机找正是以风机为固定点调整电动机的。常用的方法有两种：双表测量法（又称一点测量法），三表测量法（又称两点测量法），如图 12-5 所示。

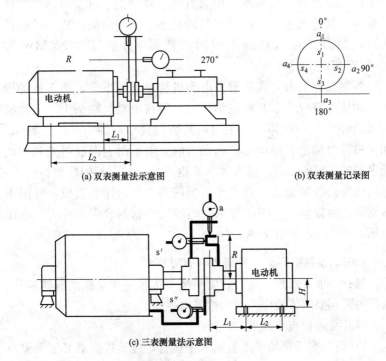

(a) 双表测量法示意图　　(b) 双表测量记录图

(c) 三表测量法示意图

图 12-5　密封风机电动机找正（一）

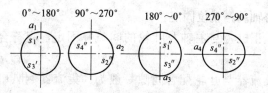

(d) 三表测量法记录图

图 12-5 密封风机电动机找正（二）

# 第六节 水 泵

**1004. 强制循环泵的结构特点有哪些？**

**答：** 强制循环泵是直流锅炉、低循环倍率锅炉和强制循环锅炉上的主要设备，安装在锅炉大直径下降管的下部。早期强制循环泵为一般的离心泵，随着科技的进步，新材料的出现，目前已将这种泵改成浸泡在锅水中的特种泵，并被国产 300MW 和 600MW 机组锅炉所采用。

强制循环泵为立式布置，电动机装在泵的下方，便于自动排出电动机中空气。水泵叶轮为单级，装在电动机轴头上。电动机与泵的外壳为一整体，无轴封，共装两只导向轴承（径向轴承）和一只推力轴承。轴承由水润滑。推力轴承用表面经磨光和硬化处理过的不锈钢制成。推力轴承片由可拆卸的石棉酚醛塑料制成。电动机为四极鼠笼式。其定子绕组用特殊塑料压制而成，并用不锈钢罩壳加以保护，引出线从耐高静压的密封套引出外壳，电源电压采用 380V 和 6kV 两种。

**1005. 强制循环泵的检修内容有哪些？**

**答：** 一般要求投入运行后第一年要进行一次全面的解体检修，以后每两年要解体检修一次，检修内容如下：

（1）泵体检查与修理。

1）强制循环泵处于高温锅水中运行，电动机内部又为低温冷却水，温差较大，所产生的热应力问题较突出，在检修时应仔细检查壳体内部出现的热疲劳裂纹。

2）检查泵体内部的汽蚀、冲刷及磨损情况。

3）检查固定在泵体内的各零件，如密封环、轴套、紧固螺栓等是否有松动现象。

4）所有结合面的密封垫料、涂料，都应按技术标准的要求进行除旧换新。

（2）叶轮检查与更换。叶片各部位的磨损应均匀，无明显的汽蚀裂纹现象。如果叶轮磨损已超过壁厚的 1/3 时，则应拆旧更新。

（3）密封环的间隙测量与更换。密封环的径向间隙为 1.5～2mm，其更换标准为标准值的 1.2～2 倍，一般控制在 3mm 以内。如在此范围内水泵性能已明显降低，不能满足运行条件时，就可进行更换。强制循环泵有两个密封环，一个固定在泵壳内，另一个固定在叶轮上。密封环采用奥氏体不锈钢制成，在叶轮上的密封环上还镀一层司太立硬度合金，以提高使用寿命。叶轮与密封环的配合紧力为 0.07～0.10mm，采用热套装配。

（4）转体检查。主轴的弯曲度及其套装件的瓢偏度、晃动度的检测方法，可按给水泵的测量方法进行。

（5）推力轴承的检查。推力轴承的推力瓦片是塑料制品，属磨损件，要定期更换。根据设计要求，每两年更新一次。推力轴承的轴向间隙为 0.80～1.50mm，极限值为 2.50mm，超过此值，应更换新推力瓦片。若发现磨损超常，则应查明其原因（多为水的杂质过多或瓦片材质不佳）。推力盘表面应光滑，无裂纹、麻点、毛刺及剥落等现象，同时应检查叶轮的各水道结垢与汽蚀现象。推力盘与轴的配合应有一定的紧力，不得松动。

（6）上下导向轴承（径向轴承）的检查。导向轴承是由塑料制成的滑动轴承。在轴颈上镶有轴套，解体后应检查轴套与轴承（塑料轴瓦）的磨合情况。轴套与轴承的径向间隙为 0.20～0.35mm，允许不大于 0.40mm。将实测间隙值与上一次检修实测值进行比较，推算出其磨损速度，再决定此次检修是否有必要更换塑料轴瓦。

（7）外置式冷却器和滤网的检修。检查冷却水管的结垢、腐蚀和裂纹等情况；检查冷却水管与管板的焊接处是否有裂纹、脱焊及超常的腐蚀。滤网应完整，无任何微小的破损，并将其清洗干净。冷却器检修后要做 1.5 倍工作压力的水压试验，保持压力 5min 无泄漏才认为合格。

（8）试运行。检修完毕于锅炉进水后，进行带负荷试运行。检查水泵旋转方向是否正确，是否有异声，测量上下轴承的振动（允许值为 0.06mm），壳体温度应小于报警值（57℃），各结合面及阀门应严密，无泄漏现象。

### 1006. 一般离心式水泵的检修质量要求有哪些?

**答：**泵轴和叶轮是水泵转子的主要部件，轴及其套装件的加工质量直接影响转子各部位的径向跳动值。对其质量要求如下：

（1）泵叶轮、导叶和诱导轮表面应光洁、无缺陷，泵轴跟叶轮、轴套、轴承等的配合表面应无缺陷和损伤，配合正确。

（2）组装泵叶轮时对泵轴和各配合件的配合面，应清理干净，涂擦粉剂涂料。

（3）组装好的转子，其叶轮密封环和轴套外圆的径向跳动值应不大于规定允许值。

（4）泵轴径向跳动值应不大于 0.05mm。

（5）叶轮与轴套的端面应跟轴线垂直，结合面应接触严密。

### 1007. 泵体组装要求有哪些?

**答：**泵体组装要求如下：

（1）套装叶轮时注意旋转方向是否正确，应同壳体上的标志一致，固定叶轮的锁母应有锁紧位置。

（2）密封环同泵壳间应有 0.00～0.03mm 的径向间隙，密封环与叶轮配合处每侧径向间隙应符合规定值，一般为叶轮密封环处直径的 (1～1.5)/1000，但最小不得小于轴瓦顶部间隙，且应四周均匀。排污泵和循环水泵可采用比上述规定稍大的间隙值。

（3）密封环处的轴向间隙应大于泵的轴向窜动量，并不得小于 0.5～1.5mm（小泵用小值）。

（4）大型水泵的水平扬度，一般应以精度为 0.1mm/m 的水平仪在联轴器侧的轴颈处测量调整至零。

（5）用于水平结合面的涂料和垫料的厚度，应保证各部件规定的紧力值。用于垂直结合面的，应保证各部件规定的轴向间隙值。

（6）装配好的水泵在未加密封填料时，转子转动应灵活，不得有偏重、卡涩、摩擦等现象。

（7）填料函内侧、挡环及轴套的每侧径向间隙，一般应为 0.25～0.50mm。

**1008. 机械密封和浮动环密封组装要求有哪些？**

**答**：机械密封组装要求：

（1）动环和静环表面应光洁，不得有任何划伤。

（2）机械密封装置处轴的径向跳动应小于 0.03mm。

（3）弹簧无裂纹、锈蚀等缺陷，弹簧两端面与中心线的垂直度偏差应小于 5/1000，同一机械密封中各弹簧之间的自由高度差不大于 0.5mm。

（4）动环和静环密封端面的瓢偏应不大于 0.02mm，两端面的不平行度应不大于 0.04mm。

浮动环密封组装要求：

（1）支承环和浮动环及轴上安装浮动环的部位，应光洁、无损伤；浮动环和支承环的密封端面应进行涂色检查，要求接触良好。

（2）浮动环同轴套的径向总间隙，一般为 0.15～0.25mm。

（3）支承环及轴套的径向间隙应四周均匀。

（4）支承弹簧应无缺陷，同一组浮动环支承弹簧的自由高度偏差应不大于 0.5mm。

**1009. 给水泵或其他类型的多级高压离心泵组装要求有哪些？**

**答**：给水泵或其他类型的多级高压离心泵组装要求如下：

（1）水泵固定部分。

1）壳体结合面应平整、光洁、无径向沟痕，用涂色法检查，圆周方向接触痕迹应无间断。

2）泵壳各中段结合面的平行度偏差，一般应小于 0.04mm。

3）相邻中段之间定心止口的配合间隙，一般为 0.00～0.05mm。

4) 导叶衬套跟导叶的配合间隙，一般为 0.00～0.03mm。

5) 密封环与中段的配合径向总间隙，一般应为 0.03～0.05mm。

6) 导叶衬套处动、静配合的径向总间隙，一般为 0.40～0.60mm，密封环同叶轮的径向配合间隙应符合图纸规定，一般总间隙为 0.45～0.65mm（较大直径采用较大数值）。

7) 第一级为双吸叶轮时，前段护套与挡套的径向总间隙，一般为 0.40～0.60mm。

8) 静平衡盘的套筒部分跟出水段泵壳的配合，应为过渡配合，无间隙，不得松旷；静平衡盘端面与壳体，经涂色检查接触严密、无间隙。

9) 轴封装置应单独组装，进行严密性水压试验，试验压力一般为密封水压力的 1.25 倍，保持 5min，应无渗漏。

10) 冷却室衬套或填料函跟轴套的径向间隙，一般比密封环处的间隙大 0.15～0.20mm，四周间隙应均匀。

(2) 转子各部件。

1) 对于振动较大的水泵，叶轮应做静平衡试验，应符合有关允许不平衡重量的数值规定。叶轮做静平衡试验时，切削量不得超过盖板厚度的 1/3，切削部分跟圆盘应平滑过渡。

2) 轴颈的圆柱度偏差应小于 0.02mm，轴颈的径向跳动应小于 0.03mm，轴的弯曲值应不大于 0.02mm。

3) 叶轮和挡套等套装件的内孔跟轴的配合间隙，一般为 0.03～0.05mm，最好在 0.03mm 以内，热套装的紧力应符合制造厂的规定。

4) 转子预组装后测量叶轮密封环、挡套、轴套（调整套）、平衡盘外圆等处的径向跳动，均应不大于 0.05mm，套装件在轴向应无间隙。

5) 平衡盘的端面瓢偏一般不大于 0.02mm，表面应光洁。

6) 静平衡盘套筒与其相对应的轴套（或调整套）总间隙一般为 0.50～0.60mm。

7) 平衡鼓的表面应光洁、无损伤，螺纹槽畅通、无毛刺，它跟平衡套的径向间隙每侧一般为 0.25～0.35mm。

（3）给水泵的整体组装。

1）认真调整各叶轮间的轴向距离，确保叶轮出口位置在导叶进口宽度范围以内，并应同预组装时的标志基本相符。

2）紧固大穿杠螺栓时应对称进行，各螺栓紧固程度应一致，紧完螺栓后，进出口端面之间上、下、左、右误差一般不大于 0.05mm。

3）组装完毕应测量转子轴的总窜动量，并调整平衡盘位置，使工作轴窜比总窜动量的 1/2 小 0.25～0.15mm 或相等。

4）测量组装后的动静平衡盘，其平行度偏差应不大于 0.02mm，可用压熔丝法测量。

5）抬轴试验应两端同时抬起，不得用力过猛，放入下瓦后转子的上抬值应根据转子静挠度大小决定，一般为总抬起量的 1/2 左右；当转子静挠度在 0.20mm 以上时，上抬值为总抬起量的 45%，调整时应兼顾转子水平方向的位置，保证转手对静子几何中心位置正确。

（4）水泵强制油循环系统的设备应符合汽轮机油系统的规定，还应检查下列项目：

1）主油泵星形轮跟轴的总间隙，一般应为 0.06～0.10mm。

2）星形轮跟壳体的径向总间隙，一般应为 0.5～0.7mm；星形轮和出入侧板的轴向间隙，每侧一般为 0.06～0.10mm。

3）油泵的轴窜一般应为 （0.50±0.05)mm。

4）星形轮的键与槽的顶部应有 0.20mm 左右的间隙。

**1010. 暖风器疏水泵振动的原因有哪些？**

**答：**暖风器疏水泵振动的原因如下：

（1）电动机振动。

（2）转动部件质量不平衡。

（3）安装质量不良。

（4）联轴器找中心超标。

（5）轴承和密封部件磨损破坏。

（6）出口止回门及阀门损坏或未打开。

（7）水泵进口流速和压力分布不均。

（8）出口流体压力脉动，液体绕流、偏流和脱流。

（9）疏水泵汽蚀。

（10）内压急剧变化和水锤作用。

**1011. 暖风器疏水泵出力低或不出力的原因有哪些?**

**答:** 暖风器疏水泵出力低或不出力的原因如下:

（1）吸入口无水或阀门未开。

（2）动力不足。

（3）水泵内动静摩擦严重，内部泄漏损失增大，效率下降。

（4）备用泵出口止回门不严，出口手动门开度不足。

（5）叶轮、泵体损坏或密封不良。

**1012. 暖风器疏水泵机械密封泄漏表现在哪几个方面? 有哪些原因?**

**答:** 暖风器疏水泵机械密封由于安装不良，造成泄漏。主要表现在以下几方面:

（1）动、静环接触表面不平，安装时碰伤、损坏。

（2）密封圈尺寸有误、损坏或未被压紧，表面有异物。

（3）轴套处泄漏，密封圈未装或压紧力不够。

（4）弹簧力不均匀，单弹簧不垂直，多弹簧长短不一。

（5）密封腔端面与轴垂直度不够。

（6）轴套上密封圈活动处有腐蚀点。

运行中机械密封发生泄漏的主要原因有:

（1）泵叶轮轴向窜动量超过标准，转轴发生周期性振动，密封腔内压力变化等均会导致密封周期性泄漏。

（2）密封圈材料选择不当，溶胀失弹。

（3）设备运转时振动太大。

（4）动、静环与轴套间形成水垢，使弹簧失弹而不能补偿密封面的磨损。

（5）密封环发生龟裂等。

**1013. 暖风器疏水泵机械密封安装注意事项有哪些?**

**答:** 暖风器疏水泵机械密封安装注意事项如下:

（1）安装前要认真检查集结密封零件数量是否足够，各元件是否有损坏，特别是动、静环有无碰伤、裂纹和变形等缺陷。

（2）安装过程中应保持清洁，特别是动、静环及辅助密封元件应无杂质、灰尘。动、静环表面应涂上一层凡士林。

（3）螺栓应均匀上紧，防止压盖断面偏斜，用塞尺或专用工具检查各点，其误差不大于 0.10mm。

（4）检查压盖与轴或轴套外径的配合间隙（及同心度），必须保证四周均匀，用塞尺检查各点允差不大于 0.10mm。

（5）弹簧压缩量要按规定进行，不允许有过大或过小的现象，要求误差为 ±2.00mm，过大会增加断面比压，加速断面磨损。过小会造成比压不足而不能起到密封作用，弹簧装上后在弹簧座内要移动灵活。用单弹簧时要注意弹簧的旋向，弹簧的旋向应与轴的转动方向相反。

（6）动环安装后须保持灵活移动，将动环压向弹簧后应能自动弹回来。

（7）安装过程中决不允许用工具直接敲打密封元件，需要敲打时，必须使用专用工具进行敲打，以防密封元件损坏。

**1014. 等离子冷却水泵由哪些部件组成？**

**答：** 等离子冷却水泵主要由六个基本部件组成：泵体、叶轮、机械密封、泵轴、轴承、电动机。

**1015. 等离子冷却水泵与泵壳剐蹭的原因及处理方法有哪些？**

**答：** 等离子冷却水泵与泵壳剐蹭的原因及处理方法如下：

（1）轴承型号选用、安装不当或损坏：选用正确的轴承型号后更换。

（2）机械密封、轴承密封间隙过小：对各部位间隙重新进行调整，直到符合相关技术要求。

（3）水泵叶轮安装时瓢偏度不符合要求：重新安装并校对瓢偏度。

（4）水泵叶轮连接轴弯曲度超标：连接轴校正到范围内。

（5）水泵叶轮直径不符合要求：更换标准叶轮。

## 第七节 空气压缩机

**1016. 简述 CENTAC 空气压缩机工作原理。**

**答：** CENTAC 空气压缩机是一种速度型离心式压缩机。空气通过安装在机组上的进气调节阀进入压缩机并流进第一级压缩。叶轮将速度加给气体，然后气体进入静止的扩压器部分，将速度转化成压力。内置于机组中的中间冷却器去掉压缩过程中所产生的热量，从而提高压缩效率。然后气体在流动的低速区通过不锈钢水气分离器除去冷凝水。当气体被强制通过不锈钢水气分离器后，气体所带的水分降低了。这样的过程在每一个持续的阶段重复进行，直到压缩机达到了所要求的工作压力。

**1017. 简述 CENTAC 空气压缩机结构。**

**答：** CENTAC 空气压缩机与驱动机直接耦合在一起，并且整个机组，包括润滑系统、控制系统和辅助部件，安装在一个公共的底板上，如图 12-6 所示。整个空气压缩机组包括主电动机直接驱动一个各级共用的大齿轮；每一压缩级包括一个工作叶轮，直接安装在小齿轮轴上，外面是铸铁壳体；转子包括一个整体小齿轮，由大齿轮按其最佳速度驱动；在每一压缩级之后安装一个中间冷却器；每个冷却器之后安装有一个水气分离器及一套水气分离系统以分离冷凝水分。

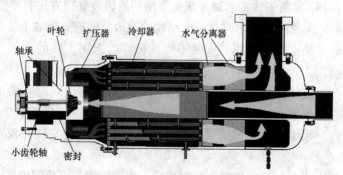

图 12-6 CENTAC 空气压缩机结构图

（1）转子组合结构。每个转子组合包括一个高效率的高质量不锈钢叶轮和一个可拆卸的推力环，这些部件都安装在一个斜齿小齿轮轴上，如图 12-7 所示。叶轮和推力环由于使用精密的三角圆弧联接，从而就不需要键槽了。所有的转动部件作为一个整体是动平衡的。

图 12-7　转子组合结构图

（2）推力轴承。每个小齿轮的推力负载由液压动力推力轴承吸收，如图 12-8 所示。推力轴承按照最大工况能力和最小功耗损失设计。有一些 CENTAC 空气压缩机的大齿轮轴承是滚动轴承，另有一些是液压动力设计。

图 12-8　推力轴承结构图

用来支撑轴径向负载的平面止推轴承是巴氏合金衬管轴承。按照最大稳定性安装固定。

（3）密封。在每个叶轮后面，一个单级套筒密封环安装在平面轴承里，如图 12-9 所示。每一套筒由 3 个单片式全浮动非接触式石墨环组成。1 个环用来作空气密封，另外两个作油密封。向油密封环供应密封气体以保证润滑油不会渗过密封件，从而保证无油的空气。

（4）扩压器。扩压器位于中间冷却器和叶轮之间，如图 12-10 所示。它把速度动能转化为压力势能。扩压器按照最小的物理尺寸设计，同时又具有最高的效率，从而保证压缩机有最紧凑的设计。

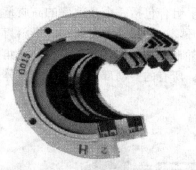

图 12-9　密封结构图

图 12-10　扩压器结构图

（5）中间冷却器。CENTAC 空气压缩机筒状冷却器位于各压缩级中间，如图 12-11 所示。冷却器是筒形的，水走壳程，气走管程。管内有翅片，空气通过管道，冷却水在管外同时反向流动。这样的结构具有非常高的热交换效率。

（6）水气分离器。水气分离器是不锈钢网状结构。其厚度按最小压降

图 12-11　中间冷却器结构图

时达到最大分离能力设计。分离器位于压缩机中空气速度相对较低的位置，从而允许有效的水气分离。

（7）振动探头。在每一级的平面轴承旁边，安装有非接触式的振动探头。振动探头测量每一个转子总成的径向振动情况。每一个振动探头连接有一个振动传感器。作为标准配置，每台空气压缩机都提供级振动保护。

（8）箱体。齿轮箱由一个箱体和一个箱罩组成。两者垂直连接。这一组成只有在检修大齿轮和轴承时才会打开。安装在箱体上面的冷却器总成可以很容易地移走，以便检查或拆卸转子总成扩压器轴承或密封件。

（9）空气压缩机驱动机。CENTAC 空气压缩机由电动机驱动，直接与大齿轮连接。

主电动机的安全与高效运行是整个机组性能发挥的关键。

（10）润滑系统。空气压缩机的润滑系统是完整而独立的，并安装在机组的底盘上。这一系统被设计用来为机组的齿轮和轴承工作提供清洁的润滑油。

油从位于底盘上的油箱中流出，并流入泵中。油泵是一个超尺寸的容积泵，由 1 台电动机驱动。油泵的泵出油压由一个位于油冷却器下游的压力释放阀控制。油泵装有入口过滤器以防外界杂质进入。如果主电动机故障或者发生掉电事故，高位备用油箱将会在速度下降过程中继续供油。润滑油路如下：

1）润滑油通过油泵到油冷却器，在油冷却器里油被冷却到 41～46℃之间。

2）从冷却器出来的油与油温控制阀中的热油混合。

3）油流向油过滤器。油过滤器是 10μm 级的纸质过滤器。

4）油通过油过滤器到大齿轮、小齿轮轴承，最后再到油箱。

5）通过调节油冷却器后的油压释放阀，可以控制流入空气压缩机内的油压的高低。

6）剩余的润滑油通过压缩机排到油箱。

润滑油系统包括所有必需的仪表和安全装置以保护空气压缩机。这些装置包括：

1）油压传感器指示油压并监测是否油压过低。

2）油温传感器（RTD）会在非正常油温时报警。同一装置还可以用作一个自锁装置。

3）如果油温低于最低值，机组将不能启动。

4）大多数机组带 1 个湿型油箱加热器，以保证有足够的油温来启动空气压缩机。

5）润滑油油箱有 1 个带有堵头的排放口。用户可在连接处安装 1 个阀门以方便更换润滑油。

6）机组带有 1 个油温控制器，通过混合热油和冷油以自动调节供给轴承的油温。

**1018. 空气压缩机排气温度高的原因有哪些？**

**答**：空气压缩机排气温度高的原因如下：

（1）润滑油异常。

1）润滑油量太少。除润滑油的正常损耗外，主要原因包括回油管不畅或安装位置不正确、油分破损、油冷却器泄漏、油系统有外漏情况等。

2）油路循环堵塞。主要包括油滤堵塞、油分堵塞等。

3）温控阀失灵。温控阀未按设定温度打开。

4）断油阀未打开。

5）润滑油使用不当。主要原因为润滑油混用、油内含杂质。

（2）冷却水异常。

1）进水量过小。主要原因包括冷却水进、回水门堵塞或未全开，冷却水压力不足。

2）空气冷却器及油冷却器堵塞、空气冷却器泄漏。

3）冷却水进水温度过高。

（3）环境温度异常。

1）环境温度过高（＞38℃）。

2）排气风扇未正常工作。

3）排气口阻塞。

4）温度测点故障。

5）主机内部异常（振动过大）。

**1019. 空气压缩机油耗大或压缩空气含油量大的原因有哪些？**

**答**：空气压缩机油耗大或压缩空气含油量大的原因如下：

（1）冷却剂量太多，导致油路循环不畅，部分油被压缩空气带走。

（2）回油管堵塞，导致回油不畅，油被压缩空气带走。

（3）回油管的安装不符合要求，回油管底部与油分底部安装间隙过大或过小，导致回油无法正常工作。

（4）机组压力太低。

（5）油分离芯破裂，分离器起不到油气分离的作用。

（6）机组有漏油现象。

（7）冷却剂变质或超期使用，导致部分润滑油变质、碳化。

**1020. 造成空气压缩机压力低的原因有哪些？**

**答**：造成空气压缩机压力低的原因如下：

（1）实际用气量大于机组输出气量。

（2）放气阀故障（加载时无法关闭）。

（3）进气阀故障（加载时开度不够）。

（4）液压缸故障。

（5）负载电磁阀故障。

（6）加载压力值设置过高或卸载压力值设置过低。

（7）压力传感器故障。

（8）压力表故障。

（9）压力传感器或压力表输入软管漏气。

## 1021. 什么原因造成空气压缩机排气压力过高？

**答**：下列原因造成空气压缩机排气压力过高：

（1）进气阀故障。

（2）液压缸故障。

（3）负载电磁阀故障。

（4）加载压力值设置过低或卸载压力值设置过高。

（5）压力传感器故障。

（6）压力表故障。

（7）压力开关故障。

## 1022. 造成空气压缩机电流大的原因有哪些？

**答**：造成空气压缩机电流大的原因如下：

（1）电压太低。

（2）接线松动。

（3）机组压力超过额定压力。

（4）油分离芯堵塞。

（5）接触器故障。

（6）主机故障。

（7）主电动机故障。

## 1023. 造成空气压缩机无法启动的原因有哪些？

**答**：造成空气压缩机无法启动的原因如下：

（1）熔丝损坏。

（2）温度开关损坏。

（3）接线松开。

（4）主电动机热继电器动作。

（5）风扇电动机热继电器动作。

（6）变压器损坏。

（7）控制器无电源输入。

（8）故障未消除。

## 1024. 造成空气压缩机启动时电流大或跳闸的原因有哪些？

**答：** 造成空气压缩机启动时电流大或跳闸的原因如下：

（1）用户空气开关问题。

（2）输入电压太低。

（3）星-三角转换间隔时间太短（应为 $10\sim12s$）。

（4）液压缸故障。

（5）进气阀故障（开度太大或卡死）。

（6）接线松动。

（7）主机故障，主机卡死。

（8）主电动机故障。

（9）时间继电器损坏。

## 1025. 造成空气压缩机风扇电动机过载的原因有哪些？

**答：** 造成空气压缩机风扇电动机过载的原因如下：

（1）风扇卡涩。

（2）风扇电动机故障。

## 1026. 什么原因导致空气压缩机主机卡死？

**答：** 导致空气缩压机主机卡死的原因如下：

（1）主机内进入异物。

（2）润滑油严重碳化。

（3）转子窜动，导致间隙过小。

（4）电动机故障。

（5）齿轮或轴承损坏，碎渣进入主机。

# 锅 炉 本 体

## 第一节 基 础 知 识

**1027. 简述过热器系统流程。**

**答:** 经过汽包中的旋风分离器进行汽水分离,分离出来的饱和蒸汽依次经顶棚过热器、包墙过热器、低温过热器(如图 13-1 所示)、屏式过热器和高温过热器(如图 13-2 所示),最后由高温过热器出口导管分左、右侧两路引出。整个过热器系统布置了两次左右交叉:低温过热器出口至屏式过热器进口,屏式过热器出

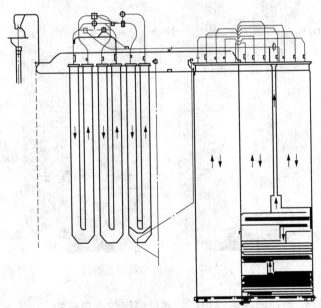

图 13-1　低温过热器示意图

口至高温过热器进口各进行了一次左右交叉，有效地减少了烟气流过锅炉宽度上不均匀性带来的影响，有利于减少屏口间及管间的热偏差。过热器系统采用了两级喷水减温方式：第一级喷水减温器位于低温过热器出口联箱至屏式过热器进口联箱的连接管上，第二级喷水减温器位于屏式过热器出口联箱至高温过热器进口联箱的连接管上。每一级共有两只喷水减温器，分左右两侧分别喷入减温水。第一级喷水减温器用于粗调，并对屏式过热器起保护作用；第二级喷水减温器用于微调过热蒸汽温度，使过热蒸汽出口温度维持在额定值。

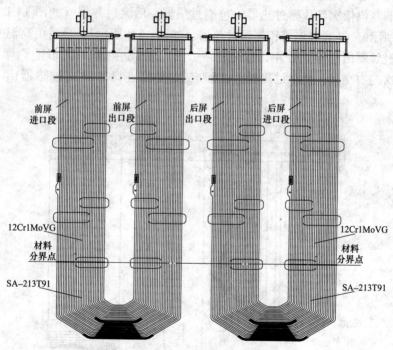

图 13-2　高温过热器示意图

**1028. 简述哈尔滨锅炉厂切圆燃烧锅炉汽包结构。**

**答：**哈尔滨锅炉厂切圆燃烧锅炉汽包设计采用 SA-299 材质钢板，卷制焊接而成，上、下筒壁厚度不同，且分成四段、八块加工（上、下部分成 6730mm-1 段，5526mm-1 段，6830mm-2 段，共八块）。上部是以汽包水平中心前后方向各上 17.5°（共 145°）的壁厚为 198.4mm，其余 215°部分为下部，壁厚为 166.7mm。两端焊接半球形封头（$R = 892.2mm$），其直筒段的合计长度为 25 556mm，总长度为 27 188mm，设计压力为 19.92MPa，温度为 366℃，安装汽包中心标高为 75 914mm，如图 13-3 所示。

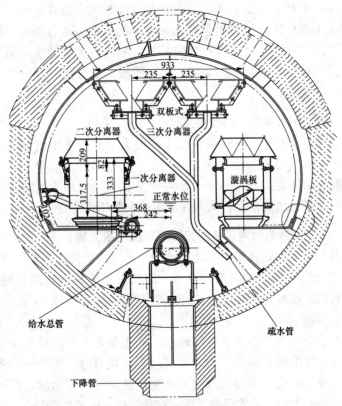

图 13-3　哈尔滨锅炉厂切圆燃烧锅炉汽包内部结构

**1029. 简述自然循环锅炉汽包的汽水分离原理。**

**答：**汽水分离装置一般利用自然分离与机械分离的原理进行工作，自然分离即利用汽与水的密度差，在重力作用下使汽与水分离，蒸汽在汽包内的上升速度越慢，停留时间越长，自然分离的效果越好。

现代大型锅炉主要依靠机械分离装置来实现汽水分离。机械分离的原理除利用重力分离外，还利用以下三种作用原理：

（1）惯性分离：利用汽水混合物改变流向时产生的惯性力作用进行分离。

（2）离心分离：利用汽水混合物做旋转运动时产生的离心力作用进行分离。

（3）水膜分离：汽水混合物中的水滴黏附在金属壁面，形成水膜流下而分离机械分离装置。汽包内的汽水分离过程，一般分为两个阶段：第一阶段为粗分离，其任务是将大量的水与蒸汽分开，并消除汽水混合物的动能；第二阶段为细分离，其任务是降低蒸汽的湿度。

**1030. 炉水循环泵的作用是什么？**

答：在运行中，下降管中的水密度大于水冷壁中汽水混合物的密度，此密度差形成锅炉的流动压头。当水接近临界点时，密度差减小，不足以维持流动压头，于是在下降管中加装炉水循环泵维持足够的流动压头，从而保证锅炉水循环的可靠性。

**1031. 试述电动弯管机的工作原理及使用方法。**

答：电动弯管机是由电动机通过一套减速机构使工作轮转动，从而带动管子移动并被弯成弯头，滚轮只在原地旋转而不移动。在弯管时只要换一下工作轮和滚轮就可弯制 $\phi38\sim\phi76$ 的管子，弯曲角度可达 $180°$。

弯管时将管子用夹子牢固地固定在工作轮上，再拧紧滚轮上的螺杆，使滚轮紧靠管子，然后启动弯管机弯管。当管子弯到要求的位置时，应立即停止弯管机，并使其倒转一定角度，即可松开滚轮和管夹子，将管子取下来。在弯管过程中要注意安全。

**1032. 什么叫钢件调质处理？其目的是什么？电厂哪些结构零件需进行调质处理？**

答：把淬火后的钢件再进行高温回火的热处理方法称为钢件调质处理。

其目的：

（1）细化组织。

（2）获得良好的综合机械性能。

调质处理主要用于各种重要的结构零件，特别是在交变载荷下工作的转动部件，如轴类、齿轮、叶轮、螺栓、螺阀门门杆等。

**1033. 钢中的硫、磷有哪些有害作用？一般钢中控制它的含量是多少？**

**答**：硫存在于钢中会造成钢的赤热脆性，使钢在高温锻压时，易产生破裂。在焊接时，硫易使焊缝产生热裂纹，并产生很多疏松和气孔，对焊接起不良影响。

磷存在于钢中，会增加钢的脆性，尤其是冷脆性。此外，磷还会造成钢的严重偏析。磷可使钢的热脆性和回火脆性的倾向增加，磷对焊接起不良作用，易使钢在焊接中产生裂纹。

普通碳素钢的含硫量不大于 $0.05\%$，含磷量不大于 $0.045\%$，优质钢的含硫量和含磷量控制在 $0.03\%$ 以下。

**1034. 电厂高温高压管道焊后热处理选用何种工艺？**

**答**：电厂高温高压管道焊后热处理，一般采用高温回火工艺，焊接接头经处理后，可以使焊接接头的残余应力松弛，淬硬区软化，改善组织，降低含氢量，以防止焊接接头产生延迟裂纹，应力腐蚀裂纹，提高接头综合机械性能等。

**1035. 什么叫焊接？**

**答**：焊接是利用加热、加压或两者兼用，并填充材料（也可不用），使俩焊件达到原子间结合，从而形成一个整体的工艺过程。

**1036. 起重常用的工具和机具主要有哪些？**

**答**：起重常用的工具：麻绳、钢丝绳、钢丝绳索卡、卸卡（卡环）、吊环与吊钩、横吊梁、地锚。

起重常用的机具：千斤顶、手拉葫芦，滑车与滑车组、卷扬机。

**1037. 合金钢焊口焊后热处理的目的是什么？**

**答**：合金钢焊口焊后热处理的目的如下：

（1）减少焊接所产生的残余应力。

（2）改善焊接接头的金相组织和力学性能（如增强焊缝及热影响区的塑性、改善硬脆现象、提高焊接区的冲击韧性）。

（3）防止变形。

（4）提高高温蠕变强度。

**1038. 弯头按制作方式可分为哪几种？**

**答：** 弯头按制作方式可分为冷弯弯头、热弯弯头、焊接弯头、热压弯头四种。

**1039. 压力容器的检测手段有哪些？**

**答：** 压力容器的检测手段有表面探伤、射线探伤、超声波探伤、硬度测定、应力测定、金相检验、声射检测。

**1040. 为什么要规定保温层的外壁温度？这个温度大体数值为多少？**

**答：** 规定保温层外壁温度可保证在节约材料的基础上达到最少的散热损失，同时也不会由于保温外层温度过高而烧伤工作人员。在火力发电厂，一般规定保温外壁温度在 35~45℃之间。

**1041. 常说的锅炉"四管"是指什么？**

**答：** 常说的锅炉"四管"是指水冷壁、省煤器、过热器、再热器。

## 第二节　锅炉给水系统

**1042. 试述汽包内水清洗装置的洗硅原理。**

**答：** 在汽包内的水清洗装置只能减少蒸汽带水，而不能减少蒸汽的溶解携带。二氧化硅在蒸汽中的溶解能力很强，并随汽包内蒸汽压力的升高而显著增加。为了获得良好的蒸汽品质，国产高参数锅炉汽包内，大都装有蒸汽清洗装置。蒸汽清洗就是使饱和蒸汽通过杂质含量很少的清洁水层。经过清洗的蒸汽，其二氧化硅和其他杂质要比清洗前低得多。其基本原因如下：

（1）蒸汽通过清洁的水层时，它所溶解携带的二氧化硅和其他杂质以及在清洗水中的杂质，将按分配系数在水和汽两相中重新分配，使蒸汽中原有溶解携带的二氧化硅以及其他杂质，一部分转移至清洁水中，这样就降低了蒸汽中溶解携带二氧化硅和其他杂质的量。

（2）蒸汽中原有的含杂质量较高的锅水水滴，在与清洗水接触时，会转入清水中，而由清洗水层出来的蒸汽虽然也会带走一些清洗水滴，但水滴内含二氧化硅和其他质量比锅水滴要少得多，因此，蒸汽清洗能降低蒸汽中二氧化硅及其他杂质含量。

**1043. 造成水循环失常的原因有哪些？**

**答：**造成水循环失常的原因如下：

（1）由于受热不均，使并联管组中各个管运动压头不同，从而造成循环停滞或循环倒流。与结构及运行情况有关。

（2）由于负荷波动引起压力急剧变化，影响下降管与上升管压差的负向变化，造成循环减弱。

（3）由于浇灰水故障或用水打焦等原因，使受热面局部急剧冷却，水循环停滞易爆管。

（4）汽包水位降低或下降，管入口处产生旋涡，造成下降管带汽，影响水循环。

（5）循环回路中个别管子，由于焊接或杂物造成阻力大，本根管子循环破坏。

（6）排污操作不正确。

（7）汽水分层发生在比较水平的管内或循环流速过低，水循环失常时，连续流经蒸发管内壁的水膜破坏了，管子得不到足够的冷却而过热，造成鼓包或爆管。

**1044. 水冷壁结渣会对锅炉造成什么影响？**

**答：**水冷壁结渣时，工质吸热量减少，烟气温度升高，排烟热损失增加，过热蒸汽温度也升高，因此会降低锅炉热效率。

**1045. 自然循环锅炉的循环系统由哪些部分组成？**

**答：**自然循环锅炉的循环系统由汽包、下降管、水冷壁、联箱、连接管等设备组成。

**1046. 什么是水的含氧量？对锅炉产生什么影响？**

**答：**水的含氧量是指在单位容积的水中含有氧气的多少。

水中溶解氧、二氧化碳气体对锅炉金属壁面会产生腐蚀。含氧量越大，对金属壁面腐蚀越严重，因此，必须采取除氧措施，而且溶解的氧含量越少越好。

**1047. 什么是水垢？水垢是怎样形成的？**

**答：**水中含有许多矿物质（盐类），由于水的升温，一部分沉积在受热面上，这种物质就是水垢。

水垢生成的主要原因：水在锅炉中连续不断地加热、升温，使水中的没被处理出来的盐类物质因水不断蒸发而浓缩，达到极限溶解度之后，便从水中析出，形成沉淀物。

**1048. 炉外水处理包括哪些过程？**

**答：**炉外水处理包括除去天然水中的悬浮物和胶体杂质的澄清、过滤等预处理，除去水中溶解的钙镁离子的软化处理，除去水中全部溶解盐类的除盐处理。

**1049. 事故放水管能把汽包里的水放光吗？为什么？**

**答：**事故放水管能把汽包里的水放光。

因为事故放水的取水口一般都在汽包正常水位处（接到汽包内中间位置左右），所以它不会把汽包里的水放光。

**1050. 汽包检修常用工具有哪些？**

**答：**汽包检修常用工具有手锤、钢丝刷、扫帚、锉刀、錾子、刮刀、活扳子、风扇、12V 行灯和小撬棍等。

**1051. 影响省煤器磨损的因素有哪些？**

**答：**影响省煤器磨损的主要因素有飞灰浓度、灰粒特性，受热面的布置与结构方式、运行工况、烟气流速等。

**1052. 对水冷壁管、省煤器管材的要求是什么？**

**答：**对水冷壁管材的要求主要有：

（1）传热效率高。

（2）有一定的抗腐蚀性能。

（3）水冷壁管的金属具有一定的强度，以使得管壁厚度不致过厚，过厚的管壁会使加工困难并影响传热。

（4）工艺性能好，如冷弯性能、焊接性能等。

（5）在某些情况下，例如在直流锅炉上还要求钢管材料的热疲劳性能好。

对省煤器管材的主要要求：

（1）有一定的强度。

（2）传热效率高。

（3）有一定抗腐蚀性能及良好的工艺性能。

（4）对省煤器管金属还应着重考虑其热疲劳性能，以便省煤器管金属在激烈的温度波动工作条件下，不至于因热疲劳而过早地损坏。

### 1053. 就地水位计指示不准确有哪些原因？

**答：**就地水位计指示不准确的原因如下：

（1）水位计的汽水连通管堵塞，会引起水位计水位上升，如汽连通管堵塞，水位上升较快；水连管堵塞，水位逐渐上升。

（2）水位计放水门泄漏，就会引起水位计内的水位降低。

（3）水位计有不严密处，使水位指示偏低；汽管漏时，水位指示偏高。

（4）水位计受到冷风侵袭时，也能使水位低一些。

（5）水位计安装不正确。

### 1054. 水位计的汽水连通管为什么要保温？

**答：**锅炉汽包中实际水位比水位计指示的水位略高一些，这是因为水位计中的水受大气冷却低于锅水温度，重度较大，而汽包中的水不仅温度较高，并且有很多汽泡，重度较小。为了减少水位指示的误差，水位计与汽包的连通管必须进行保温，这主要是为了防止蒸汽连通管受冷却时产生过多的凝结水，以及水连通管过渡冷却时产生太大的重度差，尤其是水连通管的保温，对指示的准确性更为重要。因此，水位计的汽水连通管要进行保温。

**1055. 凝渣管为什么能防止结渣？**

答：炉膛出口处的水冷壁管被拉稀后，使出口烟气流动畅通，并能够进一步冷却烟气，使炉膛出口烟气温度低于灰熔点 50～100℃。这样，烟气中半熔融状态的灰渣便能迅速凝固下来，从而防止在炉膛出口和过热器入口产生结渣而堵塞烟道。

**1056. 检修中水冷壁割管取样的意义何在？**

答：为了解掌握水冷壁的腐蚀结垢情况，大修时要进行水冷壁管检查，由化学监督人员用酸洗洗垢法算出结垢量，以确定是否进行锅炉化学清洗。

**1057. 简述省煤器"翻身"做法。**

答：为了节省检修费用，允许利用管排钢材的使用价值，检修中可采用一种省煤器"翻身"的做法，即将省煤器蛇形管整排拆出，经过详细检查后，再"翻身"装回去，使已磨薄的半个圆周处于烟气流的背面，而未经磨损，基本完整的半圆周处于烟气流正面，承受磨损。这样，翻身后的管子又可使用相当于一个周期的 60%～80% 的时间，即保证了设备的健康水平，又节省了钢材。

**1058. 省煤器在什么情况下考虑改进结构？**

答：省煤器管子局部磨损速度大于 0.1mm/年的部位必须加装防磨瓦，均匀磨损速度大于 0.25mm/年的省煤器应考虑改进结构。

**1059. 汽包人孔门检修和密封垫片的安装注意事项有哪些？**

答：汽包人孔门检修除需检查密封面外，还要检查铰链是否有裂纹及腐蚀等缺陷，要清理干净污垢，保持铰链的开关自如。

安装垫片要注意，避免磕碰垫片，压合人孔门时应将人孔门轻轻抬起、对正人孔，禁止压上垫片后再对正人孔，拉伤垫片。

**1060. 汽包内汽水分离装置的检修注意事项有哪些？**

答：检修汽水分离装置应十分小心，损伤分离装置会严重影响锅炉的安全和稳定运行，检修注意事项如下：

（1）及时请化学监督检查。

（2）仔细清理分离器表面和内部水垢，确定是否存在垢下腐蚀、裂纹，但是注意避免划伤金属保护膜，切忌使用砂轮片打磨。

（3）分离装置拆卸前应按前后左右的顺序进行编号，装复时应按编号顺序进行。

（4）分离装置的螺栓、螺母和销子拆卸后须确认个数和损坏情况，分类放置。

（5）禁止用未处理过的生水进行水冲洗。

（6）仔细记录缺陷和处理情况。

**1061. 汽包检修需做好哪些安全防护工作？**

答：汽包检修应做好人员和设备的安全防护工作，主要有如下几点：

（1）人员需穿好连体防护服，进出汽包需做好登记，设专人在人孔门处不间断监护，监护人应能够随时切断工作电源。

（2）汽包人孔门处应装设大小合适的轴流风机强制通风。

（3）汽包内部下降管、排污管等管口要密封，防止落入异物。

（4）进入汽包内的电动工具应满足 GB 26164.1—2010《电业安全工作规程：热力和机械部分》的要求，使用 24V 安全电压，或者使用带有动作可靠的漏电保护器的二类电动工具。

（5）汽包内进行火焰切割作业时，应控制人员数量，不应多于 3 人。工作中要连续强制通风。

（6）所有出入汽包的工器具、零件应做好登记，在每日工作结束时清点核对，避免遗漏。

**1062. 水位计使用中的注意事项有哪些？**

答：水位计使用中的注意事项如下：

（1）水位计零水位标识在观察罩的标尺上，要求水位计零水位与汽包实际控制水位线一致。

（2）水位计解裂后重新投运时，需要充分预热。首先开启水位计排污阀，然后开启汽侧一次阀至全开，再将水位计的汽阀缓慢开启 1/5 圈，让微弱汽流通过 20～30min，使水位计本体温度相对稳定，顺序关闭一次阀、二次阀、排污阀。

（3）水位计阀门内设有保险子，即钢球保护装置，投运前该阀门处于关闭状态。投运时先开启一次阀，然后将水位计的汽阀缓慢开启 1/5 圈，再将水阀缓慢开启 1/5 圈，即将关闭状态阀门的手轮逆时针旋转 1/5 圈，待水位正常后，汽阀、水阀交替开启，直至全开。否则如水位计阀门一次全开，保险子会将通道堵死，出现假水位而造成严重事故。如果因错误操作引起保险子堵死通道时，应立即处理，处理方法：立即关闭阀门，不得延误时间，然后按上述开启阀门方法重新操作一次。锅炉正常运行时要全开本水位计的汽、水阀门，否则保险子起不到保护作用。

（4）水位计在排污时，应先关闭汽、水阀门，然后开启排污阀门排污，排污后关闭排污阀，然后正确投运水位计。

锅炉初上水或者升压时，如果汽、水分界面显示不清，是因为锅炉内水质不清洁或压力不稳定所造成的暂时现象，稳定一段时间后即能清晰显示水位。

### 1063. 水位计维护中的注意事项有哪些?

**答：** 水位计维护中的注意事项如下：

（1）水位计的红、绿玻璃装在同一玻璃架上，绿色玻璃在表体右侧，切勿装反；否则会形成汽绿、水红，对水位造成误判，产生严重后果。

（2）必须定期更换水位计云母密封组件，在正常显示情况下也应每半年更换一次，以防止发生泄漏爆表事故。特殊情况时，如云母片结垢严重，无法冲洗时，也应立即更换云母组件。同时，对光源箱进行彻底清洁，清洁冷光射灯（柱状卤钨灯）及红绿玻璃（柱面镜），保证清晰度和良好的透光性能。

（3）更换水位计云母密封组件时应注意：

1）将水位计的一次阀、二次阀关闭，拆下水位计（最好是备用一台水位计以便更换，确保正常监视水位），冷却后将表体平放于工作台或平台上进行检修，避免因表体、螺柱、螺母的热膨胀率不同而导致的螺柱咬丝、折断现象发生。拆卸螺母、螺柱前应喷洒松动液，待松动液充分渗透后再拆卸，拆卸时应先加外力振动，再逐渐加力松动，拆下螺母。切勿采用加长套筒方式或一次加力过大，造成螺柱咬丝、折断。各压盖拆下后应做好记号，复装时对号入座。

2）清洁密封面时，注意不要划伤密封面，密封面应无麻点、沟痕，否则要进行修研、加工。

3）压盖双头螺柱应光洁、无毛刺、无乱扣等缺陷，若有拉长、塑性变形，必须予以更换。若1块压盖上的4枚双头螺柱有2枚以上的双头螺柱损坏，必须更换该压盖上的所有双头螺柱；若双头螺柱拧断的，须上钻床将断头钻出，注意不得破坏螺孔螺纹；若螺母有乱扣、六方不规整、端面不平，则必须更换该螺母。

4）石墨垫片应完整，无折痕、撕裂现象；云母片边角整齐，无起皮、龟裂、折痕，注意密封组件只能使用1次。

5）安装云母密封组件时，要严格按照密封组件的上、下顺序安装（接触介质侧为下）。

6）安装压盖时，按拆卸时做的记号，复装压盖，螺母先用手拧紧，再对角紧固螺母，逐渐加力，预紧力要均匀，用90、120、150、180N·m的力分4次拧紧，最后由同一个人用180N·m的力矩，将全部螺母紧一遍，保证紧固力均匀。紧固顺序为①→④→②→③，如图13-4所示。

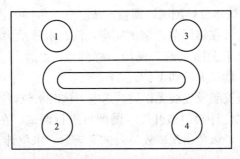

图13-4 汽包云母水位计压盖

（4）水位计设计使用在600MW锅炉机组上，其技术指标与50、200、300MW的水位计完全不同，在更换密封组件时，不可通用，否则会出现泄漏等事故，造成严重后果。

（5）水位计因水质各异，长期运行也会结垢，导致红绿色显示不清晰，根据实际情况需进行冲洗，冲洗方法分为：汽冲洗、水冲洗。

1）汽冲洗：首先将水位计的一次阀、二次阀完全关闭，然后开启排污阀，将汽侧一次阀开启至全开，再将汽侧二次阀缓慢开启1/5圈，再利用高压蒸汽冲洗结垢的云母片，通过控制汽侧二次阀的开度来调节高压蒸汽的流量，冲洗时间为3～5min，若水位计已清晰，可停止冲洗工作。冲洗完毕，顺序关闭一次阀、二次阀、排污阀。

2）水冲洗：首先关闭汽包水位计汽侧一次阀、二次阀，水侧二次阀，隔离汽包水位计。然后打开汽包水位计排污阀，待水放净后关闭排污阀，此时便开始水位计的冲洗工作。冲洗水位计时由开、关水侧二次阀来控制冲洗水的压力，缓慢并微开汽包水位计水侧二次阀，使水依次流过水侧二次阀、水汽侧阀之间的连通管、汽侧二次阀、水位计，使水位计充满水，然后关闭水侧二次阀，开启排污阀，依靠水位计内的压力与水的自重带走污垢。反复冲洗几次后检查，若水位计已清晰，可停止冲洗工作。

（6）若经过多次反复冲洗水位计仍不清晰时，为安全起见应停止冲洗，更换云母密封组件。

**1064. 简述水位计测试、调整方法。**

**答：**水位计在出厂前已调试完毕，汽、水显示为汽红、水绿，汽、水阀门处于关闭状态。现场如感到汽红、水绿显示不理想，可进行调试，调试方法如下：

（1）检查安装及连线无误后，送电，这时水位计应显示全红。

（2）将水位计阀门微开1/5圈即可进行调试，在调试中阀门不得完全打开，以免出现事故。调试完毕后，水位计正常运行时，阀门必须全开。

（3）调整光源箱侧面的上、下调整螺钉，改变红、绿玻璃架的左右位置，调整红、绿光路，使得红光在汽相部分完全透过观测窗。绿光被吸收，同时绿光在液相部分完全透过观测窗；红光被吸收，从而达到汽红、水绿的最佳显示效果。

（4）当配水位电视监视系统时，其调整方法为：面对水位计正前方，距离为 2～5m 之间均可，摄像机轴线与水位计标尺的零位线应处于同一平面内，且垂直于观测面来观察水位计的液面位置。此时如果监视器的显示效果不理想，可重新调试，直至监视器显示液面清晰，即汽红、水绿。

**1065. 简述水位计维护质量标准。**

**答：**（1）水位计表体。

1）所有焊口符合高压容器焊接标准。

2）所有密封面均严格密封。强度试验到公称压力的 1.5 倍，密封试验到工作压力的 1.25 倍，两项试验保压时间不得少于 7min，不得有滴水、冒汗等泄漏现象。

（2）水位计光源罩。

1）表面清洁美观。

2）所有透光元器件应清洁，及时除尘。

3）接线整齐，无虚接现象。

4）所有调整部件应具有锁紧性。

（3）高压截止阀。

1）所有密封面均严格密封。强度试验到公称压力的 1.5 倍，保压时间不得少于 7min，不得有滴水、冒汗等泄漏现象。

2）多次动作无泄漏。关可关至全关，开可开至全开，钢球安全装置动作灵活。

（4）成套整机。

配合水位工业电视监视系统进行联机调试，水位显示清晰，无红绿混光现象。所有泄漏点都能完好密封，调试后经过 48h 运行，显示效果不应有明显变化。

**1066. 简述水位计的工作原理。**

**答：**由光源发出的光通过红、绿玻璃片，分别滤成红、绿光，经过柱面镜（在采用不同的光源时，为获得更好的显示效果该柱面镜可以不配）射向表体的观测窗，在表体的汽相部分，红光射向正前方，而绿光斜射到壁上被吸收；与此同时在液相部分，由于水的折射作用使得绿光射向正前方，而红光斜射到壁上被吸收。因此，在正前方观察将获得汽红、水绿；汽满全红、水满全绿的显示效果，如图 13-5 所示。

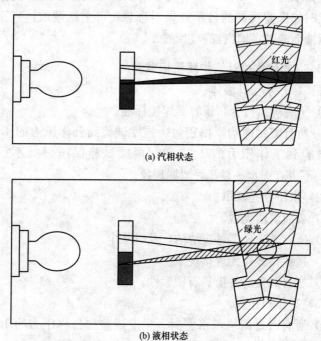

(a) 汽相状态

(b) 液相状态

说明：涂黑表示红玻璃片及红色光路，不涂黑表示绿玻璃片及绿色光路。

图 13-5　汽包水位计工作原理图

# 第三节　锅炉蒸汽系统

### 1067. 过热蒸汽温度高有什么危害？

**答**：过热蒸汽温度过高，会使过热器管、蒸汽管道、汽轮机高压部分等产生额外热应力，还会加快金属材料的蠕变，缩短设备的使用寿命；当发生超温时，甚至会造成过热器爆管。因此，蒸汽温度过高对设备的安全有很大的威胁。

**1068. 锅炉受热面管道的长期过热爆管的破口外观有什么特征？**

**答**：管子的破口并不太大，破口的断裂面粗糙、不平整，破口的边缘是钝边并不锋利，破口附近有众多的平行于破口的轴向裂纹，破口外表面有一层较厚的氧化皮，氧化皮很脆，易剥落，破口处的管子胀粗不是很大。

**1069. 受热面管子短期过热爆管爆口有何特征？**

**答**：破口附近管子胀粗较大，破口张嘴很大，呈喇叭状，破口边缘锐利减薄较多，断裂面光滑，破口两边呈撕薄撕裂状，在水冷壁管的短期过热爆管破口内壁，由于爆管时管内汽水混合物急速冲击，而显得十分光洁，并且短期过热爆管的管子外壁一般呈蓝黑色。

**1070. 为什么要做超温记录？**

**答**：任何金属材料的受热面部有一个极限使用温度。当金属的实际壁温超过了允许温度时，金属的组织性能就会发生很大的变化，从而加速并导致承压部件的损坏。因此，主蒸汽管道、联箱、过热器、再热器等高温部件都要做好超温记录，统计超温时间以及超过允许温度的最高温度，从而对管子的寿命进行监督。

**1071. 高压、超高压锅炉中，为什么采用屏式过热器？**

**答**：随着锅炉参数向高温、高压方向发展，水的汽化热逐渐减小，而蒸汽过热所需的过热量大大增加，即蒸发受热面吸热量比例下降，而过热器吸热量比例上升，对于燃用固体燃料——煤的锅炉，从防止对流受热面结渣的角度考虑，炉膛出口烟气温度不能过高要求把一部分过热器布置在炉膛内，一方面吸收炉内火焰的辐射热，又可使烟气降到一定温度，防止对流受热面过热结渣；另一方面吸收屏间烟气的辐射和对流传热的热量，即保证过热蒸汽温度高的要求，因此，一般都在炉顶布置屏式过热器。

**1072. 受热面管内结垢有什么害处？**

**答**：受热面管内结垢的害处如下：

（1）影响传热，降低锅炉热效率，浪费燃料。

(2) 引起金属受热而过热，损坏设备，缩短使用寿命。

(3) 破坏正常的锅炉水循环。

(4) 产生垢下腐蚀。

**1073. 简述受热面管子的清扫方法。**

**答：** 受热面管子的清扫一般是用压缩空气吹掉浮灰和脆性的硬灰壳，而对黏附在受热面管子上吹不掉的灰垢，则用刮刀、钢丝刷、钢丝布等工具来清除。

**1074. 受热面管子清扫后应达到什么要求？**

**答：** 要求个别管子的浮灰、积垢厚度不超过 0.3mm。通常用手锤敲打管子，不落灰即为合格。对不便清扫的个别管子外壁，其硬质灰垢面积不应超过总面积的 1/5。

**1075. 热弯管工序分为哪几步？**

**答：** 热弯管工序可分为砂粒准备、灌砂振实、均匀加热、弯管、除砂，质量检查。

**1076. 弯管椭圆度的两种表示方法是什么？**

**答：** 弯管椭圆度的两种表示方法如下：

(1) 用毫米表示：最大直径－最小直径。

(2) 用百分数表示：最大直径－最小直径/原有直径×100%。

**1077. 坡口的形式有几种？**

**答：** 坡口的形式有 V 形坡口、U 形坡口、双 V 形坡口、X 形坡口四种。

**1078. 坡口工具有哪几种？弯管工具有哪几种？**

**答：** 坡口工具有手动坡口机、内塞式电动坡口机、外卡式电动坡口机，弯管工具有手动弯管机、电动弯管机、中频弯管机。

**1079. 管子的胀粗一般发生在哪些部位？**

**答：** 管子的胀粗一般发生在过热器、再热器高温烟气区域的管排上，特别是烟气入口的头几排管子，以及管内蒸汽冷却不足的管子。水冷壁管也有可能发生胀粗。

**1080. 检查管子磨损重点在什么区域？**

**答**：检查管子磨损重点在磨损严重的区域，必进行逐根检查，特别注意管子弯头部位，顺列布置的要注意烟气入口处 3～5 排管子，错列布置的管束要注意烟气入口处 1～3 排管子。

**1081. 管子磨损判废标准是什么？**

**答**：对于省煤器、水冷壁管子，磨损超过管壁厚度的 1/3 时应判废；对于过热器、再热器管子，磨损超过管壁厚度的 1/4 时应判废。

**1082. 什么是锅炉低温对流受热面的低温腐蚀？**

**答**：燃料中的硫分，燃烧后生成二氧化硫，其中小部分还会生成三氧化硫，与烟气中的水蒸气形成硫酸蒸汽。当受热面壁温低于硫酸蒸汽的露点时，就会凝结在壁面上腐蚀受热面；另外二氧化硫直接溶于水，当壁温达到水露点时，有水蒸气凝结生成亚硫酸，对金属产生腐蚀。低温受热面的腐蚀与低温沾灰是相互促进的。

**1083. 减轻低温腐蚀的措施有哪些？**

**答**：减轻低温腐蚀的措施如下：

（1）燃料脱硫：利用重力分离黄铁矿石。

（2）低氧燃烧：它能使烟气露点下降。

（3）添加白云石等添加剂：能吸收二氧化硫。

（4）采用热风再循环或暖风器：提高壁温。

（5）空气预热器冷端采用抗腐蚀材料。

**1084. 电厂过热器管和主蒸汽管的用钢要求如何？**

**答**：电厂过热器和主蒸汽管的用钢要求如下：

（1）过热器管和主蒸汽管金属要有足够的蠕变强度、持久强度和持久塑性，通常在进行过热器管强度计算时，以高温持久强度极限为主要依据，再以蠕变极限来校核，过热器和蒸汽管道的持久强度高时，一方面可以保证在蠕变条件下的安全运行，另一方面还可以避免因管壁过厚而造成加工工艺和运行上的困难。

（2）要求过热器管和蒸汽管道金属在长期高温运行中组织性质、稳定性好。

（3）要有良好的工艺性能，其中特别是焊接性能好，对过热器管还要求有良好的冷加工性能。

（4）要求钢的抗氧化性能高，通常要求过热器和蒸汽管在金属运行温度（即管壁温度）下的氧化深度应小于 0.1mm/年。

**1085. 怎样做好锅炉受热面管子的监督工作？**

答：锅炉受热面管子的监督工作如下：

（1）安装和检修换管时，要鉴定钢管的钢种，以保证不错用钢材。

（2）检修时应有专人检查锅炉受热面管子有无变形磨损、刮伤、鼓包胀粗及表面裂纹等情况，发现问题要及时处理，做好记录。

（3）当合金钢管的外径胀粗大于或等于 2.5%、碳钢管的外径胀粗 3.5%、表面有纵向的氧化微裂纹、管壁明显减薄或严重石墨化时，应及时更换管子。

（4）选择具有代表性的锅炉，在壁温最高处取样，检查壁厚、管径、组织碳化物和机械性能的变化。

**1086. 简述双 V 形坡口的特点。**

答：坡口填充金属量小、焊接速度快、热应力小。

**1087. 简述用手动弯管机制作 90°弯头的过程。**

答：用手动弯管机制作 90°弯头的过程如下：

（1）将管子安置在工作扇轮和滚轮的型槽中间。

（2）用夹子将管子固定在工作扇轮上。

（3）转动工作扇轮或滚轮，另外一个固定不动，使其弯曲到 90°～95°。

（4）解开夹子将弯管取出。

**1088. 为什么要考虑汽水管道的热膨胀和补偿？**

答：汽水管道在工作时温度可达 450～580℃，而不工作时温度均为室温，即 15～30℃；温度变化很大，温差为 400～500℃。这些管道在不同工作状态下，即受热和冷却过程中，都要产生热胀冷缩。当管道能自由伸缩时，热胀冷缩不会受到约束及作用力。但管道都是受约束的，在热胀冷缩时，会受到阻碍，因而会产生很大的应力。如果管道布置和支吊架选择配置不当，会使管道及其相连热力设备的安全受到威胁，甚至遭到破坏。因此，要保证热力管道及设备的安全运行，必须考虑汽水管道的热膨胀及补偿问题。

**1089. 受热面管为什么要进行通球试验？**

**答：**通球试验能检查管内有无异物、弯头处椭圆度大小、焊缝有无焊瘤等情况，以便在安装时消除上述缺陷，防止管内堵塞引起爆管，保证蒸汽流通面积，防止增加附加应力，使管壁温度偏差小。

**1090. 做管子的通球试验时对选用的钢球有什么要求？**

**答：**选用钢球的直径为管内径的 80%～85%。

**1091. 蒸汽管道为什么要进行保温？**

**答：**高温高压蒸汽流过管道时，一定有大量热能散布在周围空气中，这样不但造成热损失，降低发电厂的经济性，而且使厂房内温度过高，造成运行人员和电动机工作条件恶化，并有人身烫伤的危险。因此，电力工业法规中规定所有温度超过 50℃的蒸汽管道、水管、油管及这些管道上的法兰和阀门等附件均应保温。在周围空气温度为 25℃时保温层表面温度不应高于 50℃。

**1092. 蒸汽管道内为什么会产生水冲击？**

**答：**蒸汽管道内产生水冲击的原因如下：

（1）在输送蒸汽前，没有对蒸汽管道进行暖管疏水或疏水不彻底。

（2）锅炉高水位运行，增加负荷过急，锅炉满水或汽水共腾等，使饱和蒸汽大量带水，将锅水带入蒸汽管道内。

（3）蒸汽管道设计不合理，不能很好疏水，或疏水装置不合理，造成不能及时排除管道内的凝结水。

（4）锅炉点水后投入运行时，开启主汽阀过快或过大等。

### 1093. 垂直式过热器的优、缺点各是什么？

**答**：垂直式过热器的优点是支吊简单、方便、安全，积灰、结焦的可能性也小。

垂直式过热器的缺点是疏水不易排出，停炉时管内积水，容易腐蚀管壁金属。另外，点火时，若管内空气排不尽，容易烧坏管子。

### 1094. 水平式过热器的优、缺点各是什么？

**答**：水平式过热器的优点是不易积水，疏水、排气方便。

水平式过热器的缺点是容易积灰、结焦，影响传热，而且其支吊架全部放在烟道内，容易烧坏，需要较好的金属材料。

### 1095. 锅炉受热面管子弯管时对椭圆度有什么要求？

**答**：弯曲半径 $R < 2.5D_w$（管子外径）时，椭圆度不应超过 $12\%$；弯曲半径 $R$ 为 $(2.5\sim 4)$ $D_w$ 时，椭圆度不应超过 $10\%$；弯曲半径 $R > 4D_w$ 时，椭圆度不应超过 $8\%$。

### 1096. 锅炉排污扩容器有几种？它们有什么作用？

**答**：锅炉有连接排污扩容器和定期排污扩容器。

它们的作用是：当锅炉排污水排进扩容器后，容积扩大，压力降低，同时饱和温度也相应降低。这样原来压力下的排污水在降低压力后，有一部分热量被释放出来，这部分热量作为汽化热被水吸收，而使部分排污水汽化，从而可以回收一部分蒸汽和热量。

### 1097. 锅炉排污水系统管道的工作特点是什么？

**答**：锅炉排污水管道包括从汽包引出的连续排污管道和从水冷壁下联箱引出的定期排污管道。高压锅炉的排污管道从压力方面看属于高压管道，但工作温度不高，同时排污水都含有水渣和具有一定碱性的锅水，因此，这部分管道多采用小直径碳钢管道。

设备检修时排除锅内的凝结水，并为减少工质损失而回收。

**1098. 蒸汽管道上为什么要装疏水阀？**

答：蒸汽管道在暖管和运行过程中将产生凝结水，如凝结水不能及时排出，将造成管道内水冲击现象而引起管道落架甚至破坏，因此，在蒸汽管道上要装疏水阀。

**1099. 蒸汽管道上的疏水阀应装设在什么部位？**

答：蒸汽管道上的疏水阀应装设在以下部位：

(1) 管段的最低位。

(2) 若具有两道阀门的管段，则装在第二道阀门前（按蒸汽流动方向）。

(3) 若阀门各有上升的垂直管段，则装在垂直管段和阀门之间。

# 第四节 阀 门

**1100. 阀门检修时，应准备的工具有哪些？**

答：阀门检修时，应准备的工具包括各种扳手、手锤、錾子、锉刀、撬棍、24～36V 行灯、各种研磨工具、螺丝刀、套管、大锤、工具袋、换盘根工具等。

**1101. 简述选用密封垫片的原则。**

答：应根据介质的工作压力、工作温度、密封介质的腐蚀性、结合密封面的形式选用垫片。

**1102. 蒸汽阀阀芯与阀座接触面渗漏水的原因是什么？**

答：蒸汽阀阀芯与阀座接触面渗漏水的原因如下：

(1) 接触面夹有污垢。

(2) 阀门没有关严。

(3) 接触面磨损。

(4) 阀瓣与阀杆间隙过大，造成阀瓣下垂或接触不好。

**1103. 常用的阀门填料有哪几种？**

答：常用的阀门填料如下：

(1) 油浸棉、麻软填料。

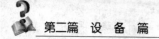

（2）油浸石棉填料和橡胶石棉填料。

（3）纯氟塑料。

（4）散状石棉填料。

（5）柔性石墨填料。

### 1104. 简述阀门解体的步骤。

答：阀门解体的步骤如下：

（1）首先清除阀门外部的灰垢。

（2）在阀体及阀盖上打记号（防止装配时错位），然后将阀门门杆置于开启状态。

（3）拆下传动装置并解体。

（4）卸下填料压盖螺母，退出填料压盖，清除填料。

（5）卸下阀盖螺母，取下阀盖，铲除垫料。

（6）旋出阀杆，取下阀瓣，妥善保管。

（7）取下螺纹套筒和平面轴承。

### 1105. 高压阀门阀体和阀盖砂眼、裂纹产生的原因有哪些？

答：高压阀门阀体和阀盖砂眼、裂纹产生的原因如下：

（1）制造时铸造不良，产生裂纹或砂眼。

（2）阀体补焊中产生应力裂纹。

（3）运行中温度变化。

### 1106. 柔性石墨材料的优点是什么？

答：柔性石墨材料是一种不含任何黏结剂的纯石墨制品，其优点如下：

（1）回弹性好，切口填料能弯曲成 90°以上。

（2）可在－200～1600℃下工作。

（3）使用压力可达 31.36MPa。

（4）耐磨、防腐蚀性能好，摩擦系数低，自润滑性良好，而且具有良好的不渗透性。

### 1107. 电动阀门对驱动装置有什么要求？

答：电动阀门对驱动装置有如下要求：

（1）应具有使阀门进行开关的足够转矩。

（2）应能保证开阀和关阀具有不同的操作转矩。

（3）能提供关阀时所需的密封力。

（4）应能保证阀门操作时要求的行程。

（5）应具有合适的操作速度。

（6）应能适应阀门的总转圈数。

（7）应具有手动操作的机构。

（8）应能适应运行过程的环境条件。

（9）应能脱离阀门安装。

（10）应有力矩保护及行程限位装置。

**1108. 高压阀门门盖法兰多用齿形垫，为什么？**

**答：**在启动过程中，因高压阀门保温差，法兰与螺栓温差较大，使螺栓所受的热应力增大，但由于齿形垫的塑性变形，会使螺栓所受热应力减少，从而保证螺栓的安全。

**1109. 给水调节阀检修有什么要求？**

**答：**给水调节阀检修有如下要求：

（1）窗口要对正且符合要求。

（2）阀瓣径向间隙控制在一定范围，一般为 0.05～0.15mm。

（3）无杂物堵住传动部位，传动装置灵活、可靠。

**1110. 简述阀门的阀瓣和阀座产生裂纹的原因。**

**答：**阀门的阀瓣和阀座产生裂纹的原因如下：

（1）合盒钢密封面堆焊时产生裂纹。

（2）阀门两侧温差太大。

**1111. 简述检查安全阀弹簧的方法。**

**答：**检查安全阀弹簧可用小锤敲打，听其声音，以判断有无裂纹。若声音清亮，则说明弹簧没有损坏；若声音嘶哑，则说明有损坏，应仔细查出损坏的地方，然后再由金属检验人员选 1～2 点做金相检查。

**1112. 更换高压阀门时其对口有何要求？**

答：高压阀门的安装均为焊接，其对口有较为严格的要求。首先，吊到安装位置时，应对标高、坡度或垂直度等进行调整；其次，对口时可在管端装设对口夹具，依靠对口夹具上的螺栓调节阀门的轴线位置，使其与管口同心，同时依靠链条葫芦和人力移动，使对口间隙符合焊接要求。对口调节好后即可进行对口焊接，这时应注意两端的临时支承和固定，避免阀门重量落在焊缝上，避免强力对口。

**1113. 当研磨产生缺陷时，可从哪些方面分析原因？**

答：当研磨产生缺陷时，可从以下方面分析原因：

（1）清洗工作。

（2）研磨剂的选用。

（3）研磨具的材料和制造精度。

（4）操作方法是否正确。

**1114. 简述研磨膏的配制步骤。**

答：研磨膏的配制步骤如下：

（1）将研磨剂和磨料混合。

（2）加入少量石蜡、蜂蜡等填料。

（3）加入油酸、脂肪酸、硬脂酸等黏性较大而氧化性强的物质。

（4）对上述混合物进行充分调和即可。

**1115. 阀门检修前应做哪些准备工作？**

答：阀门检修前应做以下准备工作：

（1）准备工具。包括各种扳手、手锤、錾子、锉刀、撬棍、24～36V行灯、各种研磨工具、螺丝刀、套管、大锤、工具袋、换盘根工具等。

（2）准备材料。包括研磨料砂布、盘根、螺栓、各种垫片、机油、煤油及其他消耗材料。

（3）准备现场。包括有些地方需搭架子，及为方便拆卸可提前对阀门螺栓喷松动剂。

（4）准备检修工具盒。高压阀门大部分是就地检修，将所用的工具材料、零件装入工具盒内。

**1116. 中低压阀门法兰泄漏的原因是什么?**

**答:**中低压阀门法兰泄漏的原因如下:

(1) 填料的材质或规格选择不当。

(2) 填料压盖未压紧法兰或压偏。

(3) 加装填料的方法不当。

(4) 阀杆表面粗糙度高或变成椭圆。

(5) 阀杆与密封环间隙过大。

(6) 法兰与阀杆或盘根室间隙过大。

**1117. 中低压阀门法兰泄漏的消除方法有哪些?**

**答:**中低压阀门法兰泄漏的消除方法如下:

(1) 根据介质的压力、温度等特性选择合乎要求的填料。

(2) 检查并调整填料压盖,均匀用力拧紧压盖螺栓。

(3) 按正确的方法重新添加填料。

(4) 修理或更换阀杆。

(5) 调整阀杆与盘根室及法兰的间隙。

**1118. 简述阀门法兰泄漏的原因。**

**答:**阀门法兰泄漏的原因如下:

(1) 螺栓紧力不够或紧偏。

(2) 法兰垫片损坏。

(3) 法兰接合面不平。

(4) 法兰结合面有损伤。

(5) 法兰垫材料或尺寸用错。

(6) 螺栓材质选择不合理。

**1119. 更换阀门法兰垫片时的注意事项有哪些?**

**答:**更换阀门法兰垫片时的注意事项如下:

(1) 垫片的选择。形式和尺寸应按照接合面的形式和尺寸来确定,材料应与阀门的工况条件相适应。

(2) 对选用的垫片,应仔细检查确认无任何缺陷后方可使用。

(3) 上垫片前，应清理密封面。

(4) 垫片安装在接合面上的位置要正确。

(5) 垫片只允许上 1 片。

### 1120. 简述阀门本体泄漏的原因和消除方法。

**答：** 阀门本体泄漏的原因是制造时铸造不良，有裂纹或砂眼，阀体补焊中产生应力裂纹。

消除方法：对泄漏处用 4‰硝酸溶液浸蚀便可显示出全部裂纹，然后用砂轮磨光或铲去有裂纹和砂眼的金属层，进行补焊。

### 1121. 大修后阀门仍不严密是什么原因造成的?

**答：** 大修后阀门仍不严密是因为研磨过程中有磨偏现象，手拿研磨杆不垂直所造成的，或者在制作研磨头和研磨座时，尺寸、角度和阀门的阀头、阀座不一致。

### 1122. 阀门手轮断裂的修复方法有几种?

**答：** 阀门手轮断裂的修复方法有三种：焊接法、粘接法和铆接法。

### 1123. 阀门在使用前应检查哪些内容?

**答：** 各类阀门使用前应检查：

(1) 填料用料是否符合设计要求，填装方法是否正确。

(2) 填料密封处的阀杆有无锈蚀。

(3) 开闭是否灵活，指示是否正确。

(4) 查明规格、钢号（或型号）、公称通径和公称压力是否符合原设计规定，并核对出厂证件。

### 1124. 简述阀门杆开关不灵的原因。

**答：** 阀门杆开关不灵的原因如下：

(1) 操作过猛使阀杆螺纹损伤。

(2) 缺乏润滑油或润滑剂失效。

(3) 阀杆弯曲。

(4) 阀杆表面粗糙度大。

(5) 阀杆螺纹配合公差水准，咬得过紧。

（6）阀杆螺母倾斜。

（7）阀杆螺母或阀杆材料选择不当。

（8）阀杆螺母或阀杆被介质腐蚀。

（9）露天阀门缺乏保养，阀杆螺纹沾满砂尘或者被雨露雪霜所锈蚀等。

（10）冷态时关得过紧，热态时胀住。

（11）填料压盖与阀杆间隙过小或压盖紧偏卡住门杆。

（12）填料压得过紧。

### 1125. 简述锅炉大修时安全门检修过程。

**答：**锅炉大修时安全门检修过程如下：

（1）安全措施的执行。

（2）安排检修工时（包括配合工时）。

（3）检修工艺和质量标准。

（4）检修后验收。

（5）安全阀热态校验。

### 1126. 更换管材、弯头和阀门时，应注意检查哪些项目？

**答：**更换管材、弯头和阀门时，应注意检查如下项目：

（1）查材质是否符合设计要求。

（2）有无出厂证件、采取的检验标准和试验数据。

（3）要特别注意使用温度和压力等级是否符合要求。

### 1127. 阀门活塞式气动装置的原理是什么？

**答：**活塞式气动装置适用于工作压差和公称通径较大的阀门，它由气缸、活塞和推杆即活塞杆组成，一般不设弹簧。执行机构的活塞杆随着活塞两侧的压力差值做无定位的移动。活塞两侧的气室均有进气孔。当向上部气室供气时，活塞向下移动并排出下部气室的空气。相反的，当向下部气室供气时，活塞向上移动并排出上部气室的空气。

### 1128. 阀门薄膜式气动装置的工作原理是什么？

**答：**阀门薄膜式气动装置由薄膜气室、薄膜、弹簧和推杆组成。薄膜在气压下产生的推力和弹簧的反推力一起加在推杆上。

推杆是和阀门阀杆连接的。阀门的初始状态靠弹簧压力维持。为使阀门转换到另一状态，薄膜上产生的推力必须克服弹簧的压力和阀门的阻力。

### 1129. 怎样更换阀门盘根？

**答：**更换盘根时，应先清理盘根室，然后将盘根分层压入，并应在每层中间加少许石墨粉，各层盘根的接头应错开 90°～120°，在压紧压盖时不应偏斜，并留有供继续压紧盘根的间隙，其预留间隙为 20～40mm（DN100 以下的阀门为 20mm，DN100 以上的阀门为 30～40mm）。压紧填料时应同时转动阀杆，以便检查填料紧固阀杆的程度，压盖压入盘根室的深度不能小于盘根室的 10%，也不能大于 20%。

### 1130. 怎样对阀门进行研磨？

**答：**阀门研磨，可分为研磨砂（或研磨膏）研磨、砂布研磨两种。

用研磨砂或研磨膏研磨分三步进行：

（1）粗磨。利用研磨头和研磨座，用粗研磨砂先将阀门的麻点或小坑磨去。

（2）中磨。更换一个新研磨头或研磨座，用比较细的研磨砂进行手工或机械化研磨。

（3）细磨。用研磨膏将阀门的阀瓣对着阀座进行研磨，直至达到标准。

用砂布磨，对于有严重缺陷的阀座的研磨可分为三个步骤：

（1）选用 2 号砂布把麻坑磨掉。

（2）用 1 号或零号砂布磨去粗纹。

（3）最后用抛光砂布磨一遍即可。如有一般缺陷，可先用 1 号砂布研磨，再用零号砂布或抛光布研磨，直至合格，对于阀瓣，若缺陷较大时，可以先用车床车光，再用抛光砂布放到研磨布上研磨一次即可。

### 1131. 阀门的盘根如何进行配制和放置？

**答：**先把盘根紧紧裹在直径等于阀杆直径的金属棒上，用锋利的刀子沿着 45°角把它切开，把做好的盘根环一圈一圈地放入填料盒中，各层盘根环的接口要错开 90°～120°，每放入两圈，要用填料压盖压紧一次。阀门换好盘根后，填料压盖与填料盒的上下间隙，应在 15mm 以上，在热态时或盘根泄漏时，再紧一次。

**1132. 脉冲式安全阀误动的原因有哪些？如何解决？**

答：脉冲式安全阀误动的原因及解决方法如下：

（1）脉冲式安全阀定值校验不准确或弹簧失效使定值改变。应重新校验安全阀或更换弹簧。

（2）压力继电器定值不准或表计摆动，使其动作。应重新验定值或采取压力缓冲装置。

（3）脉冲安全阀严密性差，当回座电磁铁停电或电压降低吸力不足时，阀门漏汽，使主阀动作。应恢复供电或测试电压。

（4）脉冲安全阀严重漏汽。应研磨检修脉冲安全阀。

（5）脉冲安全阀出口管疏水阀、疏水管道堵塞，或疏水管与压力管相连通。应使疏水管畅通，并通向大气。

**1133. 各类阀门安装方向应如何考虑？为什么？**

答：（1）闸形阀方向可以不考虑，闸形阀结构是对称的。

（2）对小直径截止阀，安装时应正装（即介质在阀门内的流向自下而上），开启时省力，而且在阀门关闭时阀体和阀盖间的衬垫和填料都不致受到压力和温度的影响，可以延长使用寿命。而且可在阀门关闭的状态下，更换或增添填料，对于直径为 100mm 的高压截止阀，安装时应反装（应使介质由上而下流动），这样是为了使截止阀在关闭状态时，介质压力作用于阀芯上方，以增加阀门的密封性能。

（3）止回阀安装方向应使介质流向与阀体标记方向一致，一般介质流动方向是由上而下流动，升降式止回阀应安装在水平管道上。

**1134. 为什么调节阀允许有一定的漏流量？检修完毕后要做哪些试验？**

答：调节阀一般都有一定的漏流量（指调节阀全关时的流量），这主要是由于阀芯与阀座之间有一定间隙。如果间隙过小，容易卡涩，使运行操作困难，甚至损坏阀门。当然阀门全关时的漏流量应当很小，一般控制在总流量的 5% 之内。

检修完毕后，调节阀应做开关校正试验。调节阀投入运行后，应做漏流量、最大流量和调整性能试验。

**1135. 对于弹簧支吊架的弹簧有哪些技术要求？**

**答：**对于弹簧支吊架的弹簧有如下要求：

（1）钢丝表面不得有裂纹、折叠、分层和严重氧化等缺陷。

（2）弹簧两端应有不少于 3/4 圈的拼紧圈。两端应磨平，磨平部分不少于 3/4 圈。

（3）弹簧的节距应均匀，节距偏差不大于 0.1 $(t-d)$，其中，$t$ 为节距，$d$ 为钢丝直径，且在允许压缩值范围内，弹簧工作圈不得相碰。

（4）弹簧两端面应与轴线垂直。弹簧倾斜度不应超过自由高度的 2%。

（5）弹簧在允许压缩值范围内，其荷重与设计荷重的偏差，不应超过 ±10%。

**1136. 锅炉管道和阀门为什么会冻坏？**

**答：**一般物质都是受热膨胀，受冷收缩，但水则不同。水在 4℃时体积最小，温度高于或低于 4℃时体积都会增大。这就是说，水积成冰，体积会增大，所以管道和阀门内的水遇冻后体积增大，会把管道和阀门冻坏。

**1137. 阀门的工作压力与温度之间是什么关系？**

**答：**阀门所能承受的压力与阀门的材质和工作温度有关，相同材质的阀门，其工作压力随使用温度的升高而降低。

**1138. 止回阀的工作原理是什么？**

**答：**止回阀是一种能自动动作的阀门，阀门的开闭借助于介质本身的能力来自动动作。当介质按规定方向流动时，阀瓣被介质冲开或抬起而离开阀座，介质流通；当介质停止流动或倒流时，阀瓣就下降到阀座上而将通道关闭。

**1139. 闸阀的密封原理是什么?**

**答**：闸阀也叫闸板阀，它是依靠闸板密封面与阀座密封面高度光洁、平整与一致，相互贴合来阻止介质流过，并依靠顶楔来增加密封效果，其关闭件沿阀座中心的垂直方向移动。

**1140. 阀门常用的密封面材料有哪些?**

**答**：阀门常用的密封面材料有 1Cr18Ni9Ti、1Cr18Ni2Mo2Ti 和 38CrMoAOA（氮化）。

**1141. 阀门阀杆的常用材料有哪些?**

**答**：阀门阀杆的常用材料有 38CrMoA1A（氮化）、20Cr1Mo1V1A（氮化）和 2Cr13。

**1142. 影响阀门密封性能的因素有哪些?**

**答**：影响阀门密封性能的因素主要有密封面质量、密封面宽度、阀门前后的压差、密封面材料及其处理状态、介质性质、表面的亲水性、密封油膜的存在、关闭件的刚性和结构特点。

**1143. 阀门电动装置中转矩限制机构的作用是什么?**

**答**：阀门电动装置中转矩限制机构的作用有两个：

（1）关严阀门。

（2）在出现事故性过转矩（阀门被卡住，不能开启）时，切断电动机的电源，以保护电动装置。

**1144. 安全阀在什么情况下需要校验?**

**答**：安全阀在下列情况下需要校验：

（1）长期存放或第一次使用之前。

（2）定期校验。

（3）大修后或严重损坏和锈蚀的阀修理后。

（4）阀门铭牌丢失时。

（5）阀门发生铅封损坏时。

**1145. 什么叫安全阀的振荡? 安全阀振荡有什么影响?**

**答**：安全阀振荡是指阀门处于迅速不断开关的状态时，会使安全阀排放能力降低并使压力升高。

安全阀振荡将造成阀座和阀瓣密封面的损坏。

**1146. 安全阀导向套位置的高低为什么对回座压力有影响？**

**答：**导向套能挡住喷出的蒸汽并使其向下喷射，使阀瓣受到反作用力而充分提升、改变导向套位置的高低，可控制蒸汽流动的方向，起到启座及回座的调节作用，导向套位置高、蒸汽喷出的气流较平坦，蒸汽升力小，回座压差就小，即回座压力高；反之，回座压力低。

**1147. 如何减少阀门在振动中产生的振动和噪声？**

**答：**减少阀门在振动中振动和噪声的方法有：

（1）引进结构设计，以减少机械振动。主要零件要有足够的刚性，阀杆和导向套等运动件的配合间隙要控制适当，并采用耐磨/耐热材料，防止间隙扩大；应用压力平衡结构减少不平衡力。

（2）减少气蚀。

（3）改进通道结构设计，以减少气流流速和湍流范围；此外，还可以加装消声器。

（4）控制阀门的启闭时间，以减少液击。

**1148. 安全阀的密封面损坏后会出现什么情况？**

**答：**安全阀的密封面工作条件极其苛刻，早期泄漏会吹损密封面，受热不均易引起阀瓣挠曲，装配歪斜、作用外力不对中、密封面不平整均会引起周围密封压力不均匀而发生泄漏，启座排放时间过长易吹损，回座时不及时截断流动介质或夹带杂质都将会损伤密封面。

**1149. 阀门如何编号、命名？**

**答：**阀门型号编制方法、阀门编号说明：

阀门型号通常应表示阀门类型、驱动方式、连接形式、结构特点、公称压力、密封面材料、阀体材料等要素。阀门型号的标准化对阀门的设计、选用、经销，提供了方便。当今阀门的类型和材料种类越来越多，阀门型号的编制也越来越复杂。我国虽然有阀门型号编制的统一标准，但逐渐不能适应阀门工业发展的需要。目前，阀门制造厂一般采用统一的编号方法；不能采用统一编号方法的，各生产厂可按自己的情况制订出编号方法。阀门编号示例如图 13-6 所示。

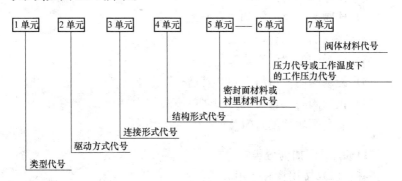

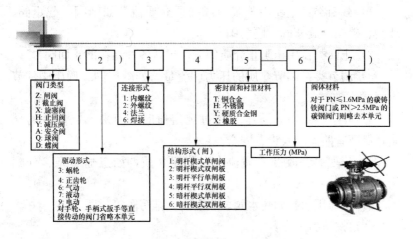

图 13-6　阀门编号

举例：Z543H-16C 伞齿轮传动法兰连接平板闸阀，公称压力 1.6MPa，阀体材料为碳钢。

阀门的命名：

阀门的名称按传动方式、连接形式、结构形式、衬里材料和类型命名。但下面内容在命名中均予省略：

（1）连接形式中："法兰"。

(2) 结构形式中:

1) 闸阀的"明杆""弹性""刚性"和"单闸板"。

2) 截止阀和节流阀的"直通式"。

3) 球阀的"浮动"和"直通式"。

4) 蝶阀的"垂直板式"。

5) 隔膜阀的"屋脊式"。

6) 旋塞阀的"填料"和"直通式"。

7) 止回阀的"直通式"和"单瓣式"。

8) 安全阀的"不封闭"。

**1150. 阀门如何分类?**

**答:**(1) 按用途和作用分类:

1) 截断类:主要用于截断或接通介质流。如闸阀、截止阀、球阀、碟阀、旋塞阀、隔膜阀。

2) 止回类:用于阻止介质倒流。包括各种结构的止回阀。

3) 调节类:调节介质的压力和流量。如减压阀、调压阀、节流阀。

4) 安全类:在介质压力超过规定值时,用来排放多余的介质,保证管路系统及设备安全。

5) 分配类:改变介质流向、分配介质,如三通旋塞、分配阀、滑阀等。

6) 特殊用途:如疏水阀、放空阀、排污阀等。

(2) 按压力分类:

1) 真空阀:工作压力低于标准大气压的阀门。

2) 低压阀:公称压力 PN 小于 1.6MPa 的阀门。

3) 中压阀:公称压力 PN 为 2.5~6.4MPa 的阀门。

4) 高压阀:公称压力 PN 为 10.0~80.0MPa 的阀门。

5) 超高压阀:公称压力 PN 大于 100MPa 的阀门。

(3) 按介质工作温度(用 $t$ 表示)分类:

1) 高温阀:$t > 450℃$ 的阀门。

2) 中温阀:$120℃ \leqslant t \leqslant 450℃$ 的阀门。

3）常温阀：$-40℃\leqslant t\leqslant 120℃$ 的阀门。

4）低温阀：$-100℃\leqslant t\leqslant -40℃$ 的阀门。

5）超低温阀：$t\leqslant -100℃$ 的阀门。

（4）按阀体材料分类：

1）非金属阀门：如陶瓷阀门、玻璃钢阀门、塑料阀门。

2）金属材料阀门：如铸铁阀门、碳钢阀门、铸钢阀门、低合金钢阀门、高合金钢阀门及铜合金阀门等。

（5）按公称通径分：

1）小口径阀门：公称通径 DN<40mm 的阀门。

2）中口径阀门：公称通径 DN50～300mm 的阀门。

3）大口径阀门：公称通径 DN350～1200mm 的阀门。

4）特大口径阀门：公称通径 DN≥1400mm 的阀门。

（6）按驱动方式可分为手动阀、电动阀、气动阀、液动阀等。

（7）按与管道连接方式分：

1）法兰连接阀门：阀体带有法兰，与管道采用法兰连接的阀门。

2）螺纹连接阀门：阀体带有螺纹，与管道采用螺纹连接的阀门。

3）焊接连接阀门：阀体带有焊口，与管道采用焊接连接的阀门。

4）夹箍连接阀门：阀体上带夹口，与管道采用夹箍连接的阀门。

5）卡套连接阀门：采用卡套与管道连接的阀门。

（8）通用分类法：该方法既按原理、作用又按结构划分，是目前国际、国内最常用的分类方法。一般分为闸阀、截止阀、节流阀、仪表阀、柱塞阀、隔膜阀、旋塞阀、球阀、蝶阀、止回阀、减压阀、安全阀、疏水阀、调节阀、底阀、过滤器、排污阀等。

**1151. 阀门有哪些功能？**

**答：**阀门是流体管路的控制装置，在石油化工生产过程中发挥着重要作用，其主要功能如下：

（1）接通和截断介质。

（2）防止介质倒流。

（3）调节介质压力、流量。

（4）分离、混合或分配介质。

（5）防止介质压力超过规定数值，保证管道或设备安全运行。

常见阀门如图 13-7 所示。

(a) 球阀　　　(b) 截止阀　　　(c) 闸阀

(d) 旋塞阀　　　(e) 蝶阀

图 13-7　常见阀门

### 1152. 闸阀有何特点？如何分类？

**答：**闸阀是作为截止介质使用的，在全开时整个流道直通，此时介质运行的压力损失最小。闸阀通常适用于不需要经常启闭，而且保持闸板全开或全闭的工况。不适用于作为调节或节流使用。对于高速流动的介质，闸板在局部开启状况下可以引起闸门的振动，而振动又可能损伤闸板和阀座的密封面，节流会使闸板遭受介质的冲蚀。闸阀结构如图 13-8 所示。

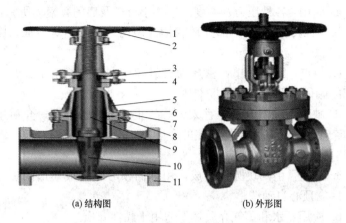

(a) 结构图　　　　　　　(b) 外形图

图 13-8　闸阀结构

1—手轮；2—阀杆螺母；3—填料压盖；4—填料；5—阀盖；6—双头螺栓；
7—螺母；8—垫片；9—阀杆；10—闸板；11—阀体

闸阀的分类如下：

从结构形式上，主要的区别是所采用的密封元件的形式。根据密封元件的形式，常常把闸阀分成几种不同的类型，如楔式闸阀、平行式闸阀、平行双闸板闸阀、楔式双闸板闸等。最常用的形式是楔式闸阀和平行式闸阀。

（1）楔式闸板。闸板密封面与闸板垂直中心线有一定倾角，称为楔半角。防止温度变化时闸板卡死，一般角度为 $2°52''$、$5°$，介质温度越高，通径越大，楔半角就越大。楔式闸板如图 13-9 所示。

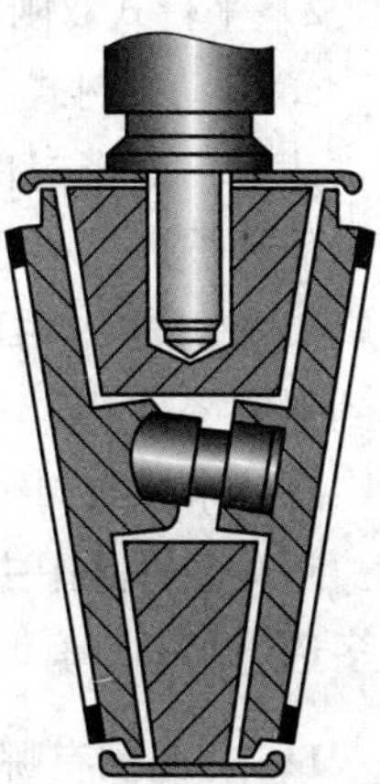

1）楔式刚性单闸板。

a. 应用：常温、中温、各种压力。

b. 特点：结构简单，尺寸小，使用较为可靠。

c. 缺点：楔角加工精度高，加工维修较

图 13-9　楔式闸板

为困难；启闭过程中密封面易发生擦伤，温度变化时闸板易卡住。

2）楔式弹性单闸板。

a. 应用：各种压力、温度的中、小口径及启闭频繁场所。

b. 结构：在闸板中部开环状槽或由两块闸板组焊而成，中间为空。

c. 特点：结构简单，密封面可靠，能自行补偿由于异常负荷引起的阀体变形，防止闸板卡住。

d. 缺点：关闭力矩不宜太大，防止超过弹性范围；介质中含固体杂质少，不适用于易结焦的介质。

3）楔式弹性双闸板。

a. 结构：由两块圆板组成，用球面顶心铰接成楔形闸板。楔角可以靠顶心自动调整。

b. 应用：水和蒸气介质，不适用于黏性介质。

c. 特点：温度变化时不易卡住，也不易产生擦伤现象。

d. 缺点：结构复杂、零件较多、闸板易脱落。

（2）平行式闸板。闸板的两个密封面平行，阀座密封面垂直于管道中心线。

1）平行式单闸板。不能依靠其身达到强制密封，必须采用固定或浮动的软质阀座。适用于中、低压大中口径，介质为油类、天然气。

2）平行式双闸板。

a. 自动密封式：依靠介质的压力把闸板推向出口侧阀座密封面，达到单面密封的目的。闸板间加弹簧实现在关闭时的密封。密封面易被擦伤和磨损。较少采用。

b. 撑开式：用顶楔把两块闸板撑开，压紧在阀座密封面上，达到强制密封。

总体来说闸阀有以下特点：

闸阀在管路中主要作切断用，一般口径 DN≥50mm 的切断装置多选用闸阀，有时口径很小的切断装置也选用闸阀。

### 1153. 闸阀有哪些优、缺点？

答：闸阀的优点如下：

（1）流体阻力小。

（2）开闭所需外力较小。

（3）介质的流向不受限制。

（4）全开时，密封面受工作介质的冲蚀比截止阀小。

（5）体形比较简单，铸造工艺性较好。

闸阀的缺点如下：

（1）外形尺寸和开启高度都较大。安装所需空间较大。

（2）开闭过程中，密封面间有相对摩擦，容易引起擦伤现象。

（3）闸阀一般都有两个密封面，给加工、研磨和维修增加一些困难。

**1154. 截止阀、节流阀有何特点？**

**答：**截止阀是用于截断介质流动的，截止阀的阀杆轴线与阀座密封面垂直，通过带动阀芯的上下升降进行开断。截止阀一旦处于开启状态，它的阀座和阀瓣密封面之间就不再有接触，并具有非常可靠的切断动作，它的密封面机械磨损较小，由于大部分截止阀的阀座和阀瓣比较容易修理，更换密封元件时无须把整个阀门从管道上拆下来，这对于阀门和管道焊接成一体的场合是很适用的。

截止阀和节流阀都是向下闭合式阀门，启闭件（阀瓣）由阀杆带动，沿阀座轴线做升降运动来启闭阀门。

截止阀与节流阀的结构基本相同，只是阀瓣的形状不同：截止阀的阀瓣为盘形，节流阀的阀瓣多为圆锥流线型，特别适用于节流，可以改变通道的截面积，用以调节介质的流量与压力，如图 13-10 所示。

介质通过此类阀门时的流动方向发生了变化，因此截止阀的流动阻力较高。引入截止阀的流体从阀芯下部引入称为正装，从阀芯上部引入称为反装，正装时阀门开启省力，关闭费力；反装时，阀门关闭严密，开启费力，截止阀一般正装。

截止阀与节流阀分为直通形阀、角形阀、直流阀、针型阀，如图 13-11 所示。

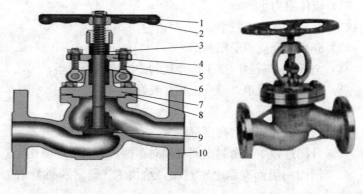

(a) 结构图                    (b) 外形图

图 13-10  截止阀、节流阀结构

1—手轮；2—阀杆螺母；3—阀杆；4—填料压盖；5—T 形螺栓；

6—填料；7—阀盖；8—垫片；9—阀瓣；10—阀体

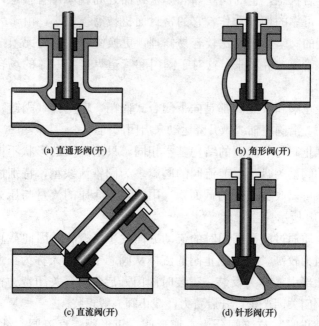

(a) 直通形阀(开)                    (b) 角形阀(开)

(c) 直流阀(开)                    (d) 针形阀(开)

图 13-11  截止阀与节流阀分类

（1）直通形阀：流动阻力大，压力降大。

（2）角形阀：弯头处，流动阻力小。

（3）直流阀：阀体与阀杆成 45°，流动阻力小，压降也小，便于检修和更换。

（4）针形阀：阀瓣为锥形针形，阀杆通常用细螺纹以取得微量调节。

截止阀和节流阀阀瓣平面差异见图 13-12。

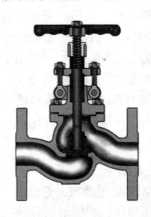

(a) 截止阀阀瓣

(b) 针形节流阀阀瓣　　　　(c) 沟形节流阀阀瓣　　　　(d) 窗形节流阀阀瓣

图 13-12　截止阀和节流阀阀瓣平面差异

（1）截止阀阀瓣（平面阀瓣）。为截止阀主要形式的启闭件，接触面密合，没有摩擦，密封性能好，便于维修，不适合用于含有固体颗粒的介质。

（2）节流阀阀瓣。有针形、沟形和窗形三种形式。当阀瓣在不同高度时，阀瓣与阀座的环形道路面积相应变化，从而得到确定数值的压力或流量。

截止阀、节流阀的特点：截止阀在管路中主要作切断用，节流阀在管路中主要作节流使用。

截止阀的主要优点：截止阀的结构比较简单，制造和维修都比较方便；密封面不易磨损、擦伤，密封性较好，寿命较长；启闭时阀瓣行程较小，启闭时间短，阀门高度较小。

截止阀的主要缺点：流体阻力大，阀体内介质通道比较曲折，能量消耗较大。启闭力矩大，启闭较费力。关闭时，因为阀瓣的运动方向与介质压力作用方向相反，阀瓣的运动必须克服介质的作用力，故启闭力矩大。介质的流动方向，一般有由下向上流动要求的限制。

**1155. 球阀有何特点？**

**答**：球阀是由旋塞阀演变而来。它具有相同的旋转 90°的动作，不同的是旋塞体是球体，有圆形通孔或通道通过其轴线。当球旋转 90°时，在进、出口处应全部呈现球面，从而截断流动，如图 13-13 所示。

球阀只需要用旋转 90°的操作和很小的转动力矩就能关闭严密。完全平等的阀体内腔为介质提供了阻力很小、直通的流道。球阀最适宜直接做开闭使用，但也能作节流和控制流量之用。球阀的主要特点是本身结构紧凑，易于操作和维修，适用于水、溶剂、酸和天然气等一般工作介质，而且还适用于工作条件恶劣的介质，如氧气、过氧化氢、甲烷、乙烯、树脂等。球阀阀体可以是整体的，也可以是组合式的。

球阀在管路中主要用来做切断、分配和改变介质的流动方向。它具有以下优点：

（1）结构简单、体积小、质量轻、维修方便。

（2）流体阻力小，紧密可靠，密封性能好。

（3）操作方便，开闭迅速，便于远距离的控制。

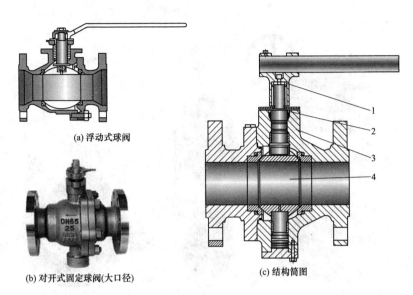

(a) 浮动式球阀

(b) 对开式固定球阀(大口径)

(c) 结构简图

图 13-13　球阀结构

1—阀杆；2—上轴承；3—下轴承；4—球体

（4）球体和阀座的密封面与介质隔离，不易引起阀门密封面的侵蚀。

（5）适用范围广，通径从小到几毫米，大到几米，从高真空至高压力都可应用。

球阀的缺点：使用温度范围小。球阀一般采用软质密封圈，使用温度受密封圈材料限制。

### 1156. 蝶阀有何特点？

**答：** 蝶阀的蝶板安装于管道的直径方向。在蝶阀阀体圆柱形通道内，圆盘形蝶板绕着轴线旋转，旋转角度为 $0°\sim90°$，旋转到 $90°$ 时，阀门则是全开状态，如图 13-14 所示。蝶阀结构简单、体积小、质量轻，只由少数几个零件组成。而且只需旋转 $90°$ 即可快速启闭，操作简单。蝶阀处于完全开启位置时，蝶板厚度是介质流经阀体时唯一的阻力，因此，通过该阀门所产生的阻力很小，故具有较好的流量控制特性，可以作调节用。蝶阀主要作截断阀

(a) 外形图　　　　　　　　(b) 弹性密封　　　　　　(c) 金属密封

图 13-14　蝶阀结构

使用，也可设计成具有调节或截断兼调节的功能。蝶阀主要用于低压大中口径管道上。

蝶阀有弹性密封和金属密封两种密封形式。弹性密封阀门，密封圈可以镶嵌在阀体上或附在蝶板周边。采用金属密封的阀门一般比弹性密封的阀门寿命长，但很难做到完全密封，金属密封能适应较高的工作温度，弹性密封则具有受温度限制的缺点。

蝶阀的特点：

（1）结构简单、外形尺寸小、结构长度短、体积小、质量轻，适用于大口径的阀门。

（2）全开时阀座通道有效流通面积较大，流体阻力较小。

（3）启闭方便、迅速，调节性能好。

（4）启闭力矩较小，由于转轴两侧蝶板受介质作用基本相等，而产生转矩的方向相反，因而启闭较省力。

（5）密封面材料一般采用橡胶、塑料，因此低压密封性能好。

蝶阀的主要缺点：受密封圈材料的限制，蝶阀的使用压力和工作温度范围较小，大部分蝶阀采用橡胶密封圈，工作温度受到橡胶材料的限制。随着密封材料的发展及金属密封蝶阀的开发，蝶阀的工作温度及使用压力的范围已有所扩大。

### 1157. 止回阀有何特点？常见故障及预防措施有哪些？

答：止回阀的作用是只允许介质向一个方向流动，而且阻止方向流动。通常这种阀门是自动工作的，在一个方向流动的流体压力作用下，阀瓣打开；流体反方向流动时，由流体压力和阀瓣的自重合阀瓣作用于阀座，从而切断流动。止回阀通常被用于泵的出口。包括旋启式、升降式、蝶式及隔膜式等几种类型，如图13-15 所示。

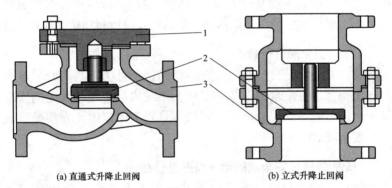

(a) 直通式升降止回阀　　　　　　(b) 立式升降止回阀

图 13-15　止回阀结构
1—阀盖；2—阀瓣；3—阀体

止回阀的特点如下：

（1）升降式止回阀的阀体形状与截止阀一样（可与截止阀通用），因此它的流体阻力系数较大。

（2）旋启式止回阀，阀瓣围绕阀座外的销轴旋转，应用较为普遍。

（3）碟式止回阀阀瓣围绕阀座内的销轴旋转。其结构简单，只能安装在水平管道上，密封性较差。

常见故障及预防措施如下：

(1) 阀瓣打碎。

引起阀瓣打碎的原因是止回阀前后介质压力处于接近平衡而又互相"拉锯"的状态，阀办经常与阀座拍打，某些脆性材料（如铸铁，黄铜等）做成的阀办就被打碎。

预防的办法是采用阀办为韧性材料的止回阀。

(2) 介质倒流。

介质倒流的原因有：

1）密封面破坏。

2）夹入杂质。

修复密封面和清除杂质，就能防止倒流。

以上关于常见故障及预防方法的叙述，只能起启发作用，实际使用中，还会遇到其他故障，要做到主动灵活地预防阀门故障的发生，最根本的的一条是熟悉它的结构、材质和动作原理。

**1158. 安全阀有何特点？**

答：安全阀是自动阀门，它不借助任何外力，利用介质本身的压力来排出一定量的流体，以防止系统内压力超过预定的安全值。当压力恢复到安全值后，阀门再自行关闭以阻止介质继续流出。安全阀结构见图 13-16。

**1159. 弹簧式安全阀的动作原理是什么？**

答：正常运行时，弹簧向下的作用力大于流体作用在门芯上的向上作用力，安全阀关闭。一旦流体压力超过允许压力时，流体作用在门芯上的向上的作用力增加，门芯被顶开，流体溢出，待流体压力下降至弹簧作用力以下后，弹簧又压住门芯迫使它关闭。

**1160. 安全阀的选用要求有哪些？如何选用安全阀？**

答：安全阀的选用要求如下：

(1) 灵敏度高。

(2) 具有规定的排放压力。

(3) 在使用过程中保证强度、密封及安全可靠。

(4) 保证动作性能的允许偏差和极限值。

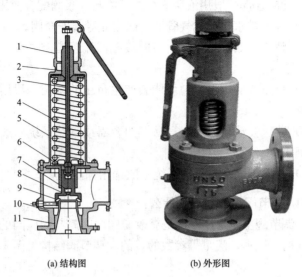

(a) 结构图　　　　　　　(b) 外形图

图 13-16　安全阀结构

1—保护罩；2—调整螺杆；3—阀杆；4—弹簧；5—阀盖；6—导向套；

7—阀瓣；8—反冲盘；9—调节环；10—阀体；11—阀座

安全阀的选用方法如下：

（1）热水锅炉一般用不封闭带扳手微启式安全阀。

（2）蒸汽锅炉或蒸汽管道一般用不封闭带扳手全启式安全阀。

（3）水等液体不可压缩介质一般用封闭微启式安全阀，或用安全泄放阀。

（4）高压给水一般用封闭全启式安全阀，如高压给水加热器、换热器等。

（5）气体等可压缩性介质一般用封闭全启式安全阀，如储气罐、气体管道等。

（6）E 级蒸汽锅炉一般用静重式安全阀。

（7）大口径、大排量及高压系统一般用脉冲式安全阀，如减温减压装置、电站锅炉等。

（8）运送液化气的火车槽车、汽车槽车、贮罐等一般用内装式安全阀。

（9）油罐顶部一般用液压安全阀，需与呼吸阀配合使用。

（10）井下排水或天然气管道一般用先导式安全阀。

（11）液化石油气站罐泵出口的液相回流管道上一般用安全回流阀。

（12）负压或操作过程中可能会产生负压的系统一般用真空负压安全阀。

（13）背压波动较大和有毒易燃的容器或管路系统一般用波纹管安全阀。

（14）介质凝固点较低的系统一般选用保温夹套式安全阀。

**1161. 调节阀工作原理是什么？**

**答：**调节阀主要工作原理是靠改变阀门阀瓣与阀座间的流通面积，达到调节压力、流量等参数的目的。调节阀结构见图 13-17。

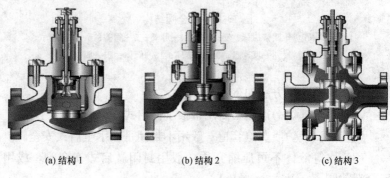

(a) 结构 1　　　　　(b) 结构 2　　　　　(c) 结构 3

图 13-17　调节阀结构

**1162. 调节阀有何特点？**

**答：**调节阀特点如下：

（1）直通单座阀（GLOBE）。阀体内只有 1 个阀座和密封面，结构简单，密封效果好，是使用较多的一种阀体类型。

（2）直通双座阀（GLOBE）。阀体内有两个阀座和密封面，流通能力大，不平衡力小，但泄漏量大，切断效果差，是使用较多的一种阀体类型。

（3）套筒阀（CAGE）。套筒阀特点如下：

1）阀体内部阀芯由套筒导向。

2）套筒上开有窗口用于决定流量与流量特性。

3）阀芯上可开有平衡孔，减小不平衡力。

4）套筒阀可调比大、振动小、不平衡力小、互换性好。

5）可适用于大部分单双座阀的应用场合。

6）不适用于有颗粒及较脏污介质。

7）是使用最为广泛的一种阀体类型。

套筒的形状有快开、线性、等百分比三种，如图 13-18 所示。

(a) 快开　　　　　　(b) 线性　　　　　　(c) 等百分比

图 13-18　套筒调节阀套筒形状

### 1163. 阀门启闭有卡阻的处理方法有哪些?

**答：** 阀门启闭有卡阻、不灵活或者不能正常启闭，甚至无法继续启闭，主要是由于阀杆与其他零件卡阻，主要是阀杆与填料之间的卡阻。处理方法一般有：

（1）填料压盖偏斜后碰阀杆。

处理方法：正确安装。

（2）填料安装不正确或压得过紧。

处理方法：填料预紧，适当放松填料。

（3）阀杆与填料压盖咬住。

处理方法：更换或返修。

（4）零部件之间咬住或咬伤。

处理方法：适当润滑阀杆。

**1164. 阀门密封面擦伤、咬擦伤和阀杆螺纹部分咬伤处理方法有哪些？**

**答：**（1）密封面研磨后有磨粒嵌入密封面里，未清除干净，造成密封面擦伤；有的经使用后，磨粒在介质的冲刷下，磨粒排出而粘在密封面上，经阀门开关，造成擦伤。

处理方法：合理选用研磨剂，密封面研磨后必须清洗干净。

（2）介质中的脏物或者焊渣未清除干净，造成擦伤。

处理方法：重新清洗干净。

（3）阀杆与填料压套、填料垫碰擦；介质中含有硼的介质，泄出后会结晶形成硬的颗粒，在填料与阀杆接触表面，开关时拉伤阀杆表面。

处理方法：正确安装、调整零部件配合间隙和提高阀杆表面硬度。

（4）梯形螺纹处有沾污脏物，润滑条件差；阀杆和有关零件变形。

处理方法：清除脏物，对高温阀门及时涂润滑剂；对变形零件进行修正。

**1165. 填料泄漏和阀体与阀盖连接处泄漏的原因和处理方法有哪些？**

**答：**（1）填料泄漏。填料密封原理：对填料施加的轴向力，填料产生塑性变形，阀门由于多个填料安装，部位相互交替接触，形成"迷宫效应"，起到阻止压力介质向外泄漏的作用。

泄漏原因：

1）填料泄漏除了在压力和介质不同的渗透力下，填料的接触压力不够外，还有填料本身的老化、阀杆的拉伤等原因。

2）填料对阀杆产生腐蚀，因此，压力把介质沿着填料与阀杆之间的接触间隙向外泄漏，直至从填料处泄漏；操作不当，用力过度使阀杆弯曲。

3）填料选用不当，不耐介质腐蚀、不耐高压或真空、高温及低温。

4）填料超过使用期，已老化，失去弹性。

5）填料安装数量不足。

处理方法：

1）应按工况条件选用填料形式和材料。

2）预紧填料，正确安装和确定填料数量。

3）阀杆弯曲时，表面腐蚀机械修理或更换。

4）填料失效必须更换。

（2）法兰泄漏。阀门的法兰密封连接在接触部位之间根据设计要求安放密封垫片，依靠连接螺栓所产生的预紧力达到足够的压比，阻止介质向外泄漏。

垫片的种类有橡胶垫片、石棉橡胶垫片、石墨垫片、不锈钢和石墨缠绕式垫片、波纹管形和金属垫片。

垫片密封属于强制密封。

常见的法兰泄漏有以下种：

1）界面泄漏。密封垫片与法兰端面之间密封不严而发生泄漏，如图 13-19 所示。

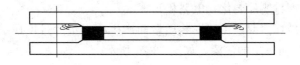

图 13-19　界面泄漏

主要原因：

a. 密封垫片预紧力不够。

处理方法：适当增加预紧力。

b. 法兰密封面粗糙度不符要求。

处理方法：返修。

c. 法兰平面不平整或平面横向有划痕。

处理方法：返修。

d. 冷和热变形以及机械振动等。

处理方法：改善环境或材料选择。

e. 法兰连接螺栓变形伸长。

处理方法：材料不能超过许用扭矩。

f. 密封垫片长期使用发生塑性变形。

处理方法：更换。

g. 密封垫片老化、龟裂和变质。

处理方法：更换。

2) 渗透泄漏。介质在压力的作用下，通过垫片材料隙缝产生泄漏，如图 13-20 所示。

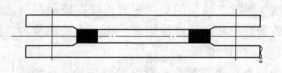

图 13-20　渗透泄漏

主要原因：

a. 与密封垫片材料有关。

b. 介质的压力。

c. 介质的温度。

d. 密封垫片老化、龟裂和变质。

3) 破坏泄漏。由于安装质量而产生密封垫片过度压缩或密封压比不足而发生的泄漏，如图 13-21 所示。

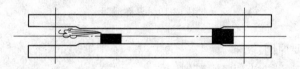

图 13-21　破坏泄漏

主要原因：

a. 安装密封垫片偏斜，使局部密封压比不足或预紧力过大，失去回弹能力。

b. 法兰连接螺栓松紧不均匀。

c. 两法兰同轴度（中心线偏移）偏斜。

d. 密封垫片选用不对即没有按工况条件正确选用垫片的材料和形式。

e. 界面泄漏和破坏泄漏会随着时间的推移而明显加大，对渗透泄漏的泄漏量与时间的关系不明显。

**1166. 阀门密封面内漏处理方法有哪些?**

**答:** 密封面磨损内漏。

处理方法:修刮(阀体、阀芯)密封面损坏。

(1)研磨前的检查。

在修研阀门前,先使用清洗剂,边洗边检查密封面的损坏情况,遇到用肉眼难以确定的细微裂纹时,可用着色探伤法进行,也可用红丹检查密封面印迹,根据密封面损坏情况,确定阀门的修研手段。

由于截止阀多为锥形阀口,一般情况下阀芯密封面损坏,就是对阀芯进行车床加工(特别提示:在进行车床加工阀芯密封面时,尽量保证原密封面角度,一般为60°)。

(2)研磨材料准备。研磨材料包括研磨膏、背胶砂纸。

(3)阀门密封面对研。清理干净阀芯与底口密封面,蘸取少量W5研磨膏进行对研,对研始终贯穿旋转、提起、放下、轻敲、再旋转的研磨过程。其目的是为了避免磨粒轨迹重复,使研具和密封面得到均匀的磨削,提高密封面的平整度和光洁度。时间不宜过长,一般控制在20min内。研磨时一般顺时针方向转60°~100°,再反方向转40°~90°,轻轻地磨一会儿,必须检查一次,待磨得发亮发光,并在阀头和阀座上可以看到一圈很细的线,颜色达到黑亮黑亮的时候,再用机油轻轻地磨几次,用干净的纱布擦干净即可。

**1167. 阀门关不到位内漏的原因及处理方法有哪些?**

**答:** 阀门关不到位内漏的原因及处理方法如下:

(1)阀门操作不动。

1)电动阀电装与传动套之间卡死。

解决方法:松开电装与阀体之间螺栓,垫高电装与阀体之间的间隙。

2)填料过紧偏斜造成阀杆转动不灵活或卡死。

解决方法:缓慢松盘根螺栓,校正盘根法兰。

3）阀杆抱死。

解决方法：加工法兰，放大法兰与阀杆的配合间隙。

检查传动铜套与传动轴承，如果损坏加工传动铜套，更换传动轴承。

4）传动套损坏。

解决方法：更换传动套，不配套时也可更换阀门。

（2）阀门动作与实际不相符。

1）限位跑托。

解决方法：重新调整阀门的开、关限位。

2）阀芯或阀杆松脱。

解决方法：解体检修，恢复松脱的阀芯、阀杆。

3）阀门内部堵塞、卡有异物（多发生在疏水系统的调节阀）。

解决方法：全开阀门冲洗，如果无效，解体检修。

**1168. 简述阀门检修过程。**

答：阀门检修过程如下：

（1）解体。

1）用刷子和棉纱将阀门污垢清理干净（之前，要把工具、胶皮摆放好）。

2）用记号笔在阀盖与阀体结合面处画 V 形记号。

3）拆下法兰螺帽注意拆下的螺帽及垫片摆放整齐。

4）松门盖螺帽：注意松开即可，不要拆下。

5）将门开两扣后，拆下门轮，注意按顺序摆放整齐。

6）用修扣三角锉修四方部分 T 形扣的毛刺。

7）拆门盖螺帽，取下瓦拉头并看一下密封线情况，将缠绕垫取下并放好。

8）退门杆，掏盘根。

9）清理、检查、测量、做记录。

（2）门杆。

1）用砂布打磨后，用白布擦干净。钢板尺测量门杆弯曲度（小于 0.2mm），测量门杆外径，并记录。

2）阀杆螺纹完好，与螺纹套筒配合灵活。

3）表面光滑、无锈蚀和磨损等缺陷。

（3）密封部分。阀瓣与阀座的密封面应无裂纹、锈蚀和刮痕等缺陷。密封线连续无中断，接触面在80％以上。

（4）门座及门盖。

1）将门座及门盖内外清理干净，用刮刀清理结合面。

2）门座及门盖无砂眼、裂纹等缺陷。门体与门盖结合面平整，凹口与凸口无损伤，其径向间隙应符合要求（一般为0.2～0.5mm）。

3）检查阀门门套。门套螺纹应无磨损、无变形、无损坏，与阀杆螺纹配合良好，旋转灵活。门套与外套间的螺纹连接应紧密、坚固，不得松动。

4）备紧门座结合面螺栓。

5）垫片完好无缺陷。

（5）法兰及盘根室。

1）清理打磨。特别是法兰的油漆。

2）法兰完好，无锈垢；盘根室内清洁、光滑、无缺陷。各螺栓、螺母的螺纹应完好，配合适当。

3）门杆与法兰间隙为0.20～0.30mm，法兰与盘根室间隙为0.30～0.35mm。各螺栓、螺母的螺纹应完好，配合适当。

4）如间隙过大，应注明超标。

### 1169. 常用的阀门填料有哪几种？

**答**：常用的阀门填料有油浸棉、麻软填料，油浸石棉填料和橡胶石棉填料，纯氟塑料，散状石棉填料，柔性石墨填料。

### 1170. 简述阀门解体的步骤。

**答**：阀门解体的步骤如下：

（1）清除阀门外部的灰垢。

（2）在阀体及阀盖上打记号（防止装配时错位），将阀门门杆置于开启状态。

（3）拆下传动装置并解体。

（4）拆下填料压盖螺母，退出填料压盖，清除填料。

(5) 拆下阀盖螺母，取下阀盖，铲除垫料。

(6) 旋出阀杆，取下阀瓣，妥善保管。

(7) 取下螺纹套筒和平面轴承。

## 1171. 一般阀门的检修质量标准是什么？

**答：**一般阀门的检修质量标准如下：

(1) 阀体与阀盖表面无裂纹、砂眼等缺陷；阀体与阀盖接合面平整，凹口和凸口无损伤，其径向间隙一般为 0.2～0.5mm。

(2) 阀瓣与阀座密封面无锈蚀、刻痕、裂纹等缺陷。

(3) 阀杆弯曲度不超过 1/1000，椭圆度不超过 0.1～0.2mm，阀杆螺纹完好，与螺纹套筒配合灵活。

(4) 填料压盖、填料室与阀杆的间隙要适当，一般为 0.1～0.2mm。

(5) 各螺栓、螺母的螺纹应完好。

(6) 平面轴承的滚珠、滚道应无麻点、腐蚀、剥皮等缺陷。

(7) 传动装置动作要灵活，各配合间隙符合要求。

(8) 手轮等要完整、无损坏。

## 1172. 简述高压阀门阀体和阀盖砂眼、裂纹产生的原因。

**答：**高压阀门阀体和阀盖砂眼、裂纹产生的原因如下：

(1) 制造时铸造不良，产生裂纹或砂眼。

(2) 阀体补焊中产生应力裂纹。

(3) 运行中温度变化。

## 1173. 柔性石墨材料的优点是什么？

**答：**柔性石墨材料是一种不含任何黏结剂的纯石墨制品，其优点如下：

(1) 回弹性好，切口填料能弯曲成 90°以上。

(2) 可在-200～1600℃下工作。

(3) 使用压力可达 31.36MPa。

(4) 耐磨、防腐蚀性能好，摩擦系数低，自润滑性良好，而且具有良好的不渗透性。

**1174. 高压闸阀检修质量标准是什么？**

**答：** 高压闸阀检修质量标准如下：

（1）阀盘及阀座不应有裂纹。

（2）阀门表面磨损厚度不超过 2mm。

（3）磨损、腐蚀、残留不超过密封面径向的 1/2，沟纹深不超过 0.15mm。

（4）研磨后表面为镜面，粗糙度在 0.2 以下。

（5）结合面硬度 HB 为 600～700，阀盘、阀座密封面接触 50%。刮研 4～5 点/cm²。

（6）传动装置齿轮啮合无卡涩，磨损不超过原厚的 1/2，滚球无裂纹、麻点，门杆、丝扣各部无损坏，铜套丝扣良好。

**1175. 阀门检修前应做哪些准备工作？**

**答：** 阀门检修前应做如下准备工作：

（1）准备工具。包括各种扳手、手锤、錾子、锉刀、撬棍、24～36V 行灯、各种研磨工具，螺丝刀、套管、大锤、工具袋、换盘根工具等。

（2）准备材料。包括研磨料砂布、盘根、螺栓、各种垫片、机油、煤油及其他消耗材料。

（3）准备现场。包括有些地方需搭架子，及为方便拆卸可提前对阀门螺栓喷松动剂。

（4）准备检修工具盒。高压阀门大部分是就地检修，将所用的工具材料、零件装入工具盒内。

**1176. 简述检查安全阀弹簧的方法。**

**答：** 检查弹簧安全阀可用小锤敲打，听其声音，以判断有无裂纹。若声音清亮，则说明弹簧没有损坏；若声音嘶哑，则说明有损坏，应仔细查出损坏的地方，然后再由金属检验人员选 1～2 点做金相检查。

**1177. 止回阀常见的缺陷有哪些？其原因及处理方法如何？**

**答：** 止回阀常见的缺陷如下：

（1）阀瓣打碎。

第二篇 设 备 篇

(2) 介质倒流。

引起阀瓣打碎的原因：止回阀前后介质压力处于接近平衡而又互相"拉锯"的状态，阀瓣经常与阀座拍打，某些脆性材料（如铸铁，黄铜等）做成的阀瓣就被打碎。预防的办法是采用阀瓣为韧性材料的止回阀。

介质倒流的原因如下：

(1) 密封面破坏。

(2) 夹入杂质。

(3) 导向槽锈蚀或歪斜导致阀瓣不能正常回落（升降式止回阀）。

修复密封面和清除杂质，就能防止倒流。用砂布打磨导向槽，加装导向槽时一定要对正阀瓣。

**1178. 电动阀门对驱动装置有什么要求？**

**答：**电动阀门对驱动装置的要求如下：

(1) 应具有使阀门进行开关的足够转矩。

(2) 应能保证开阀和关阀具有不同的操作转矩。

(3) 能提供关阀时所需的密封力。

(4) 应能保证阀门操作时要求的行程。

(5) 应具有合适的操作速度。

(6) 应能适应阀门的总转圈数。

(7) 应具有手动操作的机构。

(8) 应能适应运行过程的环境条件。

(9) 应能脱离阀门安装。

(10) 应有力矩保护及行程限位装置。

**1179. 简述高压球形阀检修质量标准。**

**答：**高压球形阀检修质量标准如下：

(1) 阀芯及阀座不应有裂纹、腐蚀或麻点，贯穿不超过密封面的 1/2。

(2) 门芯接触面麻点、腐蚀，沟槽不超过 0.05～0.2mm。

(3) 研好的接合面为镜面，粗糙度为 0.2，表面硬度 HB 为

382

600～700。

（4）门芯、门座密封面接触在70%以上且均匀分布，接触线为整圈、不断线。

**1180. 截止阀和闸阀有什么区别？**

**答：**工作原理不一样，截止阀是上升阀杆式的，手轮跟着阀杆一起做旋转和上升运动。闸阀是手轮旋转，阀杆做上升运动。流量不一样，闸阀要求全开，截止阀不是的。闸阀没有进、出口方向要求，截止阀有规定进口和出口方向的。

闸阀和截止阀是关断用阀，是最常见的两种阀门。

从外形来看闸阀比截止阀短而高，特别是明杆阀需要较高的高度空间。闸阀密封面有一定的自密封能力，它的阀芯靠介质压力紧紧地与阀座密封面接触，达到严密不漏。楔形闸阀的阀芯斜度一般为3°～6°，强制关闭过量或温度变化较大的阀芯容易卡死。因此，高温、高压楔形闸阀，在结构上都采取了一定的防止阀芯卡死的措施。闸阀在开启和关闭时阀芯和阀座密封面始终接触并相互摩擦，因而密封面容易磨损，特别是在阀门处于接近关闭状态时，阀芯前后压差很大，密封面磨损就更为严重。

闸阀与截止阀相比较，它的主要优点是流体流动阻力小，普通闸阀的流动阻力系数为0.08～0.12，而普通截止阀的阻力系数为3.5～4.5。开启关闭力小，介质可以两个方向流动。缺点是结构复杂，高度尺寸较大，密封面容易磨损。截止阀的密封面，必须施以强制力关闭的阀门才能达到密封，在同样口径、工作压力及一样的驱动装置下，截止阀的驱动转矩为闸阀的2.5～3.5倍。这一点在进行电动阀门的转矩控制机构调整时，应加以注意。

截止阀的密封面只有在完全关闭时才相互接触，强制关闭的阀芯与密封面的相对滑移量很小，因而密封面的磨损也很小。而截止阀密封面的磨损，多数是由于阀芯与密封面之前有杂物，或者是由于关闭状态的不严密，引起介质的高速冲刷所致。

截止阀在安装时，介质可以从阀芯的下方进入和从上方进入。介质从阀芯的下方进入的优点是当阀门关闭时盘根不受压力，可以延长盘根的使用寿命，并可以在阀前管道承压的情况下，进行更换盘根的工作。介质从阀芯的下方进入的缺点是阀门的驱动转矩较大，为上方进入的 1.05～1.08 倍，阀杆受的轴向力大，阀杆容易弯曲。因此，介质从下方进入方式，一般只适用于小口径的手动截止阀，以阀门关闭时介质作用于阀芯的力不大于 350kg 为限。电动截止阀一般是采用介质从上方进入的方式。介质从上方进入方式的缺点正好与下方进入方式相反。

截止阀与闸阀相比较，优点是结构简单，密封性能好，制造维修方便；缺点是液体阻力大，开启与关闭力大。闸阀和截止阀属于全开全关型阀门，作为切断或接通介质用，不宜作为调节阀使用。

截止阀和闸阀的应用范围是根据其特点决定的。在较小的通道中，当要求有较好的关断密封性时，多采用截止阀；在蒸汽管道和大直径的给水管道中，由于流体阻力一般要求较小，则采用闸阀。

### 1181. 闸阀密封面划伤的原因及处理方法有哪些？

**答**：闸阀密封面划伤的原因如下：

（1）工质不符合要求。

（2）工质里有杂物。

（3）生产时铸造不良。

（4）材质不合格，不符合工艺要求。

（5）日常检修时不彻底，留有杂物。

闸阀密封面划伤的处理方法：

（1）经常检测工质质量。

（2）阀门使用前应仔细检查合格后方可使用。

（3）提高工作人员的技能，让有经验的老师傅带新学员一起检修。

（4）检修过程中要仔细检查有无杂物遗留在阀门里。

### 1182. 管道的安装要点有哪些？

**答**：管道的安装要点如下：

（1）管道垂直度检查（用吊线锤法或用水平尺检查）。

（2）管道要有一定的坡度，汽水管段的坡度一般为 2‰。

（3）焊接或法兰连接的对口不得强制（冷拉除外），最后一次连接的管道法兰应焊接，以消除张口现象。

（4）汽管道最低点应装疏水管及阀门，水管道最高点装放汽管和放汽阀。

（5）管道密集的地方应留足够的间隙，以便有保温和维修工作余地，油管路不能直接与蒸汽管道接触，以防油系统着火。

（6）蒸汽温度高于 300℃、管径大于 200mm 的管道，应装膨胀指示仪。

**1183. 试述阀门杆开关不灵的原因。**

答：阀门杆开关不灵的原因如下：

（1）操作过猛使阀杆螺纹损伤。

（2）缺乏润滑油或润滑剂失效。

（3）阀杆弯曲。

（4）阀杆表面粗糙度大。

（5）阀杆螺纹配合公差不准，咬得过紧。

（6）阀杆螺母倾斜。

（7）阀杆螺母或阀杆材料选择不当。

（8）阀杆螺母或阀杆被介质腐蚀。

（9）露天阀门缺乏保养，阀杆螺纹沾满砂尘或者被雨露、雪霜所锈蚀等。

（10）冷态时关得过紧，热态时胀住。

（11）填料压盖与阀杆间隙过小或压盖紧偏，卡住门杆。

（12）填料压得过紧。

**1184. 截止阀要求介质从密封面的下部流入、上部流出的原因是什么？**

答：从使用的角度看，无论介质从截止阀密封面的上部流入、下部流出，还是介质从密封面下部流入、上部流出都是可以的。介质从截止阀的上部流入、下部流出，阀门的开启比较省力，但关闭时费力。

如果介质从截止阀的下部流入，当截止阀处于关闭状态时，阀后一般没有压力,此时,阀杆的密封填料不承受压力。如果填料泄漏需要压紧、添加或更换,则只要关闭阀门即可处理,不必解列有关系统。

如果介质从截止阀密封面的上部流入、从下部流出,则当截止阀关闭时,阀杆的密封填料仍然承受介质的压力,不但密封填料容易老化,而且无法再运行状态下压紧、添加或更换填料。

因此,截止阀安装时,总是使介质从密封面的下部流入、从密封面的上部流出。通常截止阀的阀体上标有介质流向的箭头。

**1185. 为什么中压及以下的阀门采用法兰连接、高压及以上的阀门采用焊接连接?**

**答:** 中压及以下的阀门大多采用法兰与管道连接。当压力较低时,法兰的厚度较小,造价增加不多,升温和降温时产生的热应力较小,依靠螺栓的紧力和垫片易于实现密封。采用法兰连接时检修或更换阀门更方便。高压及以上等级锅炉的工作压力很高,如果仍采用法兰与管道连接,其法兰的厚度很大,不但法兰和螺栓的造价明显增加,而且升温和降温使产生的热应力很大。随着压力的升高,工质温度也随之升高,螺栓在高温下长期工作出现松弛,降低法兰对垫片的压力易引起垫片泄漏。泄漏一旦发生不但发展很快,而且高速泄漏的介质易于将法兰密封面吹出贯穿性的沟槽,修复比较困难。如果阀门与管道采用焊接,则重量和造价大大降低,升温和降温时的热应力明显降低,密封性能大大提高,一旦发生泄漏也易于处理。阀门采用焊接的缺点是,阀门的维修只能就地进行,更换阀门比较麻烦,而且当管道和阀门是合金钢时,焊口还要进行热处理。

**1186. 为什么阀门的手轮和阀体漆成不同的颜色?**

**答:** 由于工质的压力和温度不同,阀体和密封面所用的材料是不同的。压力和温度高的介质如采用铸铁等较差材质制成的阀门,不但密封性能差,而且也不安全。相反,压力和温度较低的工质采用铸钢、合金钢等高级材质制成的阀门,不但没有必要,而且还使费用增加。有腐蚀性的工质,还要采用衬胶和衬铅等防腐措施。由于在外观上不易看出阀体或者密封面的材质,为了便于识别,制造厂在阀门出厂时,用阀体的不同颜色区分阀体的材质,用手轮的不同颜色区分密封面的材质,见表 13-1、表 13-2。这给安装使用和维护带来了很大方便。

表 13-1　　　　　　　　阀门阀体颜色与材质

| 阀体颜色 | 黑 | 银粉 | 银灰 | 浅天蓝 | 蓝 |
|---|---|---|---|---|---|
| 阀体材料 | 灰铸铁 | 球墨铸铁 | 碳素钢 | 耐酸刚或不锈钢 | 合金钢 |

表 13-2　　　　　　　阀门手轮颜色与密封圈材料

| 手轮颜色 | 红 | 浅蓝 | 豆绿 | 绿 | 浅紫 |
|---|---|---|---|---|---|
| 密封圈材料 | 青铜与黄铜 | 耐酸刚或不锈钢 | 硬质合金 | 硬橡胶 | 渗氮钢 |

**1187. 为什么阀门关闭不严,可将阀门开启少许过一段时间再关闭就可能不漏?**

**答:**如果阀门关闭后不严密,不是由于密封面磨损冲蚀造成的,而是由于管道或者工质中的杂质存留在阀门密封面而引起的,那么可将阀门开启少许一点,此时工质通过阀门的密封面时流速很高,有可能将存留在密封面上的杂质冲掉,再关时即可使阀门严密不漏。

**1188. 为什么截止阀安装时要考虑介质的流向,而闸阀不需考虑流向?**

**答:**为了使截止阀在关闭状态下,阀杆的密封填料不承受压力,以延长其寿命并便于维修,应使介质从截止阀密封面的下部进入、从上部流出。因此,截止阀安装时必须要考虑方向。通常截止阀阀体上标有介质流动方向的剪头。闸阀有两个基本上垂直的密封面,闸阀在关闭状态下,即使闸阀的前后均有压力,闸阀的两个密封面可以使得阀杆的密封填料不承受压力,而且介质通过闸阀时不改变流动方向,介质无论从哪个方向流入,对闸阀的工况没有任何影响。因此,闸阀安装时不需要考虑方向,闸阀的阀体上也没有标明介质流动方向的剪头。

**1189. 主蒸汽阀的旁路阀的作用有哪些？**

**答：** 主蒸汽阀的旁路阀的一个作用是使主蒸汽阀受热均匀，避免产生过大的热应力。主蒸汽阀与主蒸汽管道相比，其厚度大得多，主蒸汽管道暖管时，如果直接开启主蒸汽阀，则主蒸汽阀因受热不均，容易产生很大的热应力。如果暖管时先开启旁路阀，等暖管结束时在开启主蒸汽阀，则主蒸汽阀受热比较均匀，产生热应力很小。旁路阀的第二个作用是使主蒸汽阀前后的压力趋于平衡，避免一侧压力过大，阀门容易开启，减轻阀门密封面磨损。旁路阀的流通界面较小，用主蒸汽阀的旁路阀进行暖管比较容易控制暖管速度。

**1190. 简述高压给水管道金属监督的内容。**

**答：** 工作压力大于和等于 10MPa 的主给水管道投产运行 5 万 h 时，应做如下检查：

(1) 对三通、阀门进行宏观检查。

(2) 对弯头进行宏观和厚度检查。

(3) 对焊缝和应力集中部位进行宏观和无损探伤检查。

(4) 对阀门后管段进行壁厚测量，以后检查周期为 3 万～5 万 h。

**1191. 管子在使用前应检查哪些内容？**

**答：** 管子在使用前应检查如下内容：

(1) 使用前查明其钢号、直径及壁厚是否符合原原设计规定，并核对出厂证件。

(2) 合金钢管不论有无制造厂技术证件，使用前均需进行光谱检查，并由检验人员在管子上做出标志。

(3) 使用前应做外观检查，有重皮、裂痕的管子不得用。对管子表面的划痕、凹坑等局部缺陷应做检查鉴定。凡经处理后的管壁厚度不应小于设计计算的壁厚。

## 第五节　燃烧器系统

**1192. 直流煤粉喷燃器的配风方式有几种？**

**答：** 直流煤粉燃烧器根据二次风口的布置大致可分为均等配

风和分级配风两种。

均等配风方式是一、二次风口相间布置，即在一次风口与一次风口的每个间距内部均等布置一个或两个二次风口，或者每一个一次风口背火侧均等布有二次风口。其特点是一、二次风口间距相对较近，两者很快得到混合。一般适用于烟煤和褐煤。

分级配风方式中，通常将一次风口比较集中地布置在一起，而二次风口和一次风口间保持一定的间距，以此来控制一、二次风间的混合。这种布置方式适用于无烟煤和低质烟煤。

### 1193. 旋流喷燃器有何特点？

答：旋流喷燃器特点如下：

（1）二次风是旋转气流，一出喷口就扩展开。一次风可以是旋转气流，也可用扩流扩展。因此，整个气流形成空心锥形的旋转射流。

（2）旋转射流有强烈的卷吸作用，将中心及外缘的气体带走，造成负压区，在中心部分就会因高温烟气回流而形成回流区。回流区大，对煤粉着火有利。

（3）旋转气流空气锥的外界所形成的夹角叫扩散角。随着气流强度的增大，扩散角也增大，同时回流区也加大。相反，随着气流旋流强度的减弱，回流区减少。

（4）当气流旋流强度增加到一定程度、扩散角增加到某一程度时，射流会突然贴炉墙上，扩散角成 $180°$，这种现象叫飞边。

### 1194. 燃烧着火太早或太迟有什么不好？

答：煤粉气流最好能在离燃烧器 $200\sim300mm$ 处着火。着火太迟，会使火焰中心上移，从而易造成炉膛上部结焦、过热蒸汽温度偏高、不完全燃烧损失增大，严重时可能造成锅炉灭火；着火太早，则可能烧坏燃烧器，或使燃烧器周围结焦。

### 1195. 径向等离子发生器工作参数具体有什么要求？

答：径向等离子发生器工作参数具体要求如下：

（1）冷却水进、回水压力差：$\geqslant0.4MPa$。

（2）设定电流：$300A$。

(3) 实际间隙：20mm。

(4) 载体风压：8～12kPa。

### 1196. 轴向等离子发生器工作参数具体有什么要求？

**答：**轴向等离子发生器工作参数具体要求如下：

(1) 冷却水进、回水压力差：≥0.4MPa。

(2) 设定电流：300A。

(3) 实际间隙：30mm。

(4) 载体风压：8～12kPa。

### 1197. DLZ200 型等离子发生器系统主要包括哪些系统和设备？

**答：**DLZ200 型等离子发生器系统主要包括机务部分、电气部分和热控部分。机务部分包括阳极组件、阴极组件和绕组组件。

### 1198. DLZ200 型等离子发生器的阳极组件及检修要点有哪些？

**答：**阳极组件由阳极、冷却水道、压缩空气通道及壳体等构成。阳极导电面为具有高导电性的金属材料铸成（一般为铜或铜合金），采用水冷的方式冷却，连续工作时间大于 500h。为确保电弧能够尽可能多地拉出阳极以外，在阳极上加装压弧套，如图 13-22 所示。

阳极进、回水口

阳极喉口

图 13-22 等离子阳极

因为阳极在等离子发生器工作过程中发出电弧，容易烧坏表面，所以检修等离子发生器首先要检查阳极的表面是否完好，其次检查其接合面是否漏水、腐蚀，第三检查阳极内的磁环和进、回水口的密封橡胶圈。

### 1199. DLZ200 型等离子发生器的阴极组件及检修要点有哪些？

**答：**阴极组件由尾座、阴极头、外套管、内套管、驱动机构、进水口、导电接头等构成，如图 13-23 所示，阴极为旋转机构的等离子发生器还需要加装一套旋转驱动机构。阴极头导电面为具有高导电性的金属材料铸成，采用水冷的方式冷却，连续工作时间大于50h。

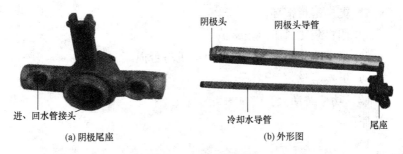

(a) 阴极尾座        (b) 外形图

图 13-23 等离子阴极

阴极头（电子发射头）为易损件，根据不同电流的大小，寿命长短不一，平均寿命为 50h 左右，因此，在装置运行 50h 左右，或多次拉弧不成功，经常掉弧，应对其进行检查和更换。

冷却进水导管起冷却水导向作用，把冷却水导向阴极头处，它的好坏直接影响着阴极使用寿命。因此，在每次检修或换阴极头时，都应检查导管是否通畅，保障冷却水导管畅通。

**1200. DLZ200 型等离子发生器常见故障原因及排除方法有哪些?**

**答：** DLZ200 型等离子发生器常见故障原因及排除方法如下：

（1）不能正常引弧。

原因：

1）阳极污染不导电。

2）阳极漏水。

3）电子发射枪枪头损坏。

4）电子发射枪枪头漏水。

5）风压过高。

6）引弧器拒动。

7）控制电源失去。

处理方法：

1）拉出阳极组件，用砂纸清理。

2）拉出阳极，更换密封垫。

3）更换枪头。

4）更换密封铜环。

5）调整载体风压至正常值。

6）检查电动机接线，检查电动机是否损坏。

7）更换熔丝。

（2）功率波动大。

原因：

1）阳极轻度污染。

2）阴极烧损，形状不规则。

3）风压波动大。

4）阳极渗水。

5）阴极渗水。

处理方法：

1）清理阳极。

2）更换阴极。

3）检查风压系统。

4）更换密封垫。

5）检查阴极是否松动。

（3）通信故障死机。

原因：接口接线松动。

处理方法：紧固接线。

（4）点火困难。

原因：风粉比不合适。

处理方法：检查是否下粉，调整风粉比例。

（5）火焰发散。

原因：燃烧器喷烧坏。

处理方法：修补，开大气膜风控制阀。

（6）燃烧不好。

原因：风粉比不合适。

处理方法：调整风粉比。

### 1201. DLZ200 型等离子发生器阴极安装注意事项有哪些？

**答：** DLZ200 型等离子发生器阴极安装注意事项如下：

（1）缓慢地旋转着向里插入，不要用力过猛，以防损坏瓷环。

（2）阴极枪插入后接上进、回水管。

（3）接上电缆，按下挂钩。

（4）打开水阀，压力调到规定水压，并检查接头是否有漏水的地方。

（5）最后盖上后盖。

### 1202. 微油点火系统点火失败的常见原因有哪些？

**答：** 微油点火系统点火失败的常见原因有：

（1）点火器不打火或火花太小。

（2）油枪堵塞。

（3）油枪雾化片损坏。

（4）压缩空气压力异常。

（5）助燃风压力异常。

### 1203. 简述微油点火系统滤网清理的方法。

**答：** 微油点火系统配有 2 只无填料金属丝网滤网，运行方式为 1 台运行 1 台备用。清理滤网可以使用底部排污阀定期排污的方法进行。当滤网内部积污严重堵塞排污阀或怀疑丝网破损时，需解体滤网进行检修，检查金属丝网和密封胶圈是否破损。微油点火系统滤网见图 13-24。

### 1204. 简述微油点火枪解体清理的方法和注意事项。

**答：** 微油点火枪解体需要先将枪体从点火器套筒中拔出，然后用扳手拧开油枪头，选出雾化片，检查、清洗各部件。

注意事项：

（1）防止油污飞溅，进入保温结构，引起火灾。检修工作要按照燃油系统检修防火灾要求进行。

（2）防止雾化片掉落。雾化片体积较小，万一掉落很难寻找。

（3）安装位置在燃烧器处，检修过程中要注意防烫伤及防止

(a) 结构图

(b) 部件图

图 13-24　微油点火系统滤网

正压喷出烟气伤人。

# 第六节　锅炉吹灰系统

**1205. 吹灰器的作用是什么？**

答：吹灰器的作用是清除受热面上的结渣和积灰，维持受热面的清洁，以确保锅炉的安全经济运行。

**1206. 吹灰器按结构特征可分为哪几种？**

答：吹灰器按结构特征可分为简单喷嘴式、回转固定式、伸缩式和摆动式四种。

**1207. 可使用的吹灰介质有哪些?**

**答**：可使用的吹灰介质有过热蒸汽、饱和蒸汽、排污水及压缩空气。

**1208. 短吹灰枪的作用是什么?**

**答**：短吹灰枪的作用是清除水冷壁管上的结渣和积灰，维持水冷壁管的清洁。

**1209. 长吹灰枪的作用是什么?**

**答**：长吹灰枪的作用是清扫水平烟道和竖井烟道内各受热面上的结渣和积灰，维持受热面的清洁。

**1210. 吹灰器解体检修的主要内容和要求是什么?**

**答**：吹灰器解体检修的主要内容和要求如下：

（1）减速机解体。检查齿轮的磨损接触情况，齿轮应无毛刺、裂纹等，磨损不超过原厚度的 1/3，接触良好。检查测量轴、轴承、滚珠、珠架及内外套，应无麻点、起皮，内套与轴的装配不应松动，轴承各部间隙应符合标准要求，轴承和箱体应用煤油清洗干净。

（2）检查喷嘴头，应完好、不变形，无磨损，喷射气流角度正确。

（3）检查修理汽阀，使阀门动作灵活、关闭严密不漏，检查供汽管的冲刷、腐蚀情况，局部减薄不应超过原壁厚的 30%。

（4）对于长杆吹灰器，应检查传动链条、链轮的磨损等，确保符合质量要求；对于短杆吹灰器，检查杠杆机构，应动作灵活，符合要求。

**1211. 短吹灰器主要故障及原因、防范措施、处理与控制方法有哪些?**

**答**：短吹灰器主要故障如下：

（1）吹灰器螺纹管机械卡涩、进退不灵活。

（2）吹灰器启动臂、棘爪变形严重。

（3）吹灰器内漏。

（4）吹灰器进汽法兰漏汽。

短吹灰器故障的主要原因如下：

（1）滑销与螺纹管之间长时间滑磨，导致两者磨损；螺纹管有毛刺生成；滑销变形严重是导致吹灰器卡涩的原因之一。

（2）吹灰器长时间进退导致限位紊乱，行程不对，造成启动臂与凸轮盘卡死，启动臂变形，也是导致吹灰器卡涩的原因之一。

（3）吹灰器棘爪经常开闭，棘爪与凸轮盘相互摩擦，造成棘爪磨损、变形与凸轮盘卡死，也能形成卡涩。

（4）吹灰器经常吹灰，阀门开闭频繁导致阀杆与阀瓣脱落，其原因为个别阀杆质量问题，属于正常缺陷。

（5）吹灰器吹灰时管道振动大、管内压力大，导致法兰垫变形，法兰漏汽，也属于正常缺陷。

短吹灰器故障的防范措施如下：

定期对螺旋套管进行添加耐高温润滑脂。

短吹灰器故障的处理与控制方法如下：

（1）更换滑销，打磨螺纹管。

（2）调整限位，校正启动臂。

（3）更换滑销。

（4）更换阀杆。

（5）更换缠绕垫。

## 1212. 长伸缩式吹灰器主要故障及原因有哪些？

**答：**长伸缩式吹灰器主要故障如下：

（1）吹灰器伸缩管烧弯。

（2）吹灰器退车过位。

长伸缩式吹灰器故障的主要原因如下：

（1）吹灰器伸缩管的制作工艺不符合要求，导致连接处焊口断裂。

（2）吹灰器进退车行程限位损坏，造成退车过位现象。

（3）吹灰器控制系统故障。

**1213. 蒸汽吹灰器运动时容易发生哪些故障?**

答：蒸汽吹灰器运动时容易发生下列故障：

(1) 当吹灰器的运动受阻，吹灰器控制系统的过载继电器会进行干预，并改变驱动电动机的旋转方向。此时吹灰器齿轮行走箱将反向运动，当到达停用位置时，后限位开关就关闭电动机。

(2) 吹灰器管路的压力低于设定的最小值，压力监控系统立即使运行的吹灰管返回到初始位置。

(3) 如果吹灰器在吹扫过程中驱动失灵，可以将手柄插在电动机后曲轴上，摇动手柄将齿轮行走箱返回。此时必须确认电动机电源已切断，电动机不能再启动；不允许使用卷扬机或类似设备来使吹灰器齿轮行走箱返回。因为有可能损坏齿轮。

**1214. 蒸汽吹灰器后限位开关越程，如何使吹灰器再度工作?**

答：如果后限位开关越程，吹灰器齿轮行走箱的驱动齿轮将脱离齿条，以避免更多的损坏。此时，吹灰器齿轮行走箱的轴向运动终止，而吹灰管的旋转仍将继续。

(1) 必须确认吹灰器电动机电源已切断，不能马上开动。

(2) 将吹灰器齿轮行走箱前移约一定距离，使驱动齿轮触及齿条。

(3) 摇动插在电动机后出轴上的手柄，同时用力下压齿轮行走箱，驱动齿轮与齿条就会啮合。

(4) 机箱在最终位置再次就位后，必须检查限位开关是否受损和吹灰器控制系统是否失灵。

(5) 受损部位修复后，按正常的启动操作步骤进行操作。

**1215. 蒸汽吹灰器前限位开关故障后，如何进行处理?**

答：蒸汽吹灰器前限位开关故障后处理方法如下：

(1) 决不能关闭用以冷却吹灰管的吹扫介质，而且齿轮行走箱应尽快返回到停用位置。

(2) 在齿轮行走箱能够后移时，切断电动机电源，并确认电动机不能再启动。

（3）为使齿轮行走箱反向运动，可以人工将其拉回，必要时可使用卷扬机或相似设备，直到驱动齿轮触及齿条。

（4）利用手柄使齿轮行走箱返回约 300mm，结果是此位置超过前端但在正常操作范围内。此时注意限位开关的开关杆是否卡在吹灰器齿轮行走箱行走轨道上。

（5）使用电动机和电器控制设备来倒退齿轮行走箱，电动机开动时检查行程方向是否正确。

（6）吹灰器齿轮行走箱返回到停用位置，应检查限位开关是否受损，吹灰器控制设备是否有缺陷。

（7）修理好损坏部分后，吹灰器可以再次投运。

**1216. 声波吹灰器喇叭有声响但强度不够是什么原因造成的？如何解决？**

答：（1）压缩空气压力低、供应不足。处理方法：喇叭工作时检查压力。

（2）发生头内结构机械磨损或膜片磨损。处理方法：清洁或更换膜片。

（3）压缩空气脏。处理方法：管路清洁并增加开启次数。

（4）供气系统中有潮气。处理方法：检查分离器或压缩空气罐放水。

**1217. 声波吹灰器喇叭不发声是什么原因造成的？如何解决？**

答：声波吹灰器喇叭不发声的原因及解决方法如下：

（1）压缩空气的压力或流量过低。

处理方法：检查压力和流量情况。

（2）电磁阀没有开启或失灵。

处理方法：找热工控制人员检查定时器、电源线路等。

（3）发生头内部有杂质或膜片上有裂缝。

处理方法：更换膜片，清洁发生头。

（4）电磁阀的安装位置离喇叭太远。

处理方法：调整移近电磁阀位置。

（5）发生头连接件松动。

处理方法：紧固气管连接件。

**1218. 声波吹灰器喇叭不能关闭是什么原因造成的？如何解决？**

**答：** 声波吹灰器喇叭不能关闭的原因及解决方法如下：

（1）盖板松脱。

处理方法：拧紧螺栓。

（2）盖板垫片不密封。

处理方法：更换垫片。

（3）排气口被堵塞。

处理方法：用细铁丝清洁内部。

# 第七节　锅炉防磨防爆

**1219. 锅炉因膨胀不畅而容易出现拉裂的部位有哪些？**

**答：** 锅炉因膨胀不畅而容易出现拉裂的部位有水冷壁四角管子，燃烧器喷口、看火孔、人孔门等部位的管子，工质温度不同而连在一起的包墙管，与烟、风道滑动面连接处的管子等。

**1220. 受热面管壁超温的原因有哪些？**

**答：** 受热面管壁超温的原因有过负荷、汽水循环不良、管内汽水流量分配不均匀、燃烧热偏差、管内严重结垢、管内异物堵塞等。

**1221. 受热面管子腐蚀损坏原因有哪些？**

**答：** 受热面管子腐蚀损坏原因有高温氧化、应力腐蚀、蒸汽腐蚀、烟气腐蚀、垢下腐蚀、疲劳腐蚀。

**1222. 螺栓上存在应力集中的部位有哪些？**

**答：** 螺栓上存在应力集中的部位有与螺母啮合的第一个螺纹牙底、退刀槽、螺栓头与螺杆之间的截面突变处，见图13-25。

**1223. 对大于或等于 M32 的螺栓需进行哪些检查？**

**答：** 对大于或等于 M32 的螺栓需进行如下检查：

（1）进行 100％超声波探伤（必要时可用磁粉、着色和其他

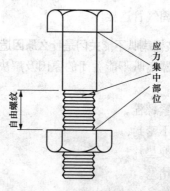

应力集中部位

自由螺纹

图 13-25　螺栓应力集中部位

方法检查），不得有裂纹和影响强度的缺陷存在，有裂纹的应报废。

（2）进行 100％硬度检查。检查部位为螺栓端面或光杆处。

**1224. 省煤器防磨防爆检查有哪些内容？**

**答：**省煤器防磨防爆检查包括蛇形管排是否出列，吹灰器通道范围内的吹损检查，悬吊管与蛇形管接触位置是否吹损或机械磨损，与后包墙、中隔墙是否有膨胀间隙，弯头位置是否吹损，防磨护瓦是否脱落或反转，蛇形管排下弯头内弧是否被烟气吹损，见图 13-26。

炉内管弯头与分隔屏接触弯头

省煤器弯头

图 13-26　省煤器防磨防爆检查部位

**1225. 高温过热器防磨防爆检查有哪些内容？**

**答：**高温过热器防磨防爆检查包括管排是否出列、吹灰器通道范围内的吹损检查、防磨护瓦是否脱落或反转、管排与气冷定位管（夹屏管）是否磨损、管排与定位卡块是否磨损、管排穿顶棚位置是否磨损、管排下弯头位置是否相互磨损，见图13-27。

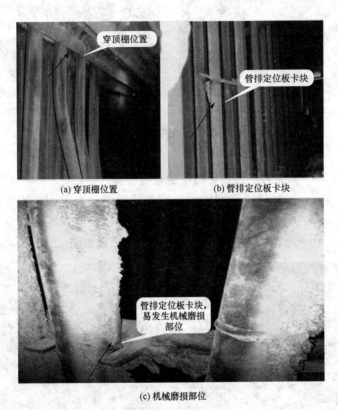

(a) 穿顶棚位置      (b) 管排定位板卡块

(c) 机械磨损部位

图 13-27 高温过热器防磨防爆检查部位

### 1226. 屏式再热器防磨防爆检查有哪些内容？

**答：**屏式再热器防磨防爆检查包括管排是否出列、吹灰器通道范围内的吹损检查、防磨护瓦是否脱落或反转、管排与气冷定位管（夹屏管）是否磨损、定位卡块是否开焊、管排穿顶棚位置是否磨损、管排下弯头位置是否磨损，见图13-28。

(a) 管排穿顶棚位置

(b) 屏式再热器汽冷定位管

图 13-28　屏式再热器防磨防爆检查部位

**1227. 高温再热器防磨防爆检查有哪些内容？**

**答：**高温再热器防磨防爆检查包括管排是否出列、吹灰器通道范围内的吹损检查、防磨护瓦是否脱落或反转、弯头部位是否吹损、管子与管排固定卡子是否有机械磨损，见图 13-29。

图 13-29　高温再热器防磨防爆检查部位

**1228. 水冷壁防磨防爆检查有哪些内容？**

**答：**水冷壁防磨防爆检查包括短吹区域内管子（3～10 根）吹损情况、燃烧器区域内管子及弯头吹损情况、人孔门、观火孔位置的吹损情况、水冷壁密封的漏风情况、水冷壁冷灰斗位置是否有掉焦砸伤或弯形情况、水冷壁折焰角位置与两侧墙是否膨胀受阻拉裂、拉稀管下弯头是否拉裂，如图 13-30 所示。

(a) 示意图　　　　　(b) 摆动火嘴附近水冷壁　　　　(c) 水冷壁漏风处

图 13-30　水冷壁防磨防爆检查部位

**1229. 汽包内部检修常见缺陷及处理方法有哪些？**

**答：** 汽包内部检修常见缺陷及处理方法如下：

（1）管道腐蚀断裂。图 13-31 所示为锅水取样管道腐蚀断裂的照片。

处理方法：可以选择封堵，也可以更换管道。

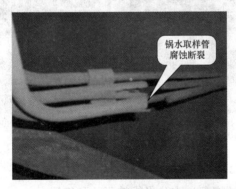

图 13-31　汽包内部管道腐蚀断裂

（2）焊缝开裂。

处理方法：如果不是汽包壁和管座上的焊缝开裂，可以补焊即可，如图 13-32 所示。

（3）焊缝砂眼。如图 13-32（b）所示连排管道 T 形连接处焊缝的砂眼补焊即可。

(a) 汽包内隔板焊缝开裂　　　　　(b) 连排管道砂眼

图 13-32　汽包内部管座焊缝开裂

（4）制造缺陷。工厂里安装时的缺陷，如图 13-33 所示。有的是清理不干净，有残留焊渣；也有的是隔板焊缝漏焊、咬边，进行清理补焊。

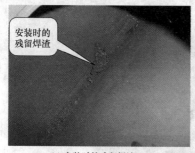

(a) 安装时的残留焊渣　　　　　(b) 汽包隔板焊缝漏焊

图 13-33　汽包内部残留焊渣、焊缝漏焊

**1230.** 简述汽包汽水分界线的形状和作用。

**答：**汽包在长时间的运行过程中，汽侧和水侧对金属的影响不一样，在停炉后，会在汽包壁上形成汽侧发黑、水侧发红的现象，其分界线呈不规则的波浪状，称为汽水分界线，如图 13-34 所示。

汽水分界线表示了汽包的物理 0 水位，在检修汽包时，应核对次线和水位计 0 线的偏差，为修订汽包水位计的零位提供

(a) 旋风分离器的汽水分界线　　　　　(b) 清晰的汽水分界线

图 13-34　汽包内部汽水分界线

参考。

**1231. 简述锅炉侧使用的三向膨胀指示器的检修注意事项。**

**答：**锅炉侧使用的三向膨胀指示器一般应符合以下要求：膨胀指针要大于 500mm 长，且刻度部分大于 300mm；刻度盘的刻度网格部分应大于 150mm×150mm。

检修时主要检查指针是否可以上、下自由活动，指针是否脱出刻度盘，刻度盘的刻度是否清晰，膨胀指示器焊缝是否开裂。

在冷态安装时，还需校对指针是否指示刻度盘的 0 位，标注指针的上、下向的 0 位，同时保证刻度盘的空白区域在设备的膨胀方向上，如图 13-35 所示。

图 13-35　锅炉三向膨胀指示器

**1232. 简述哈锅和东锅汽包分离装置的区别。**

**答:** 哈尔滨锅炉厂(简称哈锅)生产的 300MW 以上的亚临界自然循环汽包锅炉,和东方锅炉厂(简称东锅)生产的同级别锅炉的汽包有较大的区别。在旋风分离器方面,有很大的不同。

(1) 数量不同。哈锅的分离器数量差不多是东锅的一半多。

(2) 形式不同。哈锅的旋风分离器是粗短型,壁厚大,内部有螺旋状的导叶。东锅的分离器是细长型,导叶较小,布置在分离器筒体的下部。

(3) 进水方式不同。哈锅的分离器是下部进汽水混合物,接口水平,不加垫片。东锅的分离器是侧面切向进汽水混合物,进水口加垫片。

**1233. 简述锅炉受热面管道冷弯的技术要求。**

**答:** 按照 DL/T 515—2004《电站弯管》规定,锅炉受热面管道冷弯是指加热温度 $T <$ ($T_c - 56$)℃($T_c$ 为钢管材料的下临界温度)条件下弯制的弯管。锅炉用管的冷弯一般采用液压弯管机进行。

(1) 在弯管前,要进行材料和尺寸的核对,还要进行放大样工作,并且在管道和弯管机的冲动盘上标注出起弯点。

(2) 弯制过程中,弯制较大的弯曲角度(30°以上)的弯头,应该分次进行,不可一次弯曲到位,以防管道压扁严重,材料发生冷脆变化。

(3) 弯制成型后要检验弯曲度和弯头部分的椭圆度,超标的管道要重新弯制。

**1234. 冷弯管椭圆度的允许值是多少?**

**答:** 按照 DL/T 5210.8—2009《电力建设施工质量验收及评价规程》的要求,弯曲部分的椭圆度不大于 $7D/100$($D$ 为钢管外径),可用游标卡尺检验。弯曲部分的波浪度不大于 4mm。不同的外径,椭圆度需满足表 13-3 的要求。

表 13-3　　　　　　　　冷弯管椭圆度允许值

| 弯管半径 $R$ | $R \leqslant 1.4D_{NW}$ | $1.4D_{NW} < R < 2.5D_{NW}$ | $R \geqslant 2.5D_{NW}$ |
|---|---|---|---|
| 椭圆度 $\alpha$ | $\leqslant 14\%$ | $\leqslant 12\%$ | $\leqslant 10\%$ |

注　$\alpha = \dfrac{D_{\max} - D_{\min}}{D_{NW}} \times 100\%$

式中　$D_{\max}$——弯头横断面上的最大外径；

　　　$D_{\min}$——弯头横断面上的最小外径；

　　　$D_{NW}$——管子公称外径。

### 1235. 冷弯弯管前直管的壁厚要求有哪些?

答：按照 DL/T 515—2004 的规定，见表 13-4。

表 13-4　　　　　冷弯弯管前直管壁厚要求

| 弯曲半径 $R$ | 弯制前要求的直管壁厚 |
|---|---|
| $R \geqslant 60D$ | $\geqslant 1.09S_m$ |
| $R = 50D$ | $\geqslant 1.14S_m$ |
| $R = 40D$ | $\geqslant 1.20S_m$ |
| $R = 30D$ | $\geqslant 1.28S_m$ |

注　$S_m$ 为管系中直管的最小壁厚。

# 焊　接　篇

## 第十四章　焊接基础知识

**1236. 为什么焊接专业在电力生产中是个极其重要的专业？**

**答：**电力是国民经济的基础产业之一，是国家历来发展的重点工业。近些年来，为了提高火力发电机组热效率、减低煤耗和满足日益严格的环保要求，我国新建的火力发电厂普遍选择大容量、高参数的超临界、超超临界参数机组，这些机组从制造、安装建设，到投产发电，再到日常维护都与焊接密不可分，因此，焊接专业在电力企业中虽然是配合性的专业，但却是极其重要的一个专业，焊接质量的优劣对整个电力企业的工程质量、对电力生产的安全稳定运行影响巨大。

**1237. 什么是焊接？焊接如何分类？**

**答：**焊接是利用加热、加压方法或两者并用，使用或不用填充材料，使工件之间达到原子间结合，从而形成一个整体的工艺方法。

按照焊接过程的特点，焊接分为熔化焊、压力焊和钎焊三大类。

**1238. 什么是焊接接头？焊接接头包括哪几部分？**

**答：**用焊接的方式连接的接头称为焊接接头。

焊接接头包括焊缝区、熔合区、热影响区。

**1239. 什么是焊接热影响区？为什么要尽量减小焊接热影响区？**

**答：**在焊接过程中，靠近焊缝区的母材金属在焊接热源的作用下，组织和性能都发生了变化，这部分母材金属被称为焊接热影响区。

由于焊接热影响区的热量分布不均匀，存在的比焊缝区更复杂，所以要尽量减小焊接热影响区。

### 1240. 为什么焊接接头区是焊接结构中最薄弱的环节？

答：焊接缺陷的存在、焊接接头机械性能的下降，以及焊接应力水平的提高是焊接接头区成为焊接结构中薄弱环节的重要因素。

### 1241. 常用的焊接接头形式有哪些？

答：常用的焊接接头形式有四种：对接接头、搭接接头、角接接头、T形接头。

### 1242. 什么是坡口？

答：为保证焊接质量，在焊缝两侧加工成的具有一定几何形状的沟槽称之为坡口。

### 1243. 开坡口的目的是什么？

答：开坡口的目的如下：

（1）保证焊缝根部焊透。

（2）调节焊缝金属和母材金属的比例。

（3）减小焊接热影响区。

（4）减少焊接变形。

（5）利于清渣，便于操作，获得美观的焊缝成形。

### 1244. 焊缝的坡口形式有哪些？

答：焊缝的坡口的形式有 V 形、单边 V 形、U 形、单边 U形、I形、X形、双面 U形、K形。

### 1245. 坡口形式的选择原则是什么？

答：坡口形式的选择原则如下：

（1）保证焊缝根部能焊透。

（2）坡口形式易于加工。

（3）节省焊接材料，提高生产效率，便于清理焊渣。

（4）尽可能的减少焊接变形。

**1246. 什么是钝边？钝边的作用是什么？**

**答：**钝边是焊件开坡口时，沿焊件厚度方向未开坡口的端面部分。

钝边的厚度是根据焊件的厚度具体而定的，其选择钝边厚度的原则是能防止焊缝根部被烧穿就可以，这也就是钝边的作用。

**1247. 为什么焊缝在焊接时要留间隙？**

**答：**焊缝在焊接时要留间隙的目的是为了保证焊缝根部能焊透。

**1248. 什么是焊条电弧焊？**

**答：**焊条电弧焊就是利用焊条和焊件之间产生的电弧作为热源，来实现焊接的一种焊接工艺方式。

**1249. 什么是钨极氩弧焊？**

**答：**钨极氩弧焊就是利用钨棒作为电极，氩气作为保护气体的气体保护焊。

**1250. 手工电弧焊有什么优点？**

**答：**手工电弧焊有如下优点：

（1）设备简单，搬运、安装、使用、维护简单。

（2）焊接工艺灵活、适应性较强。

（3）有利于控制焊接变形。

（4）焊接质量较好。

**1251. 手工电弧焊的引弧方式有几种？具体怎么操作？适应范围如何？**

**答：**手工电弧焊的引弧方式有两种：划擦法和撞击法。

（1）划擦法。焊接时将焊条端部像划火柴一样划擦焊件表面引弧处，然后提起焊条，当焊条端部离开引弧处 2～4mm 时，即产生焊接电弧。

划擦法主要适用于碱性焊条和手工钨极氩弧焊。

（2）撞击法。焊接时将焊条端部垂直撞击函件表面引弧处，然后迅速提起焊条，当焊条端部离开引弧处 2～4mm 时，便产生了焊接电弧。

撞击法主要适用于酸性焊条。

### 1252. 手工电弧焊的常用运条方式有哪些？

**答**：手工电弧焊运条的动作主要包括焊条送进动作、沿焊缝方向移动和横向摆动三个方向的动作。常用运条方式有：

（1）直线运条法。

（2）直线往复运条法。

（3）月牙形运条法。

（4）八字形运条法。

（5）锯齿形运条法。

（6）三角形运条法。

### 1253. 手工电弧焊焊缝收尾方式有几种？具体怎么操作？适应范围如何？

**答**：手工电弧焊焊缝收尾方式有反复断弧收尾法、划圈收尾法和回焊收尾法。

（1）反复断弧收尾法。焊条焊至焊缝收尾处熄灭电弧，然后在收尾弧坑处再一次引燃电弧，循环往复几次，直至将收尾处的弧坑添满。

反复断弧收尾法主要适用于壁厚较薄的焊件和大电流焊接，并且适用于酸性焊条。

（2）划圈收尾法。焊条焊至焊缝收尾处时做划圈动作，直至收尾处弧坑添满再熄灭电弧。

划圈收尾法适用于壁厚较厚的焊件。

（3）回焊收尾法。焊条焊至焊缝收尾处时，不熄灭电弧但要适当改变焊条角度，当收尾处弧坑填满时将电弧熄灭。

回焊收尾法适用于碱性焊条。

### 1254. 氩弧焊有什么优点？

**答**：氩弧焊作为一种气体保护焊在电力工业中应用越来越广泛。主要有以下几方面的优点：

（1）惰性气体氩气的保护效果好，焊接质量较好。

（2）焊接电弧热量集中，热影响区窄，焊件变形小。

（3）焊缝表面无焊渣，劳动强度较小。

（4）操作简单易于掌握。

**1255. 氩弧焊时为什么要求焊缝两侧 10～15mm 内必须打磨出金属光泽？**

答：氩弧焊是利用惰性气体氩气作为保护气体的一种气体保护焊，氩气保护效果良好，引燃电弧时外界的有害气体不易进入熔化的熔滴中，同样如果焊缝两侧打磨不干净，在电弧的作用下产生的有害气体也不易从氩气保护层中逸散出来，从而在焊缝中产生气孔等缺陷，因此，氩弧焊时要求焊缝两侧 10～15mm 内必须打磨出金属光泽。

**1256. 中高合金钢管道氩弧焊时内壁为什么必须充氩？**

答：中高合金钢氩弧焊时，为了避免在电弧高温作用下，内壁产生强烈的氧化现象，产生焊接缺陷，从而降低焊接质量，必须充氩。

**1257. 焊条由哪几部分组成？它的作用是什么？**

答：焊条由焊芯和焊条药皮组成。

焊条的作用是焊接时充当电极传导电流和形成焊缝金属。

**1258. 焊条药皮的作用有哪些？**

答：焊条药皮的作用如下：

（1）在焊接时形成套筒，保证熔滴顺利过渡。

（2）具有造渣造气功能，防止空气侵入融化金属。

（3）提高焊接电弧燃烧的稳定性。

（4）具有向焊缝金属渗合金的作用。

（5）可以使焊缝金属顺利脱氧、脱硫、脱磷。

**1259. 电焊条是怎么分类的？每类焊条的具体用途是什么？**

答：电焊条的分类及用途如下：

（1）结构钢焊条。主要用于焊接低碳钢和低合金高强钢，如

412

J422、J507。

（2）钼和铬钼耐热钢焊条。主要用于焊接珠光体耐热钢，如 R317、R307。

（3）不锈钢焊条。主要用于焊接不锈钢和热强钢，如 A132、A507。

（4）低温钢焊条。主要用于焊接各种在低温条件下工作的结构，如 W707。

（5）堆焊焊条。主要用于获得具有红硬性、耐磨性、耐蚀性的堆焊层，如 D212。

（6）铸铁焊条。主要用于补焊铸铁件，如 Z308。

（7）镍及镍合金焊条。主要用于焊接镍及其合金，有时也用于堆焊、焊补铸铁、异种钢焊接等，如 NiCrFe3。

（8）铜及铜合金焊条。主要用于焊接铜及铜合金、异种钢、铸铁等。

（9）铝及铝合金焊条。主要用于焊接铝及铝合金。

（10）特殊用途焊条。

### 1260. 酸性焊条和碱性焊条的优、缺点是什么？

**答**：酸性焊条和碱性焊条是根据焊条药皮所含成分来区分的，含有较强氧化物（如二氧化硅、氧化钛等）药皮成分的焊条，是酸性焊条；含有大量碱性物（如大理石、萤石）药皮成分的焊条，是碱性焊条。

酸性焊条工艺性能好，焊缝成形美观，对铁锈、油脂、水分等不敏感，吸潮性不大，交、直流焊接电源都可；其缺点是脱硫、除氧不彻底，抗裂性差，力学性能较低，如 J422。

碱性焊条抗裂性好，脱硫、除氧较彻底，脱渣容易，焊缝成形美观，力学性能较高；其缺点是吸潮性较强，抗气孔能力较差，一般只能用直流焊接电源，但若在药皮中加入适量的稳弧剂，则交、直流均可，如 J507。

### 1261. 焊丝的作用是什么？

**答**：焊丝的作用如下：

（1）在焊接过程中焊丝作为电极传导电流引燃电弧，同时填充熔池，形成焊缝金属，如焊条电弧焊。

（2）焊丝只作为填充金属，焊接时在焊接热源的作用下熔化形成熔滴，过渡到熔池中，形成焊缝金属，如氩弧焊。

**1262. 焊丝是如何分类的？**

答：焊丝的分类如下：

（1）按适用的焊接方法分为氩弧焊焊丝、二氧化碳气体保护焊焊丝、埋弧焊焊丝。

（2）按其材质性质分为碳素结构钢焊丝、合金结构钢焊丝、不锈钢焊丝、有色金属焊丝和硬质合金焊丝。

**1263. 焊接材料的选用原则是什么？**

答：焊接材料应根据刚才的化学成分、力学性能、使用工况条件和焊接工艺评定的结果选用。

（1）同种钢焊接材料的选用原则主要是根据熔敷金属的化学成分、力学性能应与母材相当，而且要选择焊接工艺性能良好的。

（2）异种钢焊接材料的选择采用低匹配原则，即不同强度钢材之间焊接，其焊接材料选适于低强度侧钢材的。

此外，还应该根据结构特点（如刚性、材料、焊缝位置等）、预热和热处理条件以及生产的工作量、生产率、经济性等来考虑选择焊接材料。

**1264. 焊接材料保管的基本原则是什么？保管时应注意些什么？**

答：焊接材料保管的基本原则是为了防止错用和浪费。

焊接材料保管时应注意如下事项：

（1）焊接材料必须设置专用库房，集中管理，专人负责。

（2）焊接材料库内应干燥、通风，室内温度应大于5℃，相对环境湿度要在60%以下。

（3）焊接材料应根据牌号（或型号）和规格分开放置于距地面和墙壁300mm的货架上。

（4）堆放或搬运焊条时，应轻拿轻放，以免药皮脱落，严禁在雨雾天气搬运焊接材料。

（5）如对焊接材料的质量产生怀疑，应重新做出鉴定，符合质量要求时才可发放。

**1265．焊接材料使用注意事项有哪些？**

答：焊接材料使用注意事项如下：

（1）焊接材料在使用前一定要确认是否和焊接母材相匹配。

（2）焊条、焊剂在使用前应按照说明书的要求进行烘焙，重复烘焙不应超过两次。

（3）焊接重要部件的焊条，使用时应装入温度为 80～110℃ 的专用保温桶内，随用随取。

（4）焊丝在使用前应清除表面的油污、锈、垢。

**1266．选择焊接电流大小的依据是什么？**

答：选择焊接电流大小的依据如下：

（1）焊接结构的厚度。

（2）焊缝在焊接结构中的空间位置。

（3）焊接接头的形式。

（4）焊条药皮的类型。

（5）焊接材料的直径。

（6）焊接的层道数。

**1267．金属材料的性能主要包括哪些内容？**

答：金属材料的性能主要包括使用性能和工艺性能两个方面。使用性能包括物理性能、化学性能和机械性能；工艺性能包括铸造性、焊接性、可锻性、可切削性、可淬透性等。

**1268．金属的物理性能主要包括哪些内容？**

答：金属的物理性能主要包括比重、熔点、热膨胀性、导热性、导电性和金属的磁性。

**1269．金属的化学性能主要包括哪些内容？**

答：金属材料在室温或高温条件下抵抗氧气和腐蚀介质对其化学侵蚀的能力称为金属的化学性能。金属的化学性能包括耐腐蚀性、抗氧化性及化学稳定性。

### 1270. 金属材料的高温性能包括哪些内容？

答：金属材料在高温下长期使用组织结构会发生变化，从而使性能发生改变。金属材料在高温时的性能包括蠕变极限、持久强度、抗高温氧化性、组织稳定性、应力松弛、热疲劳、热脆性等。

### 1271. 什么是金属的焊接性能？它包括哪些内容？

答：金属的焊接性是指金属材料对焊接加工的适应性，主要是指在一定焊接工艺条件下获得优质焊接接头的难易程度。

焊接性能主要包括两方面内容：

（1）接合性能。是指金属材料在一定焊接工艺条件下，形成焊接缺陷的敏感性。

（2）使用性能。是指金属材料在一定焊接工艺条件下，焊接接头对使用要求的适应性。

### 1272. 什么是碳钢？其如何分类？

答：碳钢是含碳量为 0.02%～2.11% 的铁碳合金。

将含碳量小于 0.25% 的钢称为低碳钢；含碳量在 0.25%～0.60% 的钢称为中碳钢；含碳量大于 0.60% 的钢称为高碳钢。

### 1273. 什么是合金钢？其如何分类？

答：为了获得特定的性能，在碳钢的基础上有目地加入一种或多种元素，这些加入的元素称为合金元素，含有一定数量的合金元素的钢称为合金钢。

合金元素含量小于或等于 5% 的合金钢称为低合金钢；合金元素含量为 5%～10% 的合金钢称为中合金钢；合金元素含量大于或等于 10% 的合金钢称为高合金钢。

### 1274. T91/P91、T92/P92 钢的应用范围是什么？

答：T91/P91、T92/P92 钢可应用于锅炉的过热器、再热器等部件，T91/P91 钢适用温度为 560℃；T92/P92 钢的适用温度为580℃，最高为 600℃。T91/P91、T92/P92 钢也可用于锅炉外部的蒸汽管道和联箱上，T91/P91 钢应用温度可达 610℃；T92/P92钢温度可达 625℃。

**1275. 施工现场管道焊接时焊缝选择的位置应考虑哪些方面的问题？**

答：施工现场管道焊接时焊缝选择的位置应考虑如下问题：

(1) 要尽量减少异种钢接头的数量。

(2) 避免焊缝处于应力集中处。

(3) 焊缝应处于焊接和热处理操作都方便的位置。

**1276. 不同壁厚的焊口对接焊时有哪些要求？**

答：焊缝对接焊时一般应做到内壁（根部）齐平，如有错口，其错口量不应超过下列限制：

(1) 对接单面焊的局部错口值不应超过壁厚的 10%，且不大于 1mm。

(2) 对接双面焊的局部错口值不应超过焊件厚度的 10%，且不大于 3mm。

**1277. 什么是焊接应力和焊接残余应力？**

答：焊接过程中，焊接结构内部产生的应力称为焊接应力。焊接应力按作用的时间分为焊接瞬时应力和焊接残余应力。如果焊接过程中温度应力达到材料的屈服极限，使局部区域产生塑性变形，当温度恢复到原始的均匀状态后，就产生新的应力，残余焊接接头中，称为焊接残余应力。焊接残余应力造成的破坏较焊接瞬时应力严重。

**1278. 焊接应力对焊接结构有什么不良影响？**

答：焊接应力对焊接结构有如下不良影响：

(1) 减低机械加工的精度，使焊后机械加工或使用过程中的构件发生改变。

(2) 焊接应力会降低结构刚性，降低受压构件的承载能力。

(3) 在某些条件下会使在腐蚀介质中工作的焊接结构产生应力腐蚀。

（4）在一些应力集中部位或刚性拘束较大部位，焊接残余应力会导致裂纹，并使裂纹迅速发展，致使整个结构发生断裂。

**1279. 控制焊接应力的方法有哪些？**

答：控制焊接应力的方法如下：

（1）锤击焊缝法。

（2）加热减应区法。

（3）焊前预热法。

（4）合理的安排焊接顺序和焊接方向。

**1280. 焊后消除焊接残余应力的方法有哪些？**

答：焊后消除焊接残余应力的方法如下：

（1）整体高温回火。

（2）局部高温回火。

（3）机械拉伸法。

（4）温差拉伸法。

（5）振动法。

**1281. 什么是焊接变形和焊接残余变形？**

答：焊接过程中在焊接结构中产生的变形称为焊接变形。

焊接后残留在焊接结构中的变形称为焊接残余变形。

**1282. 焊接残余变形分几种？**

答：焊接残余变形分为七种：横向收缩变形、纵向收缩变形、角变形、波浪变形、弯曲变形、错边变形、扭曲变形。

**1283. 焊接变形对焊接结构有什么不良影响？**

答：焊接变形对焊接结构有如下不良影响：

（1）使装配发生困难，降低装配质量。

（2）焊接变形产生的附加应力会使焊接结构的承载能力下降。

（3）矫正焊接变形不仅增加成本，还会使焊接接头发生冷作硬化，使塑性下降。

**1284. 控制焊接变形的工艺措施有哪些？**

答：控制焊接变形的工艺措施如下：

（1）选择合理的焊接和装配顺序。

（2）反变形法。

（3）刚性固定法。

（4）选择适当的焊接线能量以及散热法。

**1285. 什么是焊接缺陷？其如何分类？**

**答**：焊接过程中在焊接接头中产生的不符合设计或工艺条件要求的缺陷称为焊接缺陷。严重的焊接缺陷将直接影响焊接结构的安全使用。焊接结构的失效、破坏以至于事故的发生，往往不是由于结构的强度不够造成的，而是由于焊接缺陷的存在所导致。

焊接缺陷按其性质分为三类：

（1）焊缝尺寸不符合要求。

（2）焊接接头组织上的缺陷。

（3）焊接接头性能上的缺陷，包括机械性能、抗腐蚀性能不满足要求。

**1286. 焊缝缺陷包括哪些？**

**答**：焊接缺陷按其在焊缝中的位置，分为内部缺陷和外部缺陷两大类。外部缺陷包括焊缝尺寸不符合要求、咬边、焊瘤、塌陷、表面气孔、表面裂纹、烧穿等；内部缺陷包括未焊透、未熔合、气孔、夹渣、裂纹。

**1287. 什么是焊接裂纹？**

**答**：在焊接应力及其他致脆因素的共同作用下，焊接接头中局部地区的金属原子结合力遭到破坏而形成的新界面产生的缝隙叫做焊接裂纹，焊接裂纹的特征是具有尖锐的缺口和大的长宽比。

**1288. 焊接结构中为什么不允许有裂纹的存在？**

**答**：焊接结构中焊接裂纹是危害性最大的一种缺陷。它除了会降低焊接接头的强度外，还因为裂纹端部有尖锐的缺口而引起应力集中，焊接结构承载后，裂纹会不断扩大，最终导致整个焊接结构发生断裂，所以焊接结构中不允许有焊接裂纹的存在，有裂纹的焊接结构必须返修。

**1289. 什么是气孔？其有何危害？**

**答：**焊接过程中气体来不及从熔化的金属中溢出而残留在焊缝金属中形成的孔穴称为气孔。

气孔的存在影响了焊缝金属的有效截面积，使焊接结构的承载能力下降。

**1290. 为什么要控制焊缝余高？**

**答：**焊缝的余高增大可以使焊缝的横截面增大、强度提高，但却使焊趾处过渡不圆滑，导致焊接结构承载后产生应力集中，减弱了结构的工作性能。因为焊缝表面低于母材则减小了焊缝的有效工作截面积，所以要控制焊缝的余高，范围为 0～4mm。

**1291. 为什么不可以在焊件上随意引弧？**

**答：**在焊件上随意引弧将使电弧擦伤处产生淬硬区，尤其是合金元素含量较高的耐热钢和高强钢。将因局部受热快速冷却，在急剧的淬硬过程中形成裂纹，并成为整个部件的断裂源。同时电弧擦伤的不规则形状还将引起应力集中，易形成小裂纹，这对焊接结构的使用安全性留下隐患，最终造成事故的发生，所以严格禁止在焊件上随意引弧。

**1292. 咬边的危害是什么？**

**答：**咬边是一种较危险的缺陷，它不仅减少了母材金属的有效截面积，而且在咬边处易引起应力集中，特别是低合金高强度钢的焊接，常常是焊接裂纹的发源地。

**1293. 焊接接头中焊接缺陷在返修时为什么要限制缺陷返修次数挖补时应遵守哪些规定？**

**答：**焊接接头中有超标缺陷时，需要通过补焊来处理，而每一次补焊，焊接接头材料的塑性、韧性都要有所下降。多次补焊后，焊接接头的综合机械性能明显下降，原金属组织也遭到一定的破坏，因此，同一部位进行多次补焊检修是不允许的，一般同一位置上的挖补次数不宜超过 3 次，耐热钢不应超过两次。

挖补时应遵守以下规定：

（1）彻底清除缺陷。

（2）制定具体的补焊措施并经专业技术负责人审定，按照工艺要求实施。

（3）需进行焊后热处理的焊接接头，返修后应重做热处理。

### 1294. 什么是无损探伤？常用方法有哪些？

**答：**无损探伤就是在不损坏工件的性能和完整性的前提下对受检工件的表面或内部质量进行检验的一种检测方式。常用的无损探伤的方法有射线探伤、超声波探伤、磁粉探伤、渗透探伤、涡流探伤等。

### 1295. 焊前预热的目的是什么？

**答：**焊前预热主要是减缓被焊工件的冷却速度、改善焊接性、降低焊接结构的拘束度，减少加热区与周边母材金属的温度梯度，降低焊接应力和避免氢裂纹，获得高质量的焊接接头。

### 1296. 焊前预热的规定有哪些？

**答：**焊前预热的规定如下：

（1）根据焊接工艺评定提出预热要求。

（2）壁厚大于或等于 6mm 的合金钢管、管件（如弯头、三通等）和大厚度板件，在负温度下焊接时，预热温度应比规定值提高 20～50℃。

（3）壁厚小于 6mm 的低合金钢管子及壁厚大于 15mm 的碳素钢管在负温度下焊接时，也应适当预热。

（4）异种钢焊接时，预热温度应按焊接性能较差或合金成分较高的一侧选择。

（5）管座与主管焊接时，应以主管的预热温度为准。

（6）非承压与承压件焊接时，预热温度应按承压件选择。

### 1297. 什么是焊后热处理？其目的是什么？

**答：**焊接后，为改善焊接接头的组织和性能或消除残余焊接应力而进行的热处理叫做焊接热处理。其目的是：

（1）减少焊接接头的残余应力，降低开裂倾向。

(2) 改善接头的组织和性能, 如消除或减少淬硬组织、降低接头硬度、增加塑性和韧性等。

(3) 有利于扩散氢的逸出, 减少产生延迟裂纹的倾向。

### 1298. 哪些部件应进行焊后热处理?

**答:** 下列部件应进行焊后热处理:

(1) 壁厚大于 30mm 的碳素钢管道与管件。

(2) 壁厚大于 32mm 的碳素钢容器。

(3) 壁厚大于 28mm 的普通低合金钢容器 (A-Ⅱ类钢)。

(4) 壁厚大于 20mm 的普通低合金钢容器 (A-Ⅲ类钢)。

(5) 耐热钢管子及管件和壁厚大于 20mm 的普通低合金钢管道 (一定条件下, 另有规定的除外)。

(6) 采用热处理强化的材料。

(7) 其他经焊接工艺评定需进行焊后热处理的焊件。

### 1299. 哪些部件采用氩弧焊或低氢型焊条, 焊前预热和焊后适当缓冷的焊接接头可以不进行焊后热处理?

**答:** 下列部件采用氩弧焊或低氢型焊条, 焊前预热和焊后适当缓冷的焊接接头可以不进行焊后热处理:

(1) 壁厚小于或等于 10mm 或管径小于或等于 108mm, 材料为 15CrMo 的管子。

(2) 壁厚小于或等于 8mm 或管径小于或等于 108mm, 材料为 12Cr1MoV、12Cr2Mo 的管子。

(3) 壁厚小于或等于 6mm 或管径小于或等于 63mm, 材料为 12Cr2MoWVTiB 的管子。

(4) 壁厚小于或等于 8mm, 材料为 07Cr2MoW2VNbB 的管子。

### 1300. 什么是气割?

**答:** 气割就是利用可燃气体加上氧气混合燃烧的火焰, 将金属加热到燃烧点, 喷出高速切割氧流, 吹掉熔渣形成切口以实现金属切割的方法。

**1301. 气割的主要安全操作规定有哪些?**

**答:** 气割的主要安全操作规定如下:

(1) 所有独立从事气割作业人员必须经劳动安全部门或指定部门培训,经考试合格后持证上岗。

(2) 气割作业人员在作业中应严格按各种设备及工具的安全使用规程操作设备和使用工具。

(3) 检查设备、附件及管路漏气,只准用肥皂水试验。试验时,周围不准有明火,不准吸烟,严禁明火检漏。

(4) 工作前应将工作服、手套及工作鞋、护目镜等穿戴整齐。各种防护用品均应符合国家有关标准的规定。

(5) 氧气瓶、乙炔瓶与明火间的距离应在 10m 以上。如果受条件限制,达不到 10m 以上,也不准低于 5m,并应采取隔离措施。

(6) 设备冻结时,严禁用火烤或用工具敲击冻块。氧气阀或管道要用 40℃的温水溶化;回火防止器及管道可用热沙、蒸气加热解冻。

(7) 在密闭容器、桶、罐、舱室中进行气割作业时,应先打开施工处的孔、洞、窗,使内部空气流通,防止焊工中毒烫伤,必须设有专人监护,工作完毕或暂停时,割炬及胶管必须随人进出,严禁放在工作地点。

(8) 禁止直接在水泥地面上进行切割,防止水泥爆炸。

(9) 工作场地应备有相应的消防器材,露天作业应防止阳光直射在氧气瓶或乙炔瓶上。

(10) 露天作业时,遇有六级以上大风或下雨时应立即停止焊接或切割作业。

**1302. 焊接劳动保护用品如何正确穿戴?**

**答:** 穿白色纯棉帆布工作服,并且上衣不得扎在裤子里。戴纯棉工作帽,戴口罩,穿绝缘鞋,带皮质焊工手套,戴面罩和护目镜。

**1303. 焊接时容易出现的安全事故有哪些?**

**答:** 焊接时容易出现的安全事故有烧伤、烫伤、爆炸、灼伤、电弧辐射、弧光性眼炎、触电、高空坠落、有害气体和焊接烟尘中毒。

**1304. 金属容器内焊接时要注意哪些安全事项？**

答：金属容器内焊接时应注意如下安全事项：

（1）容器外应设有安全监护人，并设置电源开关，以便根据焊工的信号随时切断电源。

（2）容器内使用的行灯，电压不得超过 12V，行灯变压器的外壳应可靠接地，不准使用自耦变压器，并且行灯变压器和电焊变压器不得携带入金属容器内。

（3）焊接时焊工应避免和金属件接触，要站立在橡胶绝缘垫上并穿绝缘鞋，穿干燥的工作服。

（4）在密闭容器内，电焊和气焊不准同时进行。

（5）容器内焊接烟尘的排除要使用换气装置，不得进行充氧置换。

**1305. 电焊粉尘和烟气有何危害？**

答：焊接时在焊接电弧高温的作用下，母材金属和焊接材料中的金属化合物会发生冶金反应，同时液态金属还要蒸发，从而产生大量的粉尘和有害气体，尤其是使用低氢型碱性焊条，焊接人员会出现口干、咽喉发炎，甚至发热现象。

**1306. 对焊接工作场所有哪些安全要求？**

答：对焊接工作场所有如下安全要求：

（1）焊接工作现场必须准备消防器械。

（2）易燃物必须距离焊接工作场所 5m，如果达不到要求，又不易搬动，必须用石棉布等防火材料严密遮盖，防止火星落入。

（3）易爆物必须距离焊接工作场所 10m。

（4）焊接工作结束后焊接人员必须仔细检查焊接工作现场，将火源熄灭，以免留下火灾隐患。

**1307. 焊接时防火防灼伤的安全措施有哪些？**

答：焊接时防火防灼伤的安全措施如下：

（1）焊工在工作时必须穿好工作服，上衣不要束在裤腰里，口袋应盖好，戴好工作帽、手套。

（2）禁止在贮有易燃易爆物品的场地或仓库附近进行焊接。

（3）焊接工作地点应使用挡光屏，避免其他人员受弧光伤害。

### 1308. 焊接时防爆防毒的安全措施有哪些？

答：焊接时防爆防毒的安全措施如下：

（1）禁止焊接有液体压力、气体压力及带电的设备。

（2）对容器及管道焊接前，必须事先检查并经过冲洗，除掉有毒、有害、易燃、易爆物质，解除容器及管道压力，再进行焊接，密封的容器不准焊接。

（3）在锅炉或容器内工作时，应有监护人或两人轮换作业。严禁将漏乙炔气的割炬及胶管带入容器内，防止遇明火爆炸。

### 1309. 焊接时防止触电的安全措施有哪些？

答：焊接时防止触电的安全措施如下：

（1）焊工要使用完好的皮质防护手套、绝缘鞋。

（2）在潮湿的地方工作时，应穿胶鞋或用干燥木板垫脚。

（3）电焊机和开关外壳接地良好。

# 参 考 文 献

[1] 容銮恩，袁镇福．电站锅炉原理．北京：中国电力出版社，1997.

[2] 黄新元．电站锅炉运行与燃烧调整．北京：中国电力出版社，2007.

[3] 周强泰，黄素逸．锅炉与热交换器传热与强化．北京：水利电力出版社，1991.

[4] 岑可法．锅炉燃烧试验研究方法及测量技术．北京：水利电力出版社，1987.

[5] 攀泉桂．亚临界与超临界参数锅炉．北京：中国电力出版社，2000.

[6] 陈学俊，陈听宽．锅炉原理（上、下册）.1 版，北京：机械工业出版社，1981.

[7] 姜锡伦．锅炉运行与检修技术．北京：中国电力出版社，2013.

[8] 于临秸．锅炉运行．北京：中国电力出版社，2006.

[9] 田子平．大型锅炉装置及其原理．上海：上海交通大学出版社，1997.

[10] 王寒栋．泵与风机．北京：机械工业出版社，2009.

[11] 杜雅琴．火力厂烟气脱硫脱硝设备及运行．北京：中国电力出版社，2014.

[12] 张磊，叶飞．超（超）临界火力发电技术．北京：水利电力出版社，2009.

[13] 张晓鲁，杨仲明，王建录．超超临界燃烧发电技术．北京：中国电力出版社，2013.

[14] 姜求志、王金瑞．火力发电厂金属材料手册．北京：中国电力出版社，2001.

[15] 周桂萍．电厂燃料．北京：中国电力出版社，2007.

[16] 罗万金．电厂热工过程自动调节．北京：中国电力出版社，1991.

[17] 毕贞福．火力发电厂热工自动控制实用技术．北京：中国电力出版社，2008.

[18] 孙学信．燃煤锅炉燃烧试验技术与方法．北京：中国电力出版社，2002.

[19] 李润林．热力设备安装与检修．北京：中国电力出版社，2006.

[20] 程俊骥．泵与风机运行检修．北京：机械工业出版社，2012.

[21] 唐复勇，陈晔，袁佩玉火．电厂运行、检修案例精选．北京：中国电力出版社，2007.